Sustaining the Global Environment into the Future:
from Rio to Johannesburg

持続可能な地球環境を未来へ
― リオからヨハネスブルグまで ―

太田　宏・毛利勝彦 編著

大学教育出版

はじめに

　21世紀は「環境の世紀」とも言われる。しかし、「戦争と平和の世紀」とも「経済成長と開発の世紀」とも呼ばれた20世紀の国際政治経済制度は、地球環境を持続的に維持していくようには設計されていなかった。20世紀末には「持続可能な開発」という概念が提唱されて、徐々に世界的に普及してきた。「持続可能な開発」概念は、「開発」の方に重点を置く解釈と「環境の保護」に重点を置く解釈をともに許容し、その両立を目指した。しかし、世界経済が停滞局面を迎えると、先進国と開発途上国とを問わず、開発を優先する考えが支配的になってきた。閉じた生態系である地球上で開発を続け、人類文明を維持していくためには、何よりも自然資産の健全さが保たれねばならない。21世紀においても人類文明が輝きを失わないためには、「持続可能な地球環境」が不可欠である。したがって、「持続可能な地球環境」を未来の世代へ引き継ぐための制度設計とその実施が緊急の課題となっている。いくつかの地球環境問題は急速に悪化しており、恐らく時間的余裕はあまりない。

　中央政府が存在しないグローバル社会において、地球規模の問題群を解決するためのキーワードの1つが「グローバル・ガバナンス」である。各国の政府間交渉で問題の解決が進まないのであれば、多様な非政府主体とともに解決するしかない。2002年に開催された「持続可能な開発に関する世界サミット（ヨハネスブルグ・サミット）」においても、そうした多様な主体を取り込んだグローバル・ガバナンスの再構築が焦点となった。

　本書は、ヨハネスブルグ・サミットに向けて横浜市立大学で開講された平成14年度総合講義「国際社会の将来」における一連の講義に基づいて編集されたものである。執筆分担者は国際機関の実務経験者、ビジネスの実務家、NGOの実践家、弁護士、そしてシンクタンクや大学の研究者というように多士済々であり、本書が国際的な環境と開発問題に関心のある各界の読者の要望に応える

ことができるものと期待している。また、環境と開発問題、国際関係学、さらにはグローバル・ガバナンスという概念に関心のある大学学部生ならびに大学院生にとっても手ごろなテキストあるいは参考書となるように編集を心がけた。各章末には研究課題としていくつかの設問も掲げた。

　最後に、本書の出版を快諾してくださった大学教育出版の佐藤守氏に感謝の意を記しておきたい。

2003年2月　　　　　　　　　　　　　　　　　　　　　　編　者

持続可能な地球環境を未来へ
―― リオからヨハネスブルグまで ――
目 次

はじめに ……………………………………………………………… i
序　章　リオデジャネイロからヨハネスブルグまで
　　　　　　　　　　　　　　　　太田　宏・毛利　勝彦 ……… 1

第1部　環境と開発のグローバル・ガバナンス
第1章　環境と開発のガバナンスの歴史的潮流　毛利　勝彦 ……… 10
　　　　1　はじめに　10
　　　　2　「持続可能な開発」概念の歴史的転回
　　　　　　　──ストックホルムからヨハネスブルグまで──　16
　　　　3　国際開発パラダイムの潮流　20
　　　　4　地球環境パラダイムの潮流　26
第2章　環境と開発のガバナンスの理論的視座　太田　宏 ……… 33
　　　　1　はじめに　33
　　　　2　イースター島のなぞ──われわれ共有の未来か──　34
　　　　3　環境と開発のガバナンス　36
　　　　4　アクターと環境政策　40
　　　　5　持続可能な開発　48
　　　　6　まとめ　54

第2部　ガバナンスを担う多様な主体
第3章　国際機関のガバナンス　　　　　　平石　尹彦 ……… 60
　　　　1　ストックホルムからヨハネスブルグまでの推移　60
　　　　2　貧困と環境の問題　65
　　　　3　21世紀の取り組み　69
　　　　4　今後の課題　73
第4章　地方自治体によるガバナンス　　　岸上みち枝 ……… 81
　　　　1　ICLEI（イクレイ）の活動　81
　　　　2　地域社会のガバナンスの重要性　82

　　　　　3　ローカル・アジェンダ21の進展とその調査　*84*
　　　　　4　ローカル・アジェンダ21調査結果から　*86*
　　　　　5　地域の良好なガバナンスに向けての課題　*91*
　　　　　6　アジェンダからアクションへ　*94*
　第5章　産業界によるガバナンス──ISO 14001を中心に──
　　　　　　　　　　　　　　　　　　　　　　　楢崎　建志………*96*
　　　　　1　環境マネジメント・システムとは　*96*
　　　　　2　ISO 14001はどのような経緯でできたのか　*97*
　　　　　3　製品規格からシステム規格、
　　　　　　　マネジメント・システム規格へ　*100*
　　　　　4　ISO 14001の取り組みは機能しているか　*104*
　　　　　5　ガバナンスを阻害する要因を取り除くにはどうするか　*105*
　　　　　6　社会システムと経済システム　*108*
　　　　　7　おわりに　*111*
　第6章　市民社会が参画するガバナンス　　　福岡　史子……*115*
　　　　　1　NGOから見たリオ・サミット以降の10年　*115*
　　　　　2　グローバル・ガバナンスへの期待と課題　*116*
　　　　　3　リオ・サミット以降のNGOの役割　*119*
　　　　　4　生態系保全戦略とCIの活動　*120*
　　　　　5　CIのパートナーシップ事例　*122*
　　　　　6　NGOの参画とグローバル・ガバナンス　*130*

第3部　地球環境と持続可能な開発の課題
　第7章　気候変動問題をめぐるグローバル・ガバナンス
　　　　　　　　　　　　　　　　　　　　　　　太田　　宏……*136*
　　　　　1　はじめに　*136*
　　　　　2　これまでの主な国際的な取り組み　*137*
　　　　　3　京都議定書の内容と現状　*139*

4　気候変動問題をめぐる国際政治　*142*

　　5　国際公共財としての安定した地球気候：
　　　　政策上の争点と価値　*151*

　　6　まとめ　*155*

第8章　生物多様性の保全　　　　　　　　　藤倉　良　……*160*

　　1　はじめに　*160*

　　2　生物多様性とは　*162*

　　3　生物多様性の喪失　*168*

　　4　日本の生物多様性　*170*

　　5　国際的取り組みと生物多様性条約の成立　*173*

　　6　地球環境ガバナンスから見た問題点　*180*

第9章　地球環境と持続可能な森林管理　　　藤原　敬　……*183*

　　1　はじめに　*183*

　　2　人と森林の関わりとその歴史　*184*

　　3　森林の状況と地球環境問題　*187*

　　4　国際的な森林レジームの形成への取り組み　*192*

第10章　有害物質をめぐる国際的取り組み
　　　　――ストックホルム条約を中心に――　中下　裕子　……*200*

　　1　有害物質汚染の危機　*200*

　　2　有害物質をめぐる国際的取り組み　*205*

　　3　ストックホルム条約の制定経過　*207*

　　4　ストックホルム条約の概要　*209*

　　5　条約批准にともなう日本の課題　*212*

　　6　おわりに　*214*

第11章　「人類の共同財産原則」とオーシャン・ガバナンス
　　　　　　　　　　　　　　　　　　　　布施　勉　……*217*

　　1　海洋の物理的構造と生態学的役割：今なぜ海が必要か　*217*

　　2　国際社会の基本構造の動揺　*219*

         3　国際共同事業を実施するために必要な枠組み　*221*
         4　法的枠組みとしての国連海洋法条約　*222*
         5　政策的枠組みとしての「アジェンダ21」　*227*
         6　実施計画と海洋問題世界委員会報告書　*229*
         7　オーシャン・ガバナンスのための国際的取り組み　*229*
         8　海洋と人類の未来　*232*

第12章　淡水資源のガバナンス　　　　　　　　　塚元　重光 ……*235*
         1　世界の水と日本　*235*
         2　水に関する世界の動き　*240*
         3　世界水フォーラム　*248*
         4　第3回世界水フォーラム　*250*
         5　おわりに　*252*

終　章　ヨハネスブルグからの展望　　　　　　　毛利　勝彦 ……*255*
         1　「持続可能な開発ガバナンス」と
             ヨハネスブルグ・サミット　*255*
         2　ヨハネスブルグ宣言　*258*
         3　ヨハネスブルグ実施計画　*260*
         4　パートナーシップ・イニシアティブ　*269*
         5　ヨハネスブルグからの展望　*271*

序章 リオデジャネイロからヨハネスブルグまで

太田　宏・毛利　勝彦

　本書では、1992年にブラジルのリオデジャネイロで開催された「国連環境開発会議」(UNCED：通称「リオ・サミット」)から2002年に南アフリカのヨハネスブルグで開催された「持続可能な開発に関する世界サミット」(WSSD：通称「ヨハネスブルグ・サミット」)までの10年間を中心に、地球環境と持続可能な開発をめぐるグローバルな取り組みについて、これまでの経過と現状を整理しつつ将来を展望する。人類史上初めて本格的に環境問題を国際政治課題として取り上げた「国連人間環境会議」(UNCHE：1972年にスウェーデンのストックホルムで開催、通称「ストックホルム会議」)以来、環境と開発の問題について先進工業国(「北」)と開発途上国(「南」)との間に問題認識の共有が進む一方(Caldwell 1996)、具体的な政策を採用する際の相対的利益の得失をめぐる対立がますます鮮明になってきている[1]。とりわけ、冷戦が終結し、経済・情報・環境問題などの「グローバル化」が世界各地で物議を醸し出し始めた1990年代初頭以降、環境と開発の問題をめぐる南北対立が際立ってきた。1992年のリオ・サミットでは、環境政策の国際的推進を図る北の諸国と開発政策を優先したい南の諸国が、「持続可能な開発」概念を拠りどころにお互いの利害の調整を図った[2]。同会議において「アジェンダ21」という持続可能な開発を実現するための行動計画が採択された。その進捗状況をレビューし、新たな課題にも対応した具体的な「実施計画」を策定するのがヨハネスブルグ・サミットの目的の1つであった。

　リオからヨハネスブルグまでに「アジェンダ21」に取り上げられたグローバルな課題について、これまでどのような取り組みがなされ、その進捗状況はどのようになっているのか。また、ヨハネスブルグで「実施計画」が策定された

現在、まだどのような課題が残っているのであろうか。有限な資源を国際社会において公平に分配かつ有効利用しながら、人類を含む生物に適した自然環境を末永く維持していくために、「アジェンダ21」や「実施計画」の実施が求められている。しかし残念ながら、多様な行為主体間の利害調整や持続可能な社会形成の難しさから、リオ・サミットで採択された「アジェンダ21」はヨハネスブルグ・サミットまでの10年間十分に実施されず、ヨハネスブルグ・サミットで採択された「実施計画」の実現も前途多難である。利害対立は単純に南北間に集約されるわけではなく、途上国間あるいは先進工業国間でも見受けられるようになっている。

　主権国家からなる「国際社会」には中央政府は存在せず、国家間の国際協力を形成・維持してゆくことは至難の業である。しかし不十分ながら、国際社会には少なくとも問題領域ごとに国家間の国際協力も形成・維持されている。本書で取り扱う環境問題の中にも、国際条約を中核として国際的な取り組みが制度化されているものがいくつかある。さらに、冷戦終結とグローバル化、そして持続可能な開発という課題自体の特徴もあって、行為主体は国家に限らず実に多様である。各国政府、産業界そして市民社会なども含む世界のマルチステークホルダー（各界の利害関係者）は、持続可能な開発を実現するために国際社会がとるべき行動についてグローバルな合意形成に参加している。今後必要とされることは、マルチステークホルダー間の利害調整を通して、国際社会を持続可能な社会形成に向けてどのように舵を取っていくかである。世界政府なしでこの舵取り（ガバナンス）を行う必要があるが、成層圏のオゾン層保護や船舶による海洋汚染問題改善などの国際協力の成功事例もあり、それは全く不可能ではない[3]。

　しかしながら、全体としてグローバルな課題に関するガバナンスはうまくいっていない。本書の編者の一致した見解によれば、リオ・サミット後に「アジェンダ21」が十分に実施されなかった原因は、グローバルな取り組みの不十分さと方向性の不明瞭さにある。換言すれば、このことは国際社会における「政府なきガバナンス」（Rosenau and Czempiel 1992）の不十分さを指摘しているとともに、持続可能な開発という概念自体の曖昧さも反映している。すなわち、取り組みの不十分さは、マルチステークホルダー間の利害調整の困難さや「宇宙船地球号」の動力源（政治的意思）が不十分であることが原因であり、また、

地球号である「国際社会」の進むべき方向性を示す持続可能な開発という海図が不明瞭であるということでもある。

とはいうものの、リオ宣言やヨハネスブルグ政治宣言によって、現世代と将来世代はともに人類が形成する人工資本と自然資本を公平に分配し、それらを享受することが国際的に約されている。また、この地球に代わる居住地がない人類社会にとって、持続可能な社会形成はいわば至上命令でもある。国際的な取り組みの不十分さと方向性の不明瞭さを克服するために、まず、これまでの取り組みと現状を把握したうえで、今後を展望する必要があろう。そこで、本書では、「アジェンダ21」で取り上げられているマルチステークホルダーと環境問題を中心に、グローバルな課題に対して世界政府不在の「国際社会」はどのように取り組み、またどのような制度を設立して多様な利害を調整しているのかを概観する。そして、そのような世界政府なき国際社会の舵取りを意味するガバナンスの実態把握を受けて、今後のグローバル社会が進むべき方向性を模索する。

本書の構成であるが、第1章と第2章は、歴史的および理論的な側面から環境と開発のグローバル・ガバナンスを概観する。第1章では、ストックホルム会議、ナイロビ会議、リオ・サミットとの比較から、ヨハネスブルグ・サミットの歴史的意義を特定し、国際開発ガバナンスと地球環境ガバナンスの歴史的過程の中で、いつの時点でどのように多様な主体が出現したのか、また、どのような問題が顕在化したのかを概観する。第2章では、「持続可能な開発」概念の多義性やアクターの多様性を踏まえて、「グローバル・ガバナンス」の視座から環境と開発をめぐる国際関係の現状を主要な議論に沿って分析し、将来展望のための概念化を試みる。

第3章から第6章では、ガバナンスを担う多様な行為主体に焦点を当てる。「アジェンダ21」では、国家主体のほかに以下の9つの主要グループを挙げている。すなわち、女性、子どもと青年、先住民、非政府組織（NGO）、地方公共団体、労働者および労働組合、産業界、科学的・技術的団体、農民である。これらの主要グループの参加こそがリオ・サミット以降の環境と開発をめぐるグローバル・ガバナンスの特長なのだが、本書では、国際機関、地方自治体、産業界、市民社会の4つの主体に焦点を絞る。これらの主体に焦点を絞った理由

は、伝統的な国際社会の構成主体と考えられてきた主権国家に加えて、とりわけガバナンスの担い手として重要な存在であると考えたからである。

　第3章は国際機関によるガバナンスについてである。国際機関は9つの主要グループには挙げられていないが、「アジェンダ21」では、実施手段のセクションにおいてその整備が扱われている。環境と開発のための国際的機構整備の現状について、国連環境計画（UNEP）や国連開発計画（UNDP）のほか、持続可能な開発委員会（CSD）プロセスを検証し、国際機関によるガバナンスを左右してきた諸要因を考察する。また、気候変動枠組み条約、生物多様性条約、砂漠化防止条約など問題領域ごとの政策決定や地球環境ファシリティー（GEF）などの資金・技術移転メカニズムの差異について触れ、条約間調整や世界環境機関（WEO）構想などヨハネスブルグ・サミット以降を展望する。

　国際機関が従来の国家間のインターナショナル・ガバナンスの主体の1つであるのに対して、第4章で扱う地方公共団体は主権国家におけるサブナショナルあるいはローカルなガバナンスの主体である。同章ではとりわけ、国際環境自治体協議会（ICLEI）による「ローカル・アジェンダ21」の進展評価および今後の展開について、自治体の動向を考察する。

　政府間機関あるいは地方政府によるイニシアティブは、国家の枠組み内での分析レベルの移動であったのに対して、トランスナショナル（脱国家主義的）・ガバナンスという国家の分析レベルを超えるもう1つの分析レベルがある。そのうち、ことに重要なトランスナショナルな存在が市場と市民社会である。第5章では、産業界が進めてきたISO 14000シリーズ策定の経緯を説明し、認証制度と個別組織の関わりを検証し、産業界がより良い環境・経済・生活スタイルのために社会を管理することができるか、認証制度とガバナンスの関係がどうあるべきかを考察する。

　第6章では、リオ・サミットで確認されたNGOの役割強化やNGOと各国政府や国際機関、企業などとのパートナーシップ構築について、国際的な活動を展開する環境NGOのコンサベーション・インターナショナル（CI）が取り組んできた事例を紹介しながら現状を評価する。さらに、パートナーシップの効果的な構築の成否要因について検証し、今後のパートナーシップ構築戦略について展望する。

第7章から第12章では、環境と持続可能な開発のガバナンスのいくつかの具体的課題について、これまでの経過と現状を考察する。第7章は、大気環境としての気候変動の問題である。気候変動／地球温暖化問題に対する国際社会の取り組みを、国連気候変動枠組み条約と京都議定書の中核的要素を中心に評価し、現状をめぐる国際政治状況を分析する。そのうえで、他の国際的な環境問題に対する国際社会の取り組みとも比較しながら、将来的な展望について考察を加える。

　第8章から第10章は、主に陸起因の環境問題と開発に関する問題を扱う。第8章は生物多様性の保全についてである。リオ・サミットを機に、気候変動枠組み条約とともに生物多様性保全条約が締結された。生物多様性条約やカルタヘナ議定書など、生物多様性に関わる国際条約の概要と日本における施策等について考察する。第9章は持続可能な森林管理についてである。地球規模での森林破壊の現状と原因、これに対する持続可能な森林管理を実現するための国際的取り組みについて評価を行う。そのうえで、多様なアクターに注目しつつ、なぜリオ・サミットでグローバルな森林条約が成立せず、その10年後のヨハネスブルグ・サミットに至っても現状が変わらなかったのかについて解明し、今後の政策的な方向を導き出す。第10章は、有害物質についてである。リオ・サミット以前にも有害廃棄物の越境移動を規制するバーゼル条約が成立していたが、廃棄物以外の有害化学物質もこの10年間に大きな話題となり、ロッテルダム条約、アムステルダム条約などが締結された。リオ・サミット以降の有害物質についての国際的取り組みについて、とりわけ残留性有機汚染物質（POPs）に関するストックホルム条約の策定経過と条約の内容、条約策定過程におけるNGOの取り組みとその評価、今後の課題について考察する。

　第11章と第12章は水環境と持続可能な開発についてである。「ガバナンス」という用語が早くから頻繁に使用されるようになったのが国連海洋法会議であるが、その経緯について第11章で触れられている。国連海洋法条約の構造的革新性を「人類の共同財産原則」を中心に分析し、オーシャン・ガバナンスの意味について述べる。さらに、海洋問題世界委員会報告書に基づいて、ガバナンスの現状と問題点を明確化するとともに、ヨハネスブルグ・サミットでの課題とその後を展望する。淡水資源について扱った第12章では、淡水資源の現状とリ

オ・サミット以降の国際的な取り組みについて評価し、淡水資源についての国際的な取り組みが成果につながっていない原因を地域特性、多様なアクターや資金問題に注目しながら考察する。そのうえで、ヨハネスブルグ・サミットに向けてのボン会議などでの議論を踏まえ、ヨハネスブルグ・サミットから日本で開催される第3回世界水フォーラムへとつながる今後を展望する。

これらの課題において共通するのは、持続可能な開発の3本柱と言われる経済開発・社会開発・環境保全の問題のリンケージである。こうした認識を踏まえ、終章では、ヨハネスブルグ・サミットでの成果としての「政治宣言」「実施計画」「パートナーシップ文書」について考察を加える。

注
1) 相対的な利益の得失計算が国際的な協力を困難にするという議論をGrieco（1988）が精緻に展開している。また、環境問題の国際的な交渉の難しさについて同様の指摘をしているのが、Susskind（1994）で、特に第2章が参考になる。
2) 持続可能な開発とは、「将来世代が自らのニーズを充足する能力を損なうことなく、今日の世代のニーズを満たすこと」を意味する（大来1987, 28頁）。
3) オラン・ヤング（Young 1994; 1999）は制度論の立場から、世界政府が存在しなくても国際的あるいはグローバルなガバナンスが可能であると主張している。

参考文献

Caldwell, Lynton Keith. *International Environmental Policy: From the Twentieth to the Twenty-First Century*, Third Edition. Durham: Duke University Press, 1996.

Grieco, Joseph M. "Anarchy and the Limits of Cooperation," in *International Organization*, 42, 3, 1988.

Rosenau, James N. and Ernst-Otto Czempiel, eds. 1992. *Governance without Government: Order and Change in World Politics*. Cambridge: Cambridge University Press. 1992.

Susskind, Lawrence E. *Environmental Diplomacy: Negotiating More Effective Global Agreements*. Oxford: Oxford University Press, 1994.（邦語訳は、L.E. サスカインド『環境外交―国家のエゴを超えて―』日本経済評論社、1996年。）

World Commission on Environment and Development. *Our Common Future*. Oxford: Oxford University Press, 1987.（邦語訳は、大来佐武郎監訳『地球の未来を守るために』福武書店、1987年。）

Young, Oran R. *International Governance: Protecting the Environment in a Stateless Society*. Ithaca. Cornell University Press, 1994.

―――――. *Governance in World Affairs*. Ithaca: Cornell University Press, 1999.

第1部　環境と開発のグローバル・ガバナンス

第1章　環境と開発のガバナンスの歴史的潮流

毛利　勝彦

1　はじめに

　ヨハネスブルグ・サミットを歴史的に位置づけるために、本章では1日、1年間、10年間、100年間という時間軸を設定してみたい。まず、2001年9月11日の対米同時多発テロの1日を境とした1年間のグローバル・ガバナンスの動きから捉える。次に1972年に開催された国連人間環境会議（ストックホルム会議）からヨハネスブルグ・サミットまでの30年間の歴史的潮流を10年ごとに振り返る。さらに、国際開発と地球環境をめぐるガバナンスの底流を100年間のスパンを考慮に入れて見極めることによって、ヨハネスブルグ・サミットの歴史的意義を考える。国際開発と地球環境をめぐる潮流は、互いに合流し始めて「持続可能な開発」という新たな波を生み出し、ヨハネスブルグ・サミットに至っている。21世紀の環境と開発の舵取り（ガバナンス）をするためには、9・11事件以降の表層流、ストックホルム会議以降の潮流、そして開発と環境をめぐる底流の動態を理解することが重要である。

（1）グローバル化と持続可能でない国際秩序

　2001年9月11日に発生した対米同時多発テロは、安全保障をめぐるグローバル・ガバナンスに直接的な影響を与えたが、環境と開発に関する分野にも影響を与えた。ちょうど1年後の2002年9月11日、南アフリカ共和国のヨハネスブルグでは持続可能な開発に関する世界首脳会議（WSSD）が開催されることになっていたのである。国連史上最も多くの各国首脳が集まるサミットを9月11日に合わせて開催するのは安全確保の面からも問題があると判断されたのだろ

う。結果としてヨハネスブルグ・サミットは、予定を1週間前倒しにして2002年8月26日から9月4日までの期間に開催されることになった。しかし、1992年にブラジル・リオデジャネイロでの国連環境開発会議（リオ・サミット）で合意された行動計画「アジェンダ21」は、前倒しに実施されてこなかった。むしろ、10年前のリオ・サミットで合意されたこの計画が早期にかつ十分に実施されていれば、結果として9月11日の悲劇も発生しなかったかもしれないという指摘さえある（フレイヴィン 2002, ix頁）。テロリズムのような直接的暴力とは質的相違があるが、報道もされない構造的暴力の犠牲者は枚挙にいとまがない。例えば、安全な水や適切な衛生にアクセスできずに下痢疾患等による子どもの死亡数は毎日6,000人と言われている。これは300人定員のジャンボ機が毎日20機墜落している犠牲者数に相当する[1]。環境と開発をめぐるグローバル・ガバナンスを再構築することは、安全保障や国際政治経済のグローバル・ガバナンスの再構築とともに重要な作業である。

（2）9・11事件と平和・安全保障のガバナンス

　平和と安全保障についての国際秩序は、個別的自衛、集団的自衛、集団的安全保障、協調的安全保障の順に累積的に進化してきた（毛利 2002）。第1次世界大戦後の国際連盟によって生まれた集団的安全保障の理念は第2次世界大戦後の国連に受け継がれたが、冷戦期における国連安保理常任理事国の拒否権発動によって、国連憲章が規定する正規の国連軍は一度も結成されたことがない。こうした限界を超えるべく、冷戦後期には主にヨーロッパにおいて対話などによる非軍事手段を用いて共通の安全保障を推進する協調的安全保障の制度化が試みられた。協調的安全保障の対話においては、「経済安全保障」や「環境安全保障」など開発や環境に関わる課題も紛争予防の観点から論じられている。

　そうした対話が国連でも推進されようとしていた「国連文明間の対話年」の2001年に起きた9・11事件は、集団的自衛や個別的自衛による軍事的安全保障を再喚起したのだろうか。冷戦後にも消滅することなく東ヨーロッパとCIS諸国に拡大した北大西洋条約機構（NATO）は、NATO史上初めての集団的自衛権の発動を準備することになった。しかし、テロの首謀者とされるオサマ・ビンラディンを匿っているとされたアフガニスタンのタリバン政権への攻撃は、ア

メリカは集団的自衛権というよりも個別的自衛権の発動によって支えられた。本来は国家間の戦争ではないテロ犯罪に個別的自衛権が行使できるのか問題があるが、「新しい戦争」としての言説が形成されている。

　冷戦期における国連による集団的安全保障は、国連平和維持活動（PKO）という形で進展したが、アンチ・テロリズムを目的とした国連の平和活動は組織化されていない。アメリカの軍事行動に対して国連安保理決議として支持を与え、核活動に関しては国際原子力機関（IAEA）の査察チームが大きな役割を果たしているが、ブッシュ政権は国連決議がなくても単独で行動する選択肢を強調している。軍事的安全保障分野で見られる単独主義的行動は、京都議定書の離脱など他分野における国際秩序にも見られる。また、中東地域は現代文明を支えてきた石油や天然ガスなど化石燃料の埋蔵が集中する地域であり、この地域の平和と安定は、燃料電池など新再生エネルギー開発戦略にも密接に影響する。ヨハネスブルグ・サミットでは平和問題は深く掘り下げられなかったが、原子力施設や大型ダムを建設・運転する際にもテロリズムのリスクを現実的に考慮しなければならなくなった。環境と開発のガバナンスは、ますます平和と安全保障のガバナンスと切り離すことはできないものになっている。

（3）国連ミレニアム・サミットと人権・民主化のガバナンス

　非軍事分野における国際政治秩序は、単独主義、少数国間主義、多国間主義、多様な主体によるガバナンスという順で累積的に制度化されてきた。17世紀ヨーロッパに近代国際社会が成立して以来、国家が国内で権力を行使するのと同様に、国外に対しても単独で行動するやり方は、国家主権に対する自由権的発想に基づいている。二国間主義、少数国間主義、あるいは複数国間主義は、合同で行動する国際主義的な思想と結びついているが、存在論的に主権国家を前提とする点においては単独主義と大差ない。これに対して、国連総会に見られる多国間主義には、限定的ではあるが社会権的な発想の芽生えがある。多国間主義が単独主義や少数国主義と違うのは、仮想的な存在として世界社会による集団的行動が想定されている点である。しかし、多国間主義の現実が機能不全に陥ると、国家主体だけでなく非国家主体の参画を想定する協調的なガバナンスが要請された。グローバル・ガバナンスは、存在論的に集団社会を想定する

点では多国間主義に近い。しかし、社会権的発想というよりも自由権と社会権の矛盾を止揚しようとする連帯権や博愛を強調する（アタリ 2001）。

　9・11事件以後も非軍事的分野における多国間政治の中心が国際連合であることは変わりない。とりわけ多国間主義の進展として、国際刑事裁判所の成立があった。単独主義に走るアメリカも、多国間主義の国際協調の象徴として、ユネスコに復帰した。しかし、同時にアメリカは京都議定書から離脱するなど、多国間主義に打撃を与える行動もとっている。主要国の少数国間主義や複数国間主義のフォーラムとしてのG8カナナスキス・サミットでは、アフリカ首脳を交えて、「アフリカ開発のための新パートナーシップ（NEPAD）」を支援するアフリカ行動計画が採択された。非国家主体を含むグローバル・ガバナンスについては、グローバル・コンパクトなど国連とビジネスと市民社会で構成されるフォーラムも推進されたが、その一方でビジネス界主導によるグローバル・コーポレート・ガバナンスと市民社会主導によるグローバルなシビル・ガバナンスが混在する状態である。

　リオ・サミット以降、開発分野で国連の多国間主義による国際政治が大きく貢献したのは、9・11事件が発生する1年前の2000年9月の国連ミレニアム総会で採択された国連ミレニアム宣言をもとにしたミレニアム開発目標（MDGs）の策定である。90年代に国連主催で開催された一連の世界会議の成果は、国際開発目標としてまとめられ、それは国連ミレニアム宣言に盛り込まれた。さらに、国際社会が達成すべき開発目標として①極度の貧困と飢餓の撲滅、②普遍的初等教育の達成、③ジェンダーの平等と女性のエンパワーメント、④乳幼児死亡率の削減、⑤母親の健康改善、⑥HIV／エイズ・マラリア・その他の感染症の蔓延防止、⑦環境的持続可能性の確保、⑧開発のためのグローバル・パートナーシップの育成の8項目がミレニアム開発目標として策定された。これらの目標の多くが2015年を目標年としたものであり、その進捗状況をモニターするための指標が決められている[2]。国連ミレニアム宣言は、国連加盟国189カ国のうち147カ国の首脳が署名して満場一致で国連総会で採択された。国連の多国間主義は、ヨハネスブルグ・サミットでもMDG目標の達成を中心的課題として取り上げた。

（4）ドーハWTO閣僚宣言と貿易・投資のガバナンス

　国際貿易の秩序は、重商主義、自由貿易主義、公正貿易主義などの諸原理間の対立とともに貿易と投資・労働・環境問題といった多分野との調整を必要とするガバナンスが要請される段階へと展開してきた。輸入面における保護貿易主義、そして輸出面における戦略的貿易政策など、21世紀のグローバル貿易においても重商主義的な貿易政策は生きている。それは、例えば、アメリカの通商法301条、スーパー301条、包括通商法スペシャル301条の発動による単独主義的な措置に典型的に見られる。自由貿易は、二国間あるいは複数国間で最恵国待遇などによって関税の引き下げが試みられた。これを多国間で集団的に実施したのがガットであり、関税率削減交渉においては衡平性が重視された。ガットを引き継いだのが1995年に成立した世界貿易機関（WTO）であるが、WTOの成立した時代は、すでに多国間主義による国際貿易秩序の形成が困難になっていた。グローバルに資本と生産拠点を移動させる多国籍企業による投資、資本移動ほどには国際移動をしない労働力と雇用、貿易と環境などWTOが取り組むべき課題は拡大した。

　1999年のWTOシアトル閣僚会議の「失敗」は、途上国やNGOにも大きな転換点となった。シアトル以後のWTOの行方は不透明となったが、9・11事件は結果的に2001年11月にカタールのドーハで開催されたWTO閣僚会議を「成功」させる追い風となったのではないだろうか。ゼーリック米通商代表は、「テロリストたちは、世界貿易センターを格好の標的として選んだ。衝撃はタワーを崩壊させたが、しかし、貿易と自由の基盤を揺るがすことはできないだろう」と、貿易をもってテロリズムに対抗すべきであると主張した（ジョージ2002, 96頁）。ドーハ閣僚宣言は、貿易の拡大とともに環境の保護や持続可能な開発等が盛り込まれているマラケシュ協定の原則と目的を再確認した。とりわけ途上国の開発ニーズを新ラウンド交渉となる「作業計画」の中心に位置づけ、中国や台湾などの新規加盟を歓迎した。技術協力やLDC支援についても言及された。また、HIV／エイズ・マラリア・結核などの治療薬のコピー薬の製造が貧困国で実施されていることがWTO貿易関連知的財産権（TRIPS）協定に違反するという申し立てに対しては、TRIPS協定が公衆衛生を支持する形で解釈・実施されることを一応認めた。

しかし、2003年9月に開催されるカンクン閣僚会議に向けて様々な問題を、ドーハ閣僚宣言は含んでいる。貿易と投資については、カンクン閣僚会議後に投資に関する多国間枠組みをめぐる交渉が行われることになった。かつて経済協力開発機構（OECD）を中心とする多国間投資協定（MAI）交渉が「失敗」に終わった経緯がある。農業貿易の自由化やサービス貿易の自由化交渉は、2005年1月を期限とする新ラウンド交渉妥結後に、一括引き受けで実施されることを考慮に入れると、貿易や投資の自由化が途上国の開発の将来に大きな影響を与えることになろう。貿易と環境の問題については、WTOと多国間環境協定との整合性が大きな課題となっている。WTO協定が優先されるのか、多国間環境協定が優先されるのか。両者の相互支持性を高める観点から、交渉される。とりわけ、生物多様性条約とWTOルールとの整合性が課題となっている。

（5）モントレー合意と通貨・金融のガバナンス

通貨と金融をめぐる国際秩序は、国内通貨と中央銀行制度、国際通貨と金本位制、基軸通貨とブレトンウッズ体制、そしてブレトンウッズ体制の崩壊後の現在は新しいグローバル・フィナンシャル・アーキテクチャーが模索されている。マクロ経済の基本式によると、対外的な外国為替ギャップは、国内経済における貯蓄－投資ギャップに等しい。したがって、一国経済の国際収支が悪化したときには、国内経済において政府が緊縮財政政策をとり、中央銀行が金融政策を引き締めることになる。それでも国際収支が改善しないときは、非常手段として自国通貨が切り下げられることになる。ブレトンウッズ体制の崩壊後、1985年のプラザ合意では、まさにこの手段を使って米ドルを切り下げた。国際金融機関や先進国が途上国に要求する構造調整政策も、マクロ経済においては財政、金融、外国為替という3つのギャップを改善することであり、ミクロ経済においては貿易セクターや金融セクターの自由化、国内制度については腐敗追放などの「グッド・ガバナンス」が求められている。

しかし、途上国の累積債務問題や短期資本移動のグローバル化に伴う一連の通貨・金融危機は、こうした従来型の構造調整政策だけでは持続不可能な状態であることを露呈した。むしろ多くの重債務貧困国（HIPC）や低開発途上国（LDC）は構造調整融資のコンディショナリティの結果、社会開発や人間開発部

門の財政削減の結果、逆効果が出ている。こうした問題を解決しようと、国連はIMF、世界銀行、WTOとともに2002年3月にメキシコのモントレーで国連開発資金会議を開催した。アナン国連事務総長は、ミレニアム開発目標を達成するため、政府開発援助（ODA）の倍増を訴えたが、先進諸国から途上国へ供与されるODA増額はあまり期待できず、ODAの対GNP比0.7％目標も期限が明言されずに30年前の国際目標を再確認したにすぎない。EUは2006年までにEU平均ODAを2006年までに0.39％に向上させることを表明したが、0.7％にはほど遠い。アメリカのブッシュ大統領は、2005年から3年間ODAを毎年50億ドルずつ拠出したいと表明した。債務削減については、IMFと世界銀行が進める拡大HIPCイニシアティブの維持と国連ミレニアム開発目標間の調整が図られた。

　グローバル化に対処するためのフィナンシャル・アーキテクチャーについては、一部の先進国や途上国が為替取引税の導入を提案しているが、アメリカは強く反対している。むしろ為替取引税は、EUなど複数国間で導入が検討されている。

2 「持続可能な開発」概念の歴史的転回
―― ストックホルムからヨハネスブルグまで ――

　ヨハネスブルグ・サミットの会議名となった「持続可能な開発」概念は、リオ・サミットの中心テーマでもあった。しかし、ヨハネスブルグで強調されたのは「持続可能な開発の3本柱」である。この3本柱をめぐる言説は、1972年にストックホルム会議以降30年間の歴史的文脈において弧を描くように転回しながら形成されてきた。

（1）ストックホルム会議

　ヨハネスブルグ・サミットは、「リオ＋10」とも呼ばれたように、リオ・サミットでの合意について10年間の国際的な取り組みを検証することが主な目的であった。リオ・サミットからヨハネスブルグ・サミットへ至る系譜は、1972年

に開催されたストックホルム会議が出発点である。この会議には114カ国が参加したが、首脳クラスの参加はわずか2人であった。200を超えるNGOも集まり、国連会議に向けてNGOが並行会議を開催する展開のはじまりでもあった。

「かけがえのない地球」をスローガンに開催されたストックホルム会議は、酸性雨による環境影響を受けていたスウェーデンがイニシアティブをとった。北米地域でも1960年代にはレイチェル・カーソンが『沈黙の春』で告発したような農薬汚染が広く認識され始めていた。1972年にローマクラブが発表した『成長の限界』では、このまま工業化や人口増加などが続けば、世界規模での成長はやがて限界に達するであろうと警告した。貧困や低開発に苦しんでいた途上国からすれば、これからの経済開発を阻害するような先進国主導の環境保護論は受け入れがたい。そこでストックホルム会議も、単に「環境」問題を扱う会議ではなく、「人間」と「環境」を扱うことになった。

ストックホルム会議の成果としての人間環境宣言でも、途上国の環境問題の大部分が低開発から生じているとして、途上国ではその努力を「開発」に向けなければならないことが謳われている。しかし、ストックホルム会議が西側先進国中心の「環境」重視の路線を敷いたことは否めない。その理由の1つは、冷戦下での開催であったため、もう1つの「人間」中心主義を掲げる社会主義国からの参加が欠けていた。もう1つの理由は、国連環境計画（UNEP）の創設である。UNEPは国連システムにおける調整機関であるが、国連「環境」計画という名称が付けられたように、「環境」の側面からアプローチすることが任務となった。

（2）ナイロビ会議

ストックホルム会議から10年後の1982年5月には、ケニアのナイロビに本部を置いたUNEPの管理理事会特別会合が開催された。「開発」に最優先順位を置く途上国で、この「環境」会議が開催されたのは皮肉である。ここで採択されたナイロビ宣言では、資源配分が不公平であったことや貧困によってストックホルム行動計画が満足に実施されていないとして、「第3次国連開発の10年」のための国際開発戦略や新国際経済秩序（NIEO）の樹立などの努力によって環境的に健全で、持続的な社会経済の発展を実現することを採択した。その年の国

連総会では「世界自然憲章」が採択され、ここでも国際社会が自然環境を保全していくことが確認された。

　しかし、ナイロビ会議で指摘された南北格差の拡大への不満と行動計画の不十分な実施状況は、「環境」と「開発」を結びつける戦略を考える世界委員会の設置へと向かわせた。地球環境問題に関する国連特別委員会を設置すべきだというナイロビ会議での日本提案は、1983年の国連総会において環境と開発に関する世界委員会（ブルントラント委員会）の設置という形で実現した。同委員会が1987年に出版した報告書『われら共有の未来』で「持続可能な開発」という概念が広く認識されるようになった。ここで「持続可能な開発」とは「将来世代のニーズを満たす能力を損なうことなく、現在の世代のニーズを満たせるような開発」と定義された。これが世代間公平の原則の形成につながっていく。

（3）リオ・サミット

　ブルントラント委員会が提示した「持続可能な開発」をテーマとして開催された国連環境開発会議（UNCED）には、181カ国が参加した。リオ・サミットと呼ばれるように、世界の首脳が100人以上集まった。それまでの「環境」と「開発」の対立が、「環境」と「開発」の両立を目指す方向へ認識論的転回が見られたが、どちらかと言えば、「環境」制約の観点から「開発」を捉え直す段階であった。例えば、環境と開発に関するリオ宣言では、地球環境の悪化への異なる寄与という観点から導かれた「共通だが差異ある責任」原則、環境保護のための「予防的アプローチ」に関する原則などが明示された。

　「アジェンダ21」のもう1つの特徴は、主たるグループの役割強化が言及されたことである。女性、子どもおよび青年、先住民、非政府組織、地方自治体、労働者および労働組合、産業界、科学・技術者、農民が9つの主たるグループとして取り上げられた。とりわけリオ・サミットでは、非政府組織が大きなパラレル・イベントを開催した。また、国連持続可能開発委員会（CSD）が新設され、統合的な観点からリオでの合意をフォローアップされることが期待された。

（4）ヨハネスブルグ・サミット

　図1に示したように、「人間」と「環境」の側面が会議名称となったストック

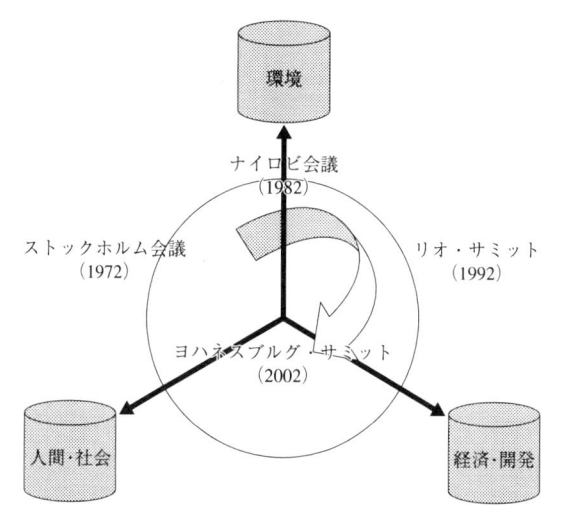

図1 持続可能な開発の3本柱の歴史的転回と国際会議

ホルム会議から見ると、ナイロビ会議は「環境」に焦点を当てたものとなったが、実際には途上国の「開発」が問題となり、リオ・サミットで「環境」と「開発」の側面が結び付けられた。「環境」と「開発」の両立は、「開発」を重視する途上国の反発もあったが、リオ・サミット以降の一連の国連会議を経て、ヨハネスブルグ・サミットの中心テーマとなったとなった「人々、地球、繁栄（People, Planet, and Prosperity）」が象徴するように、持続可能な開発概念の3本柱として「人間（社会）」、「環境」、「開発（経済）」すべてのバランスが重視されるものとして認識されるようになった。191カ国が参加したヨハネスブルグ・サミットには政府関係者約9,100人を含めて、2万1,000人を超える人々が集まった。

ヨハネスブルグ・サミットでの新しい制度的試みとしては、マルチステークホルダー・ダイアローグがある。CSD6以降に、マルチステークホルダー・ダイアローグが設置され、ヨハネスブルグ・サミット本会議でもマルチステークホルダー・イベントが開催された。こうした主要グループの参加拡大が、政府間交渉の末に採択された「実施計画」にどの程度影響を与えたかは一概に言えないが、「社会」、「環境」、「開発」など多様な分野に焦点を当てている多様な主体からの刺激が、持続可能な開発の多様な側面への認識論的転回に大きな影響を与えていることは確かであろう。環境問題の科学的な不確実性が存在する中で、意思

決定プロセスの観点から環境と開発のガバナンスの多様な側面のバランスをとるためにもマルチステークホルダーの参加が重要になっているのである。

3 国際開発パラダイムの潮流

ストックホルム以来の30年にわたる国連会議の歴史の底流には、ストックホルム以来の30年間の地球環境をめぐるガバナンスと第2次世界大戦後40～50年間の国際開発をめぐるガバナンスの歴史がある。また、これらの深層底流には300～400年間かけて形成されてきた国際政治経済のガバナンスの歴史がある。これらの潮流が合流して、リオ・サミットからヨハネスブルグ・サミットへの流れが形成されている。21世紀の環境と開発のガバナンスを理解する際には、グローバル化という表層流が覆い被さったために見えにくくなった潮流や深層流も理解しておく必要がある。それを理解しておくことが、持続可能な開発のガバナンスを従来の国際政治経済のシステムに有機的に組み込む前提条件であるからである。

（1）経済成長と国家

国内政治経済の歴史的観点から見ると、経済発展に関する4つの大きな潮流があった。第1は、政治が経済を決定する重商主義である。16～17世紀の市民革命以前のヨーロッパの絶対主義国家では、国王は自国の繁栄を求めて希少金属の獲得に躍起となった。市民革命以降、国民主権となった国民国家でも政府や議会は積極的に経済に介入した。とりわけイギリスの産業革命に遅れをとったドイツやアメリカでは、国家の介入によって近代化を推進した。衰退産業に対する保護貿易や戦略的に幼稚産業を優遇する重商主義的な政策は、今日の先進国経済でもなお見られる。

第2は、政治と経済を分離して考える自由主義である。政治が外から「開発」するのではなく、経済は自ら「成長」し、社会は自ら「発展」するという考え方である。理論的には、自然法的な重農主義や経済活動に対する国家介入を排

除する古典派経済学の考え方である。どんな社会も必要な資本や技術などの条件があれば「発展」できるという前提がある。時間軸を単純化した単線的発展段階論によれば、政府が介入しない状況でも、国民の貯蓄が増え、それを投資することで経済成長が得られる。このようにして伝統社会は、成熟した大量生産・大量消費社会へと「離陸」できるとされた。空間軸を単純化した農村と工業都市の2部門モデルによると、前者での余剰労働力が後者へ吸収されて成長と雇用拡大をもたらすパターンが見られるとした。社会的な制度要因や歴史要因を加えた理論的発展もあったが、1980年代に新保守主義（新自由主義）的な政治勢力が権力を得ると、新古典派経済学が復権し、供給サイド重視のマクロ経済政策や規制緩和・公営企業の民営化などが推進された。

　第3は、マルクス主義である。この見方によれば、資本主義「経済」構造が、その上部構造である「政治」にも影響を与えている。17～18世紀の重商主義や19世紀の自由主義が「未開発・未発展」の状態から議論を始めているのに対して、20世紀のロシア革命で現実世界に適用されたマルクス主義は「低開発」の認識から始まっている。資本主義構造によって、生産手段を持たない労働者階級は生産手段を持つ資本家階級によって「搾取」される。世界資本主義の周辺部である途上国では、中心部である先進国からの搾取と周辺部の中心である買弁グループによる搾取のために「低開発の発展」という悪循環に陥っているという。この資本主義経済構造を打倒するためには、労働者階級が団結して革命を起こし、資本家階級革命から権力を奪取する必要がある。権力を握った労働者階級はプロレタリアート独裁によって社会主義国家を樹立し、世界が社会主義国家で満ちたときには国家は死滅し、共産主義社会が実現するというシナリオであった。

　第4は、ケインズ主義である。ケインズ主義は「経済」と「政治」とを融合させる。市場経済を成長のエンジンと見る点においては自由主義と同じだが、市場だけに任せておくと所得格差の不平等が生まれるので、「福祉国家」の政治干渉によって所得の再分配を行う。景気後退時には、政府が需要を刺激して雇用を創出する。所得が増えて中流階層化した労働者が、大量生産された商品を大量消費することによって安定成長が持続する。

（2）国際開発と援助

　第2次世界大戦後の国際経済体制は、「海外でスミス、国内でケインズ」と呼ばれたように、国外では世界政府のない自由主義的貿易体制を成立させ、国内では福祉国家による介入が行われるという矛盾した構造を持っていた（Polanyi 1957; Ruggie 1982）。国際通貨基金（IMF）と世界銀行（IBRD）という多国間国際機関も創設されたが、終戦直後の冷戦初期に実際に調整のための資金を供給したのはアメリカによる二国間援助マーシャル・プランであった。トルーマン政権は、戦争で疲弊していたヨーロッパ諸国を復興させるとともに、共産主義化することを阻止するためにも「低開発地域」を経済発展させることを1949年ポイントフォア演説で示した。一方、社会主義陣営も、東西対立の中で援助合戦によって社会主義陣営への取り込みを図った。

　「アフリカの年」とも言われる1960年には多くのアフリカ諸国が政治独立を果たしたが、経済的格差が問題となり「南北問題」という言葉が使われ始めた。南北問題の解決を図るためにアメリカのケネディ大統領は60年代を「国連開発の10年」にすることを提案し、1961年の国連総会で採択された。これに従って5％成長を目指す国際開発戦略（IDS）が策定され、近代化理論を援用して、途上国で不足している貯蓄と投資のギャップを補うために主に二国間援助が供給された。1961年の経済協力開発機構（OECD）の発足とともに開発援助委員会（DAC）が設立され、二国間援助供与国間の調整が図られることになった。ガットのケネディ・ラウンドでは、1964年に途上国に対する食糧援助を供与することも決定されたが、供与国側の余剰食糧を「援助」という形のはけ口として利用した面もある。二国間あるいはその合同体としてのOECDのような少数国間の協議によって国際開発を進めようとするやり方である。

　「第1次国連開発の10年」は成功したとは認識されていない（下村1991, 45頁）。60年代は5.5％成長を達成したのだが、先進国との格差が広がったからである。ピアソン報告（1969年）は60年代を「挫折と失望」の10年とした。途上国の不満は、1964年に国連貿易開発会議（UNCTAD）において途上国グループ77を結成し、集団で南北問題に対処するようになった。中ソ対立によって独自の社会主義路線をとり始めた中国は自らを「第3世界」と位置づけ、やがてこの勢力に加わった。

表1　主な国際経済・開発の動き

通貨・金融	人間開発・社会開発	貿易・投資・援助
1961　第1次国連開発の10年		
		GATT/KR（64） UNCTAD（64）
1971　第2次国連開発の10年　ODA対GNP比0.7%目標		
スミソニアン合意（71） 変動相場制（73）	世界食糧会議（74）	新国際経済秩序（74）
1981　第3次国連開発の10年　カンクン・サミット		
プラザ合意（85）		GATT/UR（86）
1991　第4次国連開発の10年		
HIPCイニシアティブ（96）	国際人口開発会議（94） 世界社会開発サミット（95） 第4回世界女性会議（95）	WTO（95） DAC新国際開発戦略（96） 世銀CDF（97）
2000　国連ミレニアム・サミット		

（3）世界の経済社会開発

　70年代のキー概念は「公平」と「多国間主義」である。1970年にはティンバーゲン報告に基づいて「第2次国連開発の10年」のための国際開発戦略が策定され、途上国の目標達成率平均6％が目標とされた。ここで先進国は国民総生産（GNP）の0.7％を政府開発援助（ODA）に充当する目標が立てられたが、途上国は70年代の失敗の原因を援助よりも世界貿易に求めた。プレビッシュらは、先進国工業国で生産された付加価値の高い工業製品と、自然条件に大きな影響を受ける途上国の1次産品との貿易における「交易条件」の悪化が南北経済格差を拡大したとして、1次産品の安定化プログラムや途上国へ一般特恵関税を認めたうえで、交易条件を「公平」にすることを処方箋として提出した。OPEC諸国の石油戦略が一時的に「成功」したこともあり、いくつかの1次産品の生産国カルテルが形成された。74年の国連資源特別総会で「新国際経済秩序樹立宣言」が採択された。

　1970年代の第2次国連開発の10年の目標は達成されず、挫折に終わった（下村1991, 47頁）。1つの原因は、石油戦略が石油を持たない途上国との格差を広げたことである。その結果、「最も深刻な影響を受けた諸国（MSAC）」の絶対的貧困が悪化した。もう1つは、石油価格の高騰によって、オイルダラーがユー

ロダラーとなり、それが途上国への貸し付けを増大させ、結果的に債務危機を招くことになった。とりわけ、比較的成長していたラテンアメリカ諸国の貸付が返済できなくなった。

1980年には「第3次国連開発の10年」に向けた国際開発戦略が策定され、1981年には南北サミット（カンクン）が開催されたが、80年代の債務危機と世界同時不況は、東アジアを除く途上国では「失われた10年」となった。金融面では、構造調整政策が推進された。世界銀行は79年から構造調整融資を導入し、IMFも1986年から構造調整ファンドを導入した。新古典派のマクロ経済学に、国際収支の悪化は、国内における緊縮財政と一時的な高金利政策によって解決しなければならないとして、それらを実施することが貸付条件（コンディショナリティー）とされた。世界の景気後退を食い止めるため、貿易面ではガットのウルグアイ・ラウンドが開始されたが、農産物などのように古くからある問題に加えて、サービス貿易や知的財産権など新しい問題も登場し、交渉は長期化した。先進国における不況は新しい保護主義を台頭させ、アジア新興工業経済（NIEs）のモデルを追従して、構造調整によって途上国が輸出志向の開放的な貿易政策をとっても、肝心の先進国における輸出市場がかつてのように寛容ではなくなってきていた。そのため、地域内の市場統合によって、国外市場を広げていこうとする動きも再登場してきた。

(4) 持続可能な開発のグローバル・ガバナンス

1990年には「第4次国連開発の10年」のための国際戦略が策定されたが、冷戦の終焉と地球環境問題の関心の高まりの中で、国際開発の潮流は92年のリオ・サミットへと合流し、「持続可能な開発」が1990年代のキー概念となる。しかし、この概念はこれまでの国際経済の流れの中でそれぞれの文脈で解釈されてゆく。

貿易の分野では、長期化したガット・ウルグアイラウンド交渉の結果、1995年に成立した世界貿易機関に多くの途上国が参加することになった。途上国やNGOの反対によってWTOシアトル閣僚会議は「失敗」するが、2001年11月のドーハ閣僚会議では「開発」ラウンドとも呼ばれる新ラウンド交渉の開始が決まった。ヨハネスブルグ実施計画でも貿易や直接投資が、途上国の持続的な開発の有力な方

法の1つとして認識されている。とりわけ、途上国にとっては先進国の農業補助金が不公正なものに映る。環境保護を含む農地の多面的機能を楯に、日本やフランスなどが正当化しているが、先進国政府の農業補助金が撤廃されるだけで、途上国から先進国市場への農産物の輸出拡大につながるとされる。

「東アジアの奇跡」を果たしたアジア経済では、外国資本の直接投資の拡大がもたらされたが、未成熟な金融セクターの制度化やガバナンスの問題が新興市場（emerging markets）における大量の短期資本の急激な引き揚げを招き、アジア通貨危機が生じた。未成熟な制度化やガバナンスの問題が、短期資本の大量移動を規制するグローバルなレベルでの制度化の欠如とともに、通貨・金融危機を招いた要因であるといわれる。貿易と投資の観点からは、後発途上国も新興市場も大きな問題を抱えている。

グローバル資本主義の暴走に対しては、人間開発や社会開発の観点からは、セーフティネットの重要性が再認識されつつある。そうした認識を形成するプロセスとして、リオ・サミット以降の国連主催による一連の世界会議が流れを作っている。UNDPは1990年から人間開発報告書を出版しているが。ミクロな人間に焦点を当てた視角として、ジェンダー、世代、エスニシティーがある。いずれも性別、年齢、人種といった生物学的概念を超えた社会的に構築された人権概念である。1993年国連世界人権会議で採択されたウィーン宣言では、女性、子ども、少数民族、先住民などの人権が確認された。さらにジェンダーについては、1994年国際人口開発会議（カイロ）や1995年の第4回世界女性会議（北京）でリプロダクティブ・ヘルスの権利が女性に所有されていることが確認された[3]。また、1994年の人間開発報告書では「人間の安全保障」概念が提示され、マクロな社会開発の観点から1995年にコペンハーゲンで開催された世界社会開発サミットへとつなげられた。内容的に包括的なアプローチが、プロセスとしては市民社会を巻き込む参加型開発が定着し、1996年DAC新国際開発戦略や1997年の世界銀行の包括的開発フレームワーク（CDF）となっていった。また、かつてはインプット目標としてODAの対GNP比0.7％目標が強調されていたが、人間開発や社会開発の分野である貧困、教育、健康、環境などについてのアウトプット目標や指標が重視されるようになった。

債務問題については、1980年代末からG7諸国はサミット等で債務削減に取り

組み始めたが、1990年代には「ジュビリー2000」を中心とする市民社会から人間開発の観点から債務帳消しを求める声が高まった。こうした批判に答えるような形で、1996年にはIMFと世界銀行が提唱した重債務貧困国（HIPC）に対する「HIPCイニシアティブ」が開始された。しかし、構造調整と結びつけた形である程度の債務削減が行われたが、市民社会からの批判は続いた。このため、削減時期をより早め、債務救済額を増やし、対象国を拡大した「もっと早く、深く、広範な」拡大HIPCイニシアティブが1999年ケルン・サミットで合意された。IMFは、それまでの「拡大構造調整ファシリティー（ESAF）」を「貧困削減・成長ファシリティー（PRGF）」に組み換え、世界銀行はCDFや「貧困削減戦略ペーパー（PRSP）」を作成することによって、内容的には開発の様々な側面を包括し、プロセス的には参加型の開発戦略を促そうとしている。人間・社会開発の側面を重視する市民社会の立場と「持続可能な債務レベル」やマクロ経済の持続的発展を基本とする新自由主義の立場のギャップが少しずつでも狭まっていくのかどうか見極める必要がある。

4 地球環境パラダイムの潮流[4]

(1)「共有地の悲劇」と国家

国内における環境破壊対策としても、歴史的に4つのアプローチがあった。第1は、政府による事後的対応としての公害対策である。18世紀のイギリスから始まった産業革命は、産業都市での労働環境や生活環境を悪化させることになった。また、都市を中心とする人口増を養うために、農村では伝統的に共有地とされていた牧草地が過放牧のために疲弊していった。都市と農村におけるこうした環境破壊に対する事後的な対応策の1つが、国家による規制強化である。国家による社会権的基本的人権を強化することによって労働者や消費者の権利を強化する一方で、生産者に対しては特定された有害物質の排出基準や環境基準を設定し、違反者には罰則を科すなどの直接規制が強化され、破壊された環境を修復することが試みられた。これは自然環境を共有地から公共財へと

再定義するやり方であり、極端な場合には、共有地を国有地や公有地として政府が直接管理することもあった。

　第2のアプローチは、伝統的な共有地を囲い込みによって私有地にするやり方である。つまり、共有地の牧草地が過放牧で破壊されてしまうのは、誰の土地でもないと個人が判断するからであり、私有財産として自分の土地であると考えれば過放牧は行われずに、行われたとしても環境再生コストは個人が負担すると考えられた。自発的な未然防除措置や市場原理を活用した環境主義はこうした考え方が基盤となっている。

　第3のアプローチは、環境修復や環境保護というよりも、持続的なレベルで環境資源を利用しようとする環境保全の考え方である。政府や地域の環境管理計画が基本となるが、民間部門によるサービス供給も期待している。その意味では、環境資源は公共財というよりも集合財として捉えられる。

　第4のアプローチは、国家が自国領域内における環境問題を扱うだけではなく、領域外の地域環境問題あるいは地球環境問題に対して単独主義的に取り組むアプローチである。合理的な判断によって、あるいは利他的な動機によって、一国がその領域外の環境保全に取り組むことがある。

(2) 越境汚染と環境外交

　1つの国家の単独行動ではなく、いくつかの国家が合同で取り組む環境外交はブラウン・イシューと呼ばれる越境環境汚染についてストックホルム会議前後から本格化した。復興を果たしたイギリスや西欧諸国での重化学工業化に伴って排出された硫黄酸化物や窒素酸化物が偏西風に乗って、スカンジナビア諸国に酸性雨の被害をもたらしたからである。人口密度が低く高負担高福祉国家を実現していた森と湖が多いスカンジナビア諸国にこうした越境汚染被害がもたらされた。スカンジナビア諸国と同様にカナダも、人口が比較的少ない先進福祉国家で、その豊かな自然環境を世界一の先進工業国であるアメリカの5大湖地帯から排出される汚染物質によって酸性雨被害を受けていた。ストックホルム会議を契機として、国連欧州経済委員会で形成された長距離越境大気汚染条約（LRTAP）は、基本的に工業化が進んだ先進地域のための条約であった。5大湖やライン川などの流域レベルでの水質汚染を防止するレジームも70年代

表2　主な多国間環境協定と国際会議

大気環境	陸環境	水環境
	ラムサール条約（71）	国際捕鯨条約（46）
1972　ストックホルム会議		
LRTAP条約（79）	世界遺産条約（72） ワシントン条約（73）	MARPOL条約（73）
1982　ナイロビ会議		
ウィーン条約（85） モントリオール議定書（87）	バーゼル条約（89）	国連海洋法条約（82）
1992　リオ・サミット		
気候変動枠組み条約（92） 京都議定書（97）	生物多様性条約（92） 砂漠化防止条約（94） ロッテルダム条約（98） カルタヘナ議定書（00） ストックホルム条約（01）	国際水路条約（97）
2002　ヨハネスブルグ・サミット		
		第3回世界水フォーラム（03）

に整備されたが、その多くが先進国を構成国とするものであった。また、先進工業諸国の主要エネルギー源となった石油輸送におけるオイル流出事故などによる海洋汚染防止についても制度化が見られ、ロンドン海洋投棄条約や船舶による海洋汚染防止条約（MARPOL）などが成立した。

　ストックホルム会議前後に環境外交の対象となったもう1つの問題群は、特定の野生生物の保護である。ストックホルム会議前に採択されていた水鳥の生息地である湿地を保護するラムサール条約は、ストックホルム会議後に発効した。ストックホルム会議後に署名が開放された文化遺産とともに自然遺産も保護するための世界遺産条約と絶滅危惧種である野生生物保護のワシントン条約（CITES）もラムサール条約と同様に、1975年に発効した。第2次世界大戦後に捕鯨国によって形成された国際捕鯨委員会（IWC）も、ストックホルム会議を契機に、その性格が大きく変わっていった。

（3）「人類の共同財産」の世界管理

　ストックホルム会議を契機とした越境環境レジームの多くが先進国を中心と

した国際環境外交の成果であったのに対して、ナイロビ会議以降の80年代の潮流は途上国にとっての社会経済的配慮に配慮した自然資源の世界共同管理の色彩が出てきた。その理念に大きな影響を与えたのが、国連海洋法条約の基盤をなす「人類の共同財産」概念である。その重要な規範は、公平と公正である。とりわけ南北問題を解決するのに有益と見られていたマンガン団塊が存在する深海底の半分は「人類の共同財産」として明文化され、国家が共同で規範を形成し、政策決定と実施を行うモデルとなった。集団としての人類社会が存在論的に先に存在するという意味では、国際社会を超えた世界社会が想定されている。しかし、深海底のもう1つの半分はハイテク技術を持つ先進諸国のパイオニア企業による開発が許されており、合理性と公平性が混在した形となった。国際水路についても国際法委員会は条約案を審議したが、海洋に比較すると20年近く遅れた。「公平で合理的な使用原則」を中心とする国連水路条約（国際水路非航行利用条約）はようやく1997年に採択されて署名開放となったが、2002年現在まだ発効していない。

　大気環境については、80年代半ばにオゾン・ホールが確認されてから、健康や環境への被害が大きな問題となった。1985年にはオゾン層保護のためのウィーン条約が締結され、88年には発効した。また、オゾン層破壊物質であるクロロフルオロカーボン（CFC）を削減するモントリオール議定書がやがて発効した。CFCは工業部門で多く使用されていたが、オゾン層レジームは途上国に対する代替フロン等への転換を促進するための資金メカニズムも取り入れられた。

　陸環境についての取り組みは、ブラウン・イシューの世界化に対応するものだった。70年代以降の先進国での環境規制の強化と処理コストの上昇、途上国での経済成長の挫折と累積債務問題は外貨獲得のために、先進国から途上国への有害廃棄物の移動を加速させた。1989年に採択されたバーゼル条約は、有害廃棄物の越境移動を制限するために策定されたが、アフリカ諸国は独自により厳格なバマコ条約を成立させた。バーゼル条約はその後、途上国への資金支援や技術移転メカニズムなどを取り入れた。

（4）地球環境ガバナンス

　地球環境ガバナンスとは、様々な環境問題を個別的問題としてではなく、よ

り包括的に捉えて、しかも国家だけでなく多様な主体が協調して対処するアプローチである。多国間環境条約間でも協調や調整が必要となっている。リオ・サミットで大きな争点となったのは、気候変動、生物多様性、森林問題などである。リオ・サミットでは気候変動枠組み条約と生物多様性条約が採択されたが、森林条約は成立せずに森林原則声明となった。しかし、森林の問題は温室効果ガスである二酸化炭素を吸収する機能を持つ森林や、生物多様性の生息地としての森林として気候変動や生物多様性と切り離せない問題である。

温室効果の排出源から見ても、気候変動の影響範囲を見ても気候変動問題は、世界の一部の問題ではなく、文字通り地球的課題である。しかし、温室効果ガスの排出の寄与の観点から先進国と途上国には大差があり、「共通だが差異ある責任」原則が適用されることになった。京都議定書策定に至るベルリン・マンデートでは、まず先進諸国が削減することになった。とりあえず途上国の責任は据え置きされたため、アメリカをはじめとする先進国は先進国間の負担の差と途上国に対する産業競争力の低下を懸念した。生産者だけの責任ではなく、消費形態やライフスタイルにも大きく関わっているので、多様なアクターの関与が必要である。

生物多様性条約は、従来の特定野生生物を包括する概念であったが、具体的には遺伝資源をめぐる知的財産権やバイオテクノロジーによる遺伝子組み換え生物（GMO）の安全性などが争点となっている。砂漠化防止条約の採択は遅れ、リオ会議以降の1996年に発効した。気候変動や不適切な水利用等のため、砂漠化は急速に進んでいるが、グローバルな問題というよりも地域的な問題として扱われる傾向があったためであろう。リオ・サミットに向けて創設された地球環境ファシリティー（GEF）の対象としても砂漠化は除外されていたが、ヨハネスブルグ・サミットでその対象となった。有害物質については、バーゼル条約が対象としている有害廃棄物だけでは扱えない問題となった。環境ホルモンやダイオキシンなど、有害化学物質の安全性が大きな問題として焦点を当てられるようになった。事前通告同意（PIC）のためのロッテルダム条約や残留性有機物質（POPs）についてのストックホルム条約などが採択され、その発効が急がれている。

グローバルなレベルでの多国間環境協定はますます増加しているが、それら

を調整する機関として、あるいは経済のグローバル化を推進するWTOに対するカウンターウエイトとして世界環境機関（WEO）を提案している立場もある。その一方で、多国間環境協定の作成過程や実施過程における地方自治体、産業界、市民社会など多様な利害関係者の関与も増加しており、地球環境ガバナンスのあり方がなお模索されている時代となっている。

注
1) *International Year of Freshwater*, leaflet, UN Department of Public Information, August 2002.
2) World Bank, "Millennium Development Goals," from *World Development Indicators 2002*.
3) リプロダクティブ・ヘルスの権利とは、性と生殖に関する健康を女性が主体的に確保することを目指す概念。
4) この節は、拙稿（毛利2002, 149〜173頁）の一節に加筆したものである。

参考文献
Karl Polanyi, *The Great Transformation: the Political and Economic Origins of Our Time*. Boston: Beacon Press, 1957.（邦語訳は、カール・ポラニー『大転換―市場社会の形成と崩壊―』東洋経済新報社、1975年。）
Ruggie, John Gerald. "International Regimes, Transactions, and Change: Embedded Liberalism in the Postwar Economic Order." *International Organization*, 36, 1982.
アタリ、ジャック『反グローバリズム』彩流社、2001年。
石弘之「環境サミットの系譜」『科学』岩波書店、2002年8月号。
下村恭民・辻一人・稲田十一・深川由起子『国際協力―その新しい潮流―』有斐閣、2001年。
ジョージ、スーザン『WTO徹底批判！』作品社、2002年。
フレイヴィン、クリストファー編著『ワールドウォッチ研究所地球白書2002-03』家の光協会、2002年。
毛利勝彦『グローバル・ガバナンスの世紀』東信堂、2002年。

参考URL
国際通貨基金（IMF）　　http://www.imf.org
世界銀行（IBRD）　　http://www.worldbank.org
世界貿易機関（WTO）　　http://www.wto.org
国連環境計画（UNEP）　　http://www.unep.org
国連開発計画（UNDP）　　http://www.undp.org

ヨハネスブルグ・サミット　http://www.johannesburgsummit.org

研究課題

（1）　9・11事件以降、本当に世界は変わったのか。地球環境と持続可能な開発への取り組みには、どの程度影響を与えたのか。
（2）　新自由主義的なグローバル化は持続可能な秩序なのだろうか。IMF、世界銀行、世界貿易機関などの国際機関は、新自由主義的なグローバル秩序をどの程度まで推進しようとしているのだろうか。
（3）　21世紀のグローバル社会は、19世紀や20世紀の国際社会と比較して、地球環境と持続可能な開発のガバナンスにとって有利になっているか、それとも不利になっているか。

第2章　環境と開発のガバナンスの理論的視座

太田　宏

1　はじめに

　本章の目的は、環境と開発をめぐるガバナンスに関して理論的な側面を整理することである。まず、人類社会が共有したくない将来という反語的な状況、すなわちイースター島に起こった文明崩壊のなぞについて考える。なぜイースター島の島民は環境の荒廃に気づきながら、互いに殺し合いをするまで状況を悪化させてしまったのだろうか。この疑問に答えるためには、「共有地の悲劇」の論理を参考にして集合行為形成の難しさを認識する必要がある。そして次に、「国際社会」は、どのように国際的な協力体制を形成して地球規模の環境問題に対処できるのかを問う。本章における基本的な考え方は、問題領域ごとの制約はあるものの、国際条約などを中心とした国際レジームが「政府なきガバナンス」を実施しているというものである。もう1つの特徴として、環境と開発の分野では、政府以外のアクター——国際機関、多国籍企業、地方自治体、NGO——も国際的なガバナンスに参加していて、各々の利益や理想とする社会の実現に向けて互いに影響力を行使し合っている。

　次に、環境問題を効率よく改善していくための政策やアプローチについても検討を加え、市場メカニズムを活用する方法、市場の機能を利用しながら財政的インセンティブや規制を導入して、環境保護行動を促進する方法などについて見る。また、こうしたアプローチとは異なって、現在の社会経済構造の抜本的改革を伴う急進的なアプローチについても考察する。そして最後に、国際社会が向かうべき方向について、「もう1つの開発」戦略、「南」委員会の報告、そして持続可能な開発の概念を手引きとしてその方向性を探る。健全な環境が

将来世代に引き継がれなければ、真の持続可能な開発は実現しないということを指摘して、本書の「持続可能な地球環境を未来へ」という目標の正当性を確認する。

2 イースター島のなぞ──われわれ共有の未来か──

　南太平洋上にあり、地球上で最も孤立した小さな島の1つであるイースター島の歴史は、島の所在地やその文化において神秘性を帯びたものである[1]。しかしそれ以上に、ある小さな世界における人間の選択と自然の制約について、特に、自分たち自身の生態的基盤を切り崩してしまった多くの文明の一例として興味深い。また、絶海の孤島という状況と、基本的に閉鎖系システムである地球の状況との類似点を見いだすこともでき、イースター島で起こったことは現在地球規模で起こっていることを類推するのに役立つ。

　最初にこの島に辿り着いた人々は、大きな椰子の熱帯雨林に覆われた島を見つけたであろう。島民たちはおそらく、彼らの島が1722年にオランダの船乗りによって発見されるまで、外部の人間との接触はなかったであろう[2]。この1,000年もしくは1,500年間、他の社会から隔絶されているうちに、この島には素晴らしい文明が興った。とりわけ印象的なのが、800から1,000もの巨大彫像モアイである。高さは2mから10mあり、火山性凝灰岩で彫像され、島中に点在している。モアイ像を彫塑場から移動させるために丸太をコロのように利用したかもしれないし（Ponting 1991, p. 5）、ロープを彫像にくくって地面をいざらせながら大勢の島民で海岸線や現在彫像が立っているところまで運んだとも想像されている。その過程で島の樹木がほとんど伐採されたと考えられる。イースター島の火山の火口から採取された花粉核によれば、ロープのために利用されていた木は、元来この島に繁茂していたと考えられる。場所によって異なるが、8世紀と10世紀の間、この木の花粉は減少し始めた。森林の花粉は1400年頃に最低レベルに至っており、最後の森林はそれまでに破壊されてしまったと考えられている。

1722年および1770年にイースター島を訪れた初期の訪問者らは、倒れたモアイについては何も述べていなかったが、1774年にキャプテン・クックは多くの彫像が台座の隣に倒れていること、彫像が保護されていないことを報告した。何か劇的なこと、例えば氏族間の戦争のようなものが、1722年と1774年の間に起こったのである。1786年のある訪問者は、島にはもはや酋長がいないことを発見した（Cohen 1995, p. 357）。

　いったい何が起こったのか。現在われわれは、「モアイ像文明」の崩壊過程を事実に基づいて知ることはできない。ただ、島の自然環境の許容範囲を超えて人口が増えたらしいこと、島民の食生活などのライフスタイルも持続可能な発展にとって好ましくなかったらしいこと、さらに、モアイ像信仰を基礎として栄えた島の文化や組織化された社会が、その彫像建立そのものが森林伐採を促進し、島の生態的基盤を崩しながらともに衰退していったらしいことが推量されている。

　もちろん、過去にイースター島で起こったことと地球上で現在起こっていることを単純に比較することはできない。大海の孤島と巨大で複雑な地球システムでは規模があまりに違いすぎる。また、島の「文明」を支えた技術と現在の世界の技術レベルには雲泥の差がある。とはいえ、絶海の孤島と閉鎖系の地球の間には、他に行き場所がないという共通点がある[3]。また、生態的基盤を切り崩してしまうとその上に形成された文明そのものを崩壊させるといったイースター島の悲劇は、現代文明の繁栄や開発モデルに対する反省をわれわれに促す。しかし問題はそれだけでは済まない。なぜイースター島民は島の環境の劣悪化に気づきながらモアイを彫像し続けたのだろうか。なぜお互い殺し合いをするまで島の荒廃を見過ごしてきたのであろうか。生態系に関する理解に欠けていたからなのだろうか。優秀な指導者に恵まれなかったからなのだろうか。地球上に存在する主権国家からなる「国際社会」でも、島で起こったことと同じようなことが起こり得るのであろうか。現に起こりつつあるのだろうか。それではここで、目を現代世界に転じてみよう。

3 環境と開発のガバナンス

(1)「政府」なきガバナンス

　環境問題や人口問題における国際協調を考えるとき、「共有地の悲劇」（Hardin 1968）の論理が参考になる。ある村に共有の牧草地があり、その許容範囲内で牛を放牧している限り、村人は半永久的にその牧草地の恩恵を共有できる。ところが、1頭でも多くの牛や羊を放牧してよりいっそう利益を得ようという1人の村人の行為が、やがて共有の牧草地の劣化を招き、最終的には共有地が荒廃してしまう話である。この「共有地の悲劇」の論理には2つの側面がある。まず、「合理的」損得計算、すなわち、共有地に追加的に放牧する1頭の家畜から得られる自己利益は、すべての村人の間で分散される牧草地に対する負担より大きくなるという損得勘定は、すべての村人にとって等しく当てはまる。その結果、共有地の許容範囲を超えた過放牧になる。さらに、牧草地が劣化している状況が村人には分かっていても、その状態に歯止めをかけられず、牧草地は荒廃してしまう。この悲劇の論理によれば、仮に村人1人が自制して牛の放牧頭数を減らしたとしても、他の者が協調しないか、あるいは他人の自制をいいことに自分は放牧頭数を増やし続けようとするフリーライダーが存在し得るからである（オルソン 1983）。したがって、皆が共同行動を取ることが保証されない限り、村人たちは牧草地の質の劣化に気づきながらも、最終的には同地の荒廃の悲劇を招いてしまうのである。

　どうしたらこの悲劇を回避できるのだろうか。また、世界政府の存在していない国際社会にあって、国際的な公共財—安定した地球気候、成層圏のオゾン層、あるいは生物の多様性—は、いったいどうすれば維持できるのだろうか。この問いに対する現実的な答えは、公式・非公式の合意に基づいた国際的な取り組みに見いだされる。環境問題についても多くの国際条約が成立・発効していて、世界政府が存在しなければ国際的な問題の解決がまったく図られないわけではない。広域の環境問題や地球規模の環境問題、さらにはグローバルな公共財（海洋の自然資源や地球生命に不可欠な大気の安定）の維持・管理に関する公式・非公式の国際的な取り決めによる国際的なガバナンスが実際に行われ

ている。例えば、地球温暖化問題では国連気候変動枠組み条約（1992年採択、1994年発効）と京都議定書（1997年採択）、また、生物多様性の保全に関しては、生物多様性条約（1992年採択、1994年発効）とバイオセーフティー（カルタヘナ）議定書を中心に国際的な対策が取られ始めている。国際関係論では、こうした国際的な取り組み体制を国際レジームと呼んでいる[4]。

（2）環境問題とグローバル・ガバナンスの概念化[5]

　国際レジームでは、主に主権国家が中心的なアクターである。こうした国家中心の考え方に対して、国際システムにはもう1つの社会が形成されている、という議論がある。様々な非政府団体／環境NGO、圧力団体、専門家集団、企業などからなる「グローバルな市民社会」が、レジームの形成や維持にも関与している。こうしたグローバルな市民社会は、個人のレベルよりは高いが、国のレベルよりは低いところで機能している（Wapner 1997, pp. 65-8; Keck and Sikkink 1998）。そして、分析上の便宜を図るためにヤングらは、国家を中心とした「国際レジーム」とグローバル市民社会を念頭に置いた「トランスナショナル・レジーム」を、概念上のモデルとして区別している。こうした議論を踏まえ、ヤングらは今後のさらなる議論の展開のためと前置きしながら、グローバル・ガバナンスの概念を次のように定義している。すなわち、レジームとは、主として国家からなる国際社会あるいはグローバル市民社会に関わる争点が特定された問題に対処するために決められた役割、ルール、そして関係性の総体で、グローバル・ガバナンスは、国際、トランスナショナルそして両者の混合レジームを合わせたものを意味する（Young 1997, pp. 283-4）。

　ところで、ガバナンス(governance)とはどのように理解されるべきであろうか。ガバナンスの動詞形ガバン(govern)は、日本語訳では「治める、支配する、統治する、管理する」など、いずれも政府などの権威が国民あるいは市民を上から支配するといった意味にとられがちである。しかし、ガバンの語源であるギリシャ語のクベルナオ(kubernao)は元来、「船の舵を取る、操縦する、（ある方向に）向ける、あるいは進路をとる」といった意味であり、この文脈から「指導するあるいは支配する」という意味が引き出されている（Potter 1995, p.89; Oxford English Dictionary 1999）。本書ではガバンの本来の字義に立ち返り、ガバナンスをある方向に舵を取るという意味

として理解する。その際、様々な行為主体（アクター）が自らの方向に社会を動かそうとする結果として、すなわち、様々なアクター間の利害調整の結果としてある方向に社会が動くという政治力学的な捉え方をする。絶大な政治的あるいは経済的なパワーをもった勢力が自らの利益増進のために社会を自ら望む方向に動かすこともあろうし、それとは異なって、ある決定的に影響力のある考えや確実な科学的因果関係の知識が社会の方向性を変えるかもしれない。しかし現実には、政府、政府間機関、国際機関、民間企業、そして民間の非営利団体／NGOなどが意思決定過程に参加し、これらの利害関係者が目指す方向の調整を通して国際社会の方向性が決定されてきている。同様の考えに基づいて、世界の有識者から構成されたグローバル・ガバナンス委員会は、その報告書『地球リーダーシップ』の中で、ガバナンスを次のように定義している。

　ガバナンスとは、個人と機関、私と公とが、共通の問題に取り組む方法の集まりである。相反する、あるいは多様な利害関係を調整したり、協力的な行動をとる継続的プロセスのことである。承諾を強いる権限を与えられた公的な機関や制度に加えて、人々や機関が同意する、あるいはみずからの利益に適うと認識するような、非公式の申し合わせもそこには含まれる（グローバル・ガバナンス委員会1995, 28〜29頁）。

　さらに、この継続的なプロセスには民主主義的なガバナンスの要素として、「透明性」、「説明義務」そして「協議」が不可欠とされる（前掲書、32頁）。
　以上のような用語上の規定はグローバル・ガバナンスの概念化に役立つものの、実際のガバナンスにおける国内および国際政治的な側面の分析に欠ける。例えば、開発途上国では、政治目標として経済開発を優先し、限られた財政的・人的な資源の多くをその目標達成のために投入している。物質的な豊かさを求め、環境を犠牲にしても開発を追求することは良いことであると考える社会状況である。他方、近代工業化の開発路線を突き進んできた先進工業諸国では、環境問題が先鋭化した1960〜70年代以降、従来型の開発が自然資源の枯渇と環境破壊を招き、物質的な豊かさのみでは個人や社会にとって真の幸福に結びつかないと認識されるようになった。こうした国家間の経済発展段階の違い

は、国内での開発と環境政策間の利害調整を図る政治・経済・社会勢力の強弱や有無の要因となっている。欧米諸国では緑の党や全国レベルで活動を展開するNGOが、国内外の環境政策に影響を与えている一方、多くの開発途上国では環境NGOが国内政策に対する影響力を行使する機会は先進工業国に比べて一般的に少ない。

とはいうものの、成層圏のオゾン層の破壊、生物多様性の喪失、そして気候変動問題の出現は、近代工業化の過程で形成された人間社会の自然環境への関わり方の変更を、国際社会全体に迫っている。1992年のリオ・サミットにおいて、先進工業国により重い責任を課す「共通だが差異のある責任」のもと、開発途上国も工業国とともにグローバルな環境問題に取り組む必要性を認めた。また、環境に負荷をかけすぎる現在の先進工業国の経済・社会システムと市民のライフスタイルは持続可能でないことも認識されている。こうした認識の形成には科学的な知見と専門性を備えたエピステミック・コミュニティ（認識共同体）[6] やNGOの国際的な活躍が欠かせない。

産業公害型の環境問題と異なり、地球の温暖化のようなグローバルな環境問題では加害者と被害者の別はなく、あらゆる社会レベルでの取り組みが要求される。例えば、工場での生産活動に伴う温室効果ガスの二酸化炭素（CO_2）排出より、運輸や民生によるCO_2の排出が急増している。また、各国政府の環境政策はもちろんのこと、自治体レベルでの積極的な環境ガバナンスが世界各地で実践されている。それらは例えば、公共交通機関利用の促進や中央政府とともに循環型社会（ゴミを出さない社会）を目指す政策の実施などである。都市における先駆的な環境政策に関する国際的な情報交換や都市間交流などが、国際環境自治体協議会（ICLEI）によって行われている。これは、ローカルな共同資源管理（入会地など）とともに、もう1つのレベルのグローバル・ガバナンスである。さらに、環境に配慮した企業活動が国際的な認証制度によって促進されている一方、環境にやさしい商品や風力発電に代表されるような代替エネルギー市場の拡大、さらには自動車エンジン用の燃料電池の開発も進んでいる。これらは、企業レベルでの環境ガバナンスの実践である。そして最後に、市民各人による省エネ型ライフスタイルの確立も重要なガバナンスの要素である。

地球規模の環境問題をめぐるガバナンスやその担い手についての鳥瞰図は上

述の議論によって描けたとしても、実際、これらの様々なアクターがどうのように環境ガバナンスに関わっているのかさらに説明する必要がある。また、ガバナンスの手法についても考察しなければならない。さらに、持続可能な社会形成という方向性についてもその内容はまだ十分に検討されていない。そこでまず、マルチステークホルダーという概念を手がかりとして、またある企業活動と環境問題に焦点を当てながら、様々なアクターによる環境ガバナンスを次節で具体的に想定してみよう。

4　アクターと環境政策

(1) マルチステークホルダー

　現在では、環境に配慮しているかどうかが企業の製品やサービスの付加価値になったり、あるいは個別企業のイメージに関わってくるようになっている。こうした状況では、企業は収益第一主義の考えに基づいて、企業の業績や株主への利益の配当の多寡を気にしているだけでは済まなくなってきている。企業は、自社の環境保護活動の実施に関する責任が広範囲にわたっていることと、多くの行為主体（アクター）が企業の環境保護への取り組みに注目していることを認識している。多くの利害関係者（ステークホルダー stakeholders）が企業に対してより高いレベルでの環境保護基準の達成を要求している。そうしたステークホルダーには、消費者、取引先（あるいは下請け業者）、地元住民、従業員、投資家や保険会社、圧力団体や環境NGO、そして政府ならびに政府間機関が含まれる[7]。

　ステークホルダー間の関係のなかで、消費者と企業の関係は持続可能な社会形成にとって最も重要なものである。消費者が日々の生活において環境ガバナンスを実践することになるグリーン・コンシューマーリズム（緑の消費者主義）は、企業の環境保護対策への取り組みを決定的に左右する潜在的な影響力を持っている。すべての企業にとって、消費者が製品やサービスを購入するときの基礎的な判断要因の内容を知るのは非常に重要なビジネス情報である。今や環境に対する配慮もそうした消費者の判断要因の1つに挙げられるようになった。

したがって、エコラベルなどによる商品の環境への配慮の有無（あるいは強弱）による差異化が、消費者の商品選択に影響を与えることになる。とはいうものの、それがどの程度のものであるのか、どのような形で行われるのかは、国々によって異なる。また、値段、品質、スタイルといった他の判断要因中の1つが環境への配慮であり、現実的には、必ずしも環境への配慮が商品やサービス購入の決定的な判断要因になっていない。したがって、グリーン・コンシューマーはまだ大衆化していない。消費者に対する啓蒙活動も必要である。

　企業の環境保護活動の影響も、それが大企業であればあるほど広範囲におよび、環境ガバナンスの進展に寄与するといえるだろう。とはいうものの、多くの企業は消費者との間に環境関連の活動に関して直接的な関係を持つことは少ない。むしろ、取引関係にある企業同士が環境保護への取り組みに関して直接的な影響を及ぼし合っている。例えば、自社の製品の環境イメージを高めるために、大企業は部品調達先などの供給網全体に対して環境負荷の軽減を要求する。したがって、ある製品を販売する企業の背後にははるかに多くの企業が、グリーン・コンシューマーリズムからの圧力を受けているということである。このことは、大企業の環境基準が国際基準になることと考え合わせれば、大企業による環境保護の取り組みの影響が大きいことを示している。そこで注目されるのが民間による環境マネジメントの国際標準規格の1つであるISO 14001である（本書の第5章参照）。

　消費者でもあり身近に環境被害を受ける可能性があるのが地域住民である。企業、とりわけ、その工場が立地する地域住民は重要な利害関係者である。地域住民は通常、企業に対して厳しい環境基準の遵守を要求するのみでなく、その企業活動による深刻な環境リスクの回避の確実性を求める。こうした要求は公衆衛生や環境被害に関する法律の整備によって保証されている。また、企業活動に関しても情報公開を求める社会的風潮が高まっている現在、地域住民が環境関連の企業活動に与える影響も増大している。

　地域住民には当該企業の従業員も含まれることがあるが、彼らは自分たちの職場環境がきれいで安全であることを望む。また、人々は今日、自分の勤める会社が倫理的あるいは社会的責任を果たしているかどうかを重要視するようになってきていて、そうした社会的責任の中に環境への配慮も挙げられるように

なってきた。したがって、労働意欲がありしかも有能な人材が今後ますます環境への取り組みに関して優良であると評価される企業を選ぶようになってくるであろう。もしそうなれば、企業法人そのものの意識改革がさらに進むことになろう。

　消費者、企業、地域住民そして従業員の環境意識が高まるにつれ、従来のステークホルダーの中核を担っていたシェアホルダー（あるいは株主(shareholders／stockholders)）らも環境ガバナンスに積極的に参加するようになっている。近年、アパルトヘイトのような人権侵害を行う国と商取引を行うような企業へは投資しないといった、いわば社会的責任のある投資慣行が広がっているが、環境ビジネス関連の企業や環境問題に真剣に取り組んでいる企業への選別的な投資も行われるようになってきている。また、多くの国で、環境汚染を引き起こしたものに対して罰を与え、環境汚染による被害や損害を弁償する義務が科される「汚染者負担の原則」(polluter pays principle: PPP) や「拡大生産者責任」(extended producer responsibility: EPR) に基づく法整備が行われている。このことから、環境汚染を引き起こす恐れのある企業に対する保険サービス契約が困難になり、保険の年間契約料がますます高額になっている。したがって、企業にとっても環境汚染を引き起こさないよう、事前の処置がますます必要になってきている。

　一般大衆の環境意識の高まりと企業の環境活動に関する情報が以前に比べ各段に入手しやすくなってきているということは、マスコミと圧力団体が企業活動に対する監視の目を光らせるのに役立っている。企業側もこうした関心の高まりを活用して企業の努力を宣伝することができるが、取り組みが表面的なものであると暴露されると、かえって逆効果となってイメージが落ちかねない。要するに、マスコミと環境保護団体の企業活動に対する監視は、環境ガバナンスにおいて重要な役割を果たしているのである。

　安定した市場の維持と自由で公正な商取引環境整備を行う一方、公害のような外部経済問題に対処するために環境保護のための企業活動に対する規制も政府の役割として重要である。しかし、一国の厳しい環境規制を逃れるためにある企業がより環境規制が緩く、規制の執行の甘い国に生産拠点を移すことがある。環境に害を与える企業が海外に移転するときは、一方の国では雇用が減少するという社会問題を生むが、移転先の国では環境汚染という社会問題を生じ

させる。このような問題を未然に防ぐため政府間機関（EUなど）では国際的な環境規制や政策の調和を図るという動きがある。その際、グローバルな規模で、できる限り規制のない自由市場を求める多国籍企業の利益と対立する場合もあろうし、世界のモノとサービスの自由な取引制度の維持を図る世界貿易機関（WTO）との間の整合性をどのように図っていくかについても環境ガバナンスの今後の課題である。

以上、環境ガバナンスを企業の環境保護活動に関心を示す行為主体の視点から考察したわけだが、実に多くのステークホルダーが関与していることが分かる。消費者、取引先企業、地域住民、従業員、投資家・保険会社、マスコミ、環境保護団体、政府ならびに政府間機関など企業の環境保護実績の向上に関心を向ければ、環境ガバナンスも望ましい方向に進展する可能性が十分にある。しかし、どのような手法でもって持続可能な社会形成の道を模索していけばいいのであろうか。次の節で環境ガバナンスの手法について考えてみよう。

（2） 4つの政策アプローチ

前節では企業活動をめぐるアクターの利害関係を中心に環境ガバナンスについて考察したが、再び国内社会あるいは国際社会まで視野を広げて、環境ガバナンスの政策にはどのような手法があるかここで整理しておこう。また、「共有地の悲劇」の比喩を思い起こし、その状況を国内そして国際社会に当てはめて考えてみよう。どのような方法でこれらの悲劇を回避できるだろうか。

ハーディンの「共有地の悲劇」は、村人1人ひとりの自己中心的な行動が過放牧そしてコモンズの荒廃を招くという悲劇である。こうした悲劇を回避するためには、概ね4つあるいは5つの戦略が考えられる。つまり、啓発された(enlightened)自己利益(self-interest)に基づく自主規制、（外的）規制、あるいは規制と財政的インセンティブ等の組み合わせ、共有地の分割、そして牧牛の共同体所有である（最後の2つの戦略は誰にでも開かれた共有地という枠組みを放棄する）(Soroos 1995)。一般通念としては共有地の悲劇を避けるためには政府による外的な規制や個人的な財産権設定（共有地の分割）による効率的な資源利用が適切な方法であると考えられている。しかし、世界の各地、スイス、日本、フィリピン、スリランカ等で、共有地を自主管理している例も多く報告されている (Ostrom 1990)[8]。

上述の戦略はさらに3つの政策アプローチと1つの急進的アプローチに分類することが可能であろう。すなわち、共有地の分割と自主規制を市場メカニズム・自主規制アプローチ、財政的インセンティブを修正主義アプローチ、規制を政府主導の規制アプローチ、共同体所有を急進的アプローチに読み換えて、各々の政策アプローチについて考察を加えてみよう[9]。

(1) 市場メカニズム・自主規制アプローチ

市場経済が世界の津々浦々に浸透している現在、また、ほとんどの自由主義経済社会において公共あるいは公益法人や民間の非営利法人に比べて、民間の営利法人（企業）が圧倒的多い現実を踏まえると、企業の役割は非常に重要である。そればかりでなく近年、環境保護政策に対して市場メカニズムを活用する傾向が顕著である。したがって、市場メカニズムをうまく活用して、また、利潤追求する企業の欲求を通して望ましい成果を上げていくのが最も合理的であるということになる。このアプローチの基本的な考えの1つは、消費者が環境にもっと配慮した商品なり商業活動を要求するとき、ビジネスはそうした消費者の嗜好に従うというものである。もし、企業がそうした環境への配慮をしないなら、その商品なりサービスは市場を失うだろうし、最悪の場合は倒産することになるだろう。その反対に、ある企業が環境対策に優れているという評価あるいは第3者機関による認証を得ることができれば、国際市場において新たな競争力を獲得することになろう。

こうした観点からすれば、消費者には合理的な選択ができるような教育と的確な情報を提供する一方、環境政策は政府の規制にあまり依拠することなく、市場メカニズムが十分に生かされるように方向づけられるべきだ、ということになる。そして、消費者の要求に応じて環境に配慮したビジネスを行うということである。さらに、利潤の追求、売り上げ、広報、従業員のための仕事確保など様々な課題に日々直面している企業は、環境問題解決への挑戦に対して、規制による手法ではなく、長期的かつ柔軟に対応できる自発的な計画やビジネスのための自主行動規範によるアプローチを好む。

しかし、この市場メカニズム・自主規制アプローチは不確かな前提に依拠していて、その実効性が疑われる。まず、このアプローチがうまく機能するため

には、商品とサービスに関する完全な情報の入手可能性と企業の良心的な対応を前提にする必要がある。市場アプローチのみに頼るなら、消費者には購入しようとする商品とサービス、そして代替品に関する完全で信頼に足る情報が必要であるし、自主規制が問題解決に有効であるためには、競争相手間にも良心的で信頼に足る製品や企業活動に関する情報の開示が必要である。しかし、こうしたことは特に競争の激しい国際的な市場経済システムでは非常に実現困難である。第2の問題となる前提は、消費者が常に環境に配慮した商品やサービスを選択するというものである。しかし、実際には一般の消費者は、他の選好の要素であるスタイル、価格そして品質等の特性によって商品やサービスを購入する方がむしろ多いのではなかろうか。第3点目として、グリーン・コンシューマリズムを前提にすることによって、企業の社会的責任逃れの恐れもある。企業は商品やサービスを提供することによって広く社会的に影響を与える。そこで、消費者が環境への配慮よりも安くて品質の良い商品やサービスを要求していることを理由に環境に対する努力を怠るというのでは、社会的に影響力が大きく、重要な役割を担う企業の社会的責任を果たさないことになる。最後に、このアプローチは、消費者に対する環境教育や情報の共有を前提とする。しかし、迅速で偏らない情報を誰がどのように提供するかが問題となる。

　なるほど、市場メカニズムを有効活用することは非常に合理的であるし、企業の自主性を尊重することも重要であるが、このアプローチだけに頼るわけにはいかない。そこで、次に挙げる修正主義アプローチも必要になろう。

（2）修正主義アプローチ

　修正主義アプローチは、市場メカニズムは重要な役割を果たすことや、環境マネジメント戦略は新たな競争力の獲得になると認めるものの、企業や消費者に対してより迅速かつより環境に優しい行動を取らせる誘因が必要であることを強調する。このアプローチは、企業や消費者がより環境に配慮した決定を下すために適切な財政的インセンティブを採用して市場メカニズムを補完するものである。具体的には、税金や補助金の導入を通して企業と消費者に対して環境に配慮した行動を取るよう奨励するものである。例えば、環境に負荷を与える製品やサービスに課税することによって、そうした財とサービスの生産と消

費を抑制しようというアプローチである。こうした方法は、政府間で適切な財政的取り決めに関する合意が増えれば増えるほど国際的に広がり、世界的なビジネスの活動に影響を与えるだろう。こうした展開には環境問題に関する国際的な合意の進展が前提である。

　国際的な傾向として、国家財政の財源として所得税などの直接税への依存率を下げて、消費税などの間接税の比率を上げる方向にある。この流れの中で、炭素税を導入することによって、環境に対する負荷を軽減させるよう、エネルギー産業、素材産業や加工業ならびに消費者の行動を変えようというものである。しかし、こうした「環境税」を国内においても国際的にも導入することは政治的に容易なことではない。他方、このアプローチは、環境問題を引き起こしてきた根本的な経済・産業構造の改革を目標とせず、「旧来どおりのやり方」(business as usual)を財政的インセンティブによって漸進的に改善していこうとするもので、切迫した環境の劣悪化改善にとって不十分である、という急進的な見方からの批判もある。

(3) 政府主導の規制アプローチ

　市場メカニズムアプローチを否定するものではないが、規制アプローチの立場はビジネスに対する直接的働きかけが必要であると見なす。汚染企業の行動を改めさせるためには立法措置によって規制する方法が最も有効であるというもので、排出規制などが設定されれば企業としてもその規制をクリアするための技術革新を行うインセンティブが働く。アメリカのマスキー法対策のために、日本では低公害・省エネルギーエンジンの開発・実用化競争が起こり、結果的に日本の乗用車の国際的シェアが増大した例が過去にあった。

　しかし、従来の排出源での規制アプローチ(end-of-the-pipe approach)では地球規模の環境問題に対処しきれない。また、国際的なレベルでは、各国が同様の規制を敷いて各国の企業が国際的に同じ土俵で競争できる体制(level-playing field)が必要になる。なぜならば、ある国における環境規制の甘さがその国の企業に生産コスト面での不当な相対的利点を与えるからである。したがって、政府主導の規制アプローチは政府間の協力によって国際的規制の調和を促進すること、そして必要ならば、国際的に合意された基準を遵守しない国に対する保護主義的対応も認めざるを得ないだろう。中

央政府の存在していない国際社会にあって、こうした国際的規制を設定して実行していく包括的体制を築いていくことは至難の業であるとともに、環境保護を理由に自由貿易を制限することはGATT/WTO主導の国際自由貿易体制の原則に抵触するのみならず、その政策調整体制も現在のところ未整備である。

(4) 急進的アプローチ

以上3つのアプローチは互いに補完し合うもので、エコラベルなどによる情報に従った消費者の選択、再生不能な資源に対する課税、あるいは汚染に対する規制など、各々環境政策上の相対的な効果は異なるものの、その前提となる資本主義市場経済システムとそれに伴う産業の組織化を根本的に問題視するものではない。それに対して、急進的な(ラディカル)アプローチは、どのように環境コストを現在の経済システムの中に取り入れようと、現状のシステム下では持続可能な社会の形成は無理であると主張する。この見方・考え方では、人間の生活と経済活動は、この地球上での生命を維持する生態系の自己再生能力内で営まれねばならない。そのことは、そもそも現在われわれが直面する地球規模の環境問題を引き起こした経済・産業構造とそのプロセスを根本的に改革することを要求する。このことはさらに、ビジネスを営む新たな方法を見いだすこと、報いのある労働を確立し、開発途上国の貧者や先住民族の生活圏を保護すること、また、すべての地上の生命にとっての持続可能な社会を形成することを意味する。

急進的アプローチは、貴重な資源を搾取する現在の支配的な資本主義理念が根本的に再考される必要を訴える。さらに、環境問題に対する技術的解決方法に対して懐疑的である。その理由は、現在のすべての環境問題は現代文明の技術的「進歩」の副産物だからである。例えば、急増する人口に食糧を供給することに成功した科学と技術は、害虫に対する抵抗力の弱い穀物の生産、殺虫剤や除草剤による水質汚染、さらには複合的な原因による生物の多様性の喪失、土壌浸食、砂漠化などの問題を生じさせている。

基本的な考え方としては急進的アプローチの主張は理解でき、まさに、われわれは持続可能な循環型社会を構築していく必要がある。問題はどのように、ということだろう。一夜にして現在の社会経済システムを変えていくことはと

うていできないし、ラディカルな社会変革は非常な混乱と経済・社会的コストを伴うものと予想される。遅々として進まないように思われるかもしれないが、ラディカルなアプローチが提示する将来の循環型社会像を目指して、上記の3つの政策の時宜を得た適切な施行と諸政策のベストミックスによって着実に現在の経済社会システムを変革していくべきであろう。そこで最後に、持続可能な開発とは何か、あるいは持続可能な社会とはどのような社会であるのかについて若干の考察を加えよう。すなわち、われわれが目指すべき方向について考えてみることである。

5 持続可能な開発

1972年のストックホルム会議そして92年のリオ・サミットを通して環境問題が国際政治課題として取り上げられてきた。他方、石油などの天然資源に恵まれない多くの開発途上国は、70年代の石油危機の打撃、80年代の「失われた10年」そして90年代に至って深刻化した重債務問題などにうちひしがれ、一般的に環境問題より開発問題に関心がある。貧困問題1つ取ってみても改善の余地が大きく、例えば1998年の時点で、1日1ドル以下で生活している人が世界に12億人、また、1日2ドル以下で生活している人が16億人という推計がある（World Bank 2000, p.29）。リオ・サミットの開催に向けて地球温暖化問題、森林問題、さらには生物の多様性喪失問題が国際的に注目されていた1991年、世界人口の20％を占める先進工業諸国民が全世界の国民総生産（GNP）の約85％を創出する一方、世界の最下層に位置する20％の人口はわずか1.4％を生産するのみであった（UNDP 1994）。ストックホルム以来のことであるが、環境問題に関する国際会議で、国際社会は多くの途上国の開発要求に直面してきた。2002年のヨハネスブルグ・サミットも例外ではなく、むしろ開発問題に焦点が当てられた。とはいうものの、国際社会が目標とする未来は持続可能な社会であり、そこでは人間社会の福利厚生を増大させるためにも「持続可能な地球環境」が不可欠である。

環境保護と開発の関係をどう捉えるかが将来の人類社会の方向性を決定づける。しかしそれ以前に、開発（development）の意味をどのように理解するかということが問題となる。すなわち、開発を経済成長と同義とした場合、環境保護と経済成長はトレードオフの関係にあることが強調される傾向にある。トレードオフの関係とは、環境保護政策を推進すれば経済成長が阻害されるかあるいはその逆の関係を意味する。それに対して、開発を経済的要素（所得）と社会的要素（平均寿命や識字率および就学年数など）をあわせたものと理解した場合[10]、環境と開発は相互補完の関係にあることが強調され得る。

以上のような論点を踏まえ、まず、環境保護を重視した「もう1つの開発」戦略と従来型の経済成長を指向する「南」委員会の主張を簡単に比較する。そして、「持続可能な開発」概念に対して環境と開発の関係がこれまでどのように解釈されていて、どの解釈が持続可能な社会形成によって望ましいのかを検討する[11]。

（1）環境保護と開発の関係

1970年代後半、ダグ・ハマーショルド財団は『もう1つの開発—いくつかのアプローチと戦略』（Nerfin 1977）を提言し、経済成長優先型の開発戦略に対して5つの論点からなる代替案を示した。すなわち、もう1つの開発戦略は、①基本的必要優先的（Need-oriented）：まず、世界に居住する大多数の人の基本的必要（衣食住、教育、保健衛生など）を満たすものでなくてはならないこと、②内発的（Endogenous）：開発とは、1つの普遍的なモデルをともなった直線的なプロセスではなくて、各々の社会が独自の価値観や将来展望を定めるような社会内部から起こってくるものであること、③自立的（Self-reliant）：各々の社会は独自の活力と資源を生かして開発すべきであるが、決して自給自足の社会形成というのではなくて、国民経済そして国際経済とのつながりを持ちつつ、地域経済の自立性を保っていくというもの、④エコロジー的に健全（Ecologically sound）：地域の生態系の潜在能力と現在そして将来世代に課された限界を熟知して環境資源を合理的に活用すること、⑤経済社会構造転換に基づく：社会関係、経済活動やその空間的な分布、また権力構造において要求される構造転換が必要で、それは自らの管理の条件とすべての社会構成員に影響を与える決定

への参加を実現させる（Blowers 1996, p. 184；鶴見 1989, 13～15頁）。

　これらの「もう1つの開発」の内容は現在でも重要な政策目標を提示しているが、この戦略の背後には70年代に普及していた時代の共通認識があった。ストックホルム会議と同じ時期に公表されたローマクラブの『成長の限界』（Meadows 1972）は、経済成長と環境保護の間にはトレードオフの関係があることを強調し、資源の枯渇が経済成長の限界を示すと警鐘を鳴らした。また、シューマッハーは『スモール・イズ・ビューティフル』（Schumacher 1973）において、巨大な組織化と専門化を促す現在の利益と進歩追求はかえってはなはだしい経済の不効率性、環境破壊、そして非人間的な労働状況を増大させると指摘した。そのうえで、協同組合組織や地域の働き手や資源を活用した地域の職場に基礎を置く人間サイズの適正技術のためのシステム作りを提唱した。以上の考えは確かに「もう1つの開発」戦略に反映されている。

　1980年代後半、環境と開発に関する世界委員会（WCED：ブルントラント委員会）が持続可能な開発概念を検討する一方、開発途上国側（「南」諸国）も環境問題と開発に関して意思統一を図っていた。その成果が「南」委員会の*The Challenge to the South*で（South Commission 1990）、1991年7月国連経済社会理事会に報告され、同年秋に国連総会に提出された。その報告書は、先進工業国（「北」）との対立姿勢を鮮明にした内容であった。「南」の現状分析を行い、南北格差拡大を指摘する一方、「南」の諸国の自助努力と南・南協力の強化の必要も訴えた。行政の規律・効率化を高める努力をするとともに、先進国のライフスタイルを追求することなく、教育や保健衛生などの基本的ヒューマン・ニーズや貧困層の底上げなども政策目標に掲げた。また、これまでの環境悪化の責任は大方先進国（「北」）にあるので、「北」の諸国民はライフスタイルを変え、環境保全のコストを負担すべきであるとした。その反面、「南」の課題を解決するためには急速な経済成長が必要であり、「北」の科学技術と資金援助が欠かせないとした。要するに、「北」は経済成長を犠牲にしてでも環境保全を行い、その代わり「南」は経済成長路線を追求するというもので、環境と開発のトレードオフ関係を前提とした開発重視の考えを反映していた。

（2）「持続可能な地球環境」にとっての「持続可能な開発」

　「もう1つの開発」モデルで強調された内発的で地域に根づいた自立的な開発の実現はまだ発展途上であるばかりか、南委員会の提言は環境保全と開発をめぐって南北を対立軸上においた。そこで、南北両者を建設的な将来設計に立ち向かわせることを大きな目標として、「持続可能な開発」という概念は、国際社会の進むべき方向性を示している。この概念自体は、国際自然保護連盟（IUCN）などの『世界保全戦略—持続可能な発展のための生きた資源保全—』（1980年）で初めて使われたが、環境と開発に関する世界委員会の*Our Common Future*（WCED 1987）によって世界中に普及した。最もよく引用される定義によれば、「持続可能な開発とは将来世代がそのニーズを満たすための能力を損なうことなく、現世代のニーズを満たす開発である」[12]（WCED 1987, p. 43）。また、持続可能な開発のための戦略には、次のような目標が設定されている。①成長を回復させること、②成長の質を変えること、③雇用、食糧、燃料、浄水そして下水処理といった基本的なニーズを満たすこと、④持続可能なレベルに人口を保つこと、⑤資源基盤を保全し強化すること、⑥技術の新たな方向付けと危機管理、⑦意思決定において環境と経済を融合すること（WCED 1987, pp. 49-66）。

　このWCEDの持続可能な開発戦略は、今後4半世紀内に、世界の総世帯の5分の1を占める最富裕層の総世帯所得を全体の20％に抑える一方で、世界人口の5分の1を占める最貧層の総所得を全体の10％まで引き上げることを第1の目標に掲げている。しかし問題なのは、そのためには年率約3％の経済成長を必要とすることである。これほどの経済成長を達成した場合の資源使用量や環境への負荷が懸念されるところである。戦略全体を通して言えることは、環境の価値をどのように経済活動の中に組み入れるかという点が欠如している。この基本的な問題点を明らかにするためには、持続可能な開発の概念をより具体的に検討する必要がある。

　持続可能な開発の概念については、開発重視か環境保護重視かどちらかの立場に立つことによってそれぞれ様々な定義が可能である[13]。しかし、開発の意味内容を経済的な発展の指標である実質所得の向上に限らず、社会的な発展の指標である教育水準の向上、国民に対する保健衛生サービスの向上、さらには

住環境や自然環境も含む総合的な生活の質の向上と捉えると、持続可能な開発には欠くことのできない要素がある。ピアスの指摘に従えば、それらは、①環境の価値（自然環境、人工的環境および文化的環境の価値）、②未来性（政策レベルの短・中期的未来と子孫への配慮という長期的未来)、そして③公平性：現世代内における公平性と世代間の公平性、といった共通の要素である（Pearce 1989, p.2；ピアス 1994, 4 頁）。そのうえでピアスは、持続可能な開発の概念について広義と狭義の解釈があり、後者の方がブルントラント委員会のいう持続可能な開発の意味に近く、環境保護の必要性がより強調される解釈であるとしている。この指摘は本書の『持続可能な地球環境を未来へ』に寄稿した執筆者の大方の議論にも共通するものであるし、今後国際社会が進むべき方向性を明確に示している。そこで、最後に、持続可能な開発に関するこれらの広義、狭義の解釈と環境保護に十分配慮しなければならない理由をピアスの議論に則して見ておこう。

　持続可能な開発の考え方の前提は、この節の冒頭でも簡単に触れたように、環境保護と経済開発は相互補完の関係にあるというものである。このことを踏まえ、広義の持続可能な開発の解釈によれば、「現在の世代は、前の世代から受け継いだ人工資産と環境資産からなる富のストックを自分が受け継いだときを下回らないように次の世代に引き継ぐべきである」とする。他方、狭義の解釈では、「現在の世代は、前の世代から受け継いだ環境資産のストックを受け継いだときを下回らないように次の世代に引き継ぐべきである」とする（ピアス 1994, 39頁）。

　広義の解釈に従えば、森林を伐採して木材を輸出したことによって森林資産という自然資産が減少しても、木材の輸出によって得た資金によって工業製品などの人工資産を購入することができ、人工資産が増えることによって社会全体としての富は減っていない（あるいは増大している）。つまり、自然資産と人工資産との交換が行われた、あるいは自然資産を人工資産によって代替したという考えに基づいて持続可能性が解釈されている。しかし、ここで注意を向けなければならないことは、市場の価値が設定されている木材の価値だけではなく、森林全体の保水機能や森林の地域気候に与える影響、さらには多様な生息地としての森林自体の環境資産価値である。ところが、現実には自然資本の環

境資産価値を正当に評価する市場が存在しない。したがって、自然環境が提供する多くの重要なサービス、例えば、熱帯林の流域保護機能、湿地帯の汚染物質浄化能力や成層圏のオゾン層による有害紫外線遮蔽などのサービスには価格は付いていない。そうなると過剰消費される傾向にあり、結果として多くの環境問題を起こしているわけである。このように考えてくると、持続可能な開発の狭義の解釈である環境資産ストックを次世代に公平に引き継がせる重要性が浮かび上がってくる。

　しかし、さらに踏み込んで、なぜ自然資産を減らさないようにする必要があるのだろうか。再びピアスの指摘に従えば、その理由は、代替不可能性、不確実性、不可逆性、そして公平性という問題と関係する（ピアス 1994、42～45頁）。広義の解釈の問題点は、自然資産を人工資産で代替することには限界が存在することである。前述の森林や湿地帯の機能あるいは成層圏のオゾン層のように、地球上には人工的な代替物がない多くの環境資産が存在している。もし仮に、自然資本をある程度人工資産で代替することができたとしても、すべての自然資産を人工物で代替することが可能になるかどうか不確実である。さらに重要なこととして、現在の地球上の生物にとって最適な地球気候が、自然の微妙なバランスを保つ最低限の均衡点を超えて急激な変化をすれば、取り返しのつかないほどの損害を人類社会に与える可能性がある。同様に魚介類のような再生可能な自然資源をとりすぎてその種としての生存に必要な最低限の個体数である閾値を下回ってしまえば、その種は絶滅という不可逆的な事態に陥ってしまう。最後に、自然資産に対する依存度の高い開発途上国の貧しい人々にとって、自然資産を保っていくことは先進工業国の豊かな人々よりも重要なことであり、同世代間ならびに将来世代間の公平性を保つうえでも欠かせない。こうした考え以外にも自然資産を減らさずに将来世代に引き継がせる理由があるかもしれないが、ここで強調しておきたいことは、持続可能な開発にとって地球環境を可能な限り未来に向かって維持することが非常に重要だ、ということである。

6 まとめ

　本章では、まず、「イースター島のなぞ」の話と「共有地の悲劇」の論理を参考にし、集合行為形成の難しさという問題を指摘した。そして、類推の地平を現在の国際的状況にまで広げ、中央政府の存在していない主権国家からなる「国際社会」は、どのように地球規模の環境問題に対処できるのであろうかと論を展開した。基本的な議論は、問題領域ごとの制約はあるものの、国際条約などを中心とした国際レジームが「政府なきガバナンス」を実施しているというものである。さらに、特に環境と開発の分野に顕著な現象であるが、政府以外のアクターも国際的なガバナンスに参加していて、各々の利益や理想とする社会の実現に向けて互いに影響力を行使し合っていると論じた。

　環境問題に限った考察では、一企業の環境保護活動に関して様々なステークホルダーが関与していることを具体的に示して、ガバナンスに関するアクターの役割を見た。さらに、市場メカニズムを活用する方法、市場の機能を利用しながら財政的インセンティブや規制を導入して環境保護行動を促進する方法などを検証した。結局、現在の大量生産・大量消費・大量廃棄型の社会は持続不可能であるので抜本的な改革は必要だが、急進的な改革の社会的コストは大きく、抜本的な解決という目標に向かってその他のアプローチと対策の対象ならびに政策導入の時宜の適切化をはかりながら、政策のベストミックスを追求していくのが望ましいと論じた。

　そして最後に、国際社会が向かうべき方向について考えてみた。「もう1つの開発」戦略、「南」委員会の報告、そして持続可能な開発の概念に則してその方向性を探った。前2者の提言では、環境保護と経済成長の間にはトレードオフの関係があるとの認識から、「もう1つの開発」では環境保護を、また「南」委員会の提言は経済成長をより重要視している。それに対して、持続可能な開発の概念は、環境保護と経済成長の関係は相互補完的であると捉える。しかし、自然資産が将来世代に引き継がれなければ真の持続可能な開発は実現しないということで、本書が強調する「持続可能な地球環境を未来へ」というガバナンスの方向性を確認した。

注

1) イースター島は、文字通り大海原に浮かぶ孤島であり、南アメリカ大陸のチリのコンセプシオンから南西3,747km、人間が居住している最寄りの島はピトケアン島で、北西2,250kmの距離にある。イースター島の表面積は約166.2km^2、誕生してから約250万年経た、水深2,000mの海底からせり上がっている火山島で、島の中ほどを高原が占め、1つの峰が海抜1,000mまでそびえている。放射性炭素年代測定法によって、紀元690年までにポリネシア人がこの島に居住したことが知られている（Cohen 1995, p. 356）。

2) 1722年の復活祭の日に、オランダの提督ロヘフェーンがアレナ号で初めてこの島を訪れた。彼が目撃したのは、みすぼらしい草葺小屋や洞窟で原始的な生活を送り、戦闘に明け暮れる3,000人ほどの島民であった。島にはほとんど木が生えておらず、土地はやせていた（Ponting 1991, p. 1）。

3) 地球から大気圏外への移住ということが考えられるかもしれないが、それは次のような簡単な計算をすれば分かるように、不可能である。仮に、2002年現在の約60億人という世界人口のわずか1％を月に移住させるとした場合ですら、6,000万人を宇宙船で運ばねばならない。技術的に可能だとしても、ロケット建造資材や燃料などの地球上の資源は大気圏外移民計画半ばにして枯渇するであろう（Cohen 1995, Note 21, p. 447参考）。

4) レジームとは、「国際関係の特定の分野における明示的、あるいはインプリシットな、原理、規範、ルール、そして意思決定過程の手続きのセットであり、それを中心として行為者の期待が収斂していくもの」であると定義される（Krasner 1983, p. 2）。

5) この節の議論は、拙稿（太田 2001, 302～306頁）の一節に加筆したものである。

6) ある特定領域において公に認知された専門知識と権能を有し、またその問題領域内での政策に関連した公式の権限を有する専門家ネットワークのことを指す。彼らは必ずしも同じ専門分野の科学者に限られることなく、専門技官、官僚あるいは他の有識者も含まれる。ただし、彼らは当該問題の科学的因果関係や価値観あるいは問題意識を共有している必要がある。この認識コミュニティの役割を重視する議論は、同コミュニティが政策決定過程で重要な地位を占めれば占めるほど、また、同コミュニティの国際的なネットワークや彼らと政府間機関そして国際機関との関係が緊密になればなるほど、国際的な政策協調が進展すると論じる（Haas 1990; Adler 1992）。

7) 以下のステークホルダーに関する記述は概ねウェルフォード（Welford 1996, pp. 61-65）の指摘を参照した。

8) こうした地域共同体の資源維持管理の実践と、世界政府の存在していない国際社会における資源・環境の維持管理とを比較考証して、新たな理論化を試みている研究もある（Keohane 1995）。

9) この4つのアプローチに関しては、ウェルフォード（Welford 1996, pp. 53-58）の議論を踏襲した。

10) 国連開発計画 (UNDP) の「人間開発指標」を参照。
11) 開発と環境あるいは持続可能な開発と国際政治に関する論考としては、(信夫 1999; 2002) を参照せよ。
12) "Sustainable development is development that meets the needs of the present without compromising the ability of future generations to meet their own needs."
13) 事実、この概念には非常に多くの定義があり、例えば、ピアスは24の定義を紹介している (Pearce 1989, pp.173-185)。

参考文献

Adler, Emanuel and Peter M. Haas. "Knowledge, Power, and International Policy Coordination." *International Organization*, Vol. 46, No. 1, Special Issue (Winter) 1992.

Cohen, Joel E. *How Many People Can the Earth Support?* New York: W.W. Norton & Company, 1995.

Haas, Peter M. *Saving the Mediterranean: The Politics of International Environmental Cooperation.* New York: Columbia University Press, 1990.

Hardin, Garrett. "The Tragedy of the Commons," *Science* Vol.162 (1968), pp. 1243-1248.

Keohane, Robert O. and Elinor Ostrom eds. *Local Commons and Global Interdependence.* London: Sage, 1995.

Keck, Margaret E. and Kathryn Sikkink. *Activists beyond Borders: Advocacy Networks in International Politics.* Ithaca: Cornell University Press, 1998.

Krasner, Stephen D., ed. *International Regimes.* Ithaca: Cornell University Press, 1983.

Meadows, D. H., D. L. Meadows, J. Randers and W. Behrens. *The Limits to Growth.* London: Earth Land, 1972.

Nerfin, Marc, ed. *Another Development: Approaches and Strategies.* Uppsala: Dag Hammarskjold Foundation, 1977.

Ostrom, Elinor. *Governing the Commons: The Evolution of the Institutions for Collective Actions.* Cambridge: Cambridge University Press, 1990.

Pearce, David, Anil Markandya, Edward Barbier. *Blueprint for A Green Economy.* London: Earthscan, 1989.

Ponting, Clive. *A Green History of the World: The Environment and the Collapse of Great Civilizations.* New York: Penguin Books, 1991.

Potter, David. "Environmental Problems in Their Political Context," in Peter Glasbergen and Andrew Blowers eds. *Environmental Policy in An International Context: Perspectives.* London: Arnold, 1995, pp. 85-110.

Schumacher, E. F. *Small Is Beautiful.* New York: Harpercollins, 1973.

Soroos, Marvin S. "The Tragedy of the Commons in Global Perspective, " in Charles W. Kegley, Jr.

and Eugene R. Wittkopf, eds. *The Global Agenda: Issues and Perspectives* 4th ed. New York: McGraw-Hill, 1995, pp. 422-435.

United Nations Development Programme (UNDP). *Human Development Report.* Oxford: Oxford University Press, 1994.

Wapner, Paul. "Governance in Global Civil Society," in Oran Young, ed. *Global Governance* (Young 1997), pp. 65-84.

Welford, Richard. "Business and Environmental Policies," in Andrew Blowers and Peter Glasbergen, eds. *Environmental Policy in An International Context: Prospects.* London Arnold, 1996, pp. 51-78.

World Bank. *Global Economic Prospects and the Developing Countries, 2000.* Washington, D.C.: World Bank, 2000.

World Commission on the Environment and Development (WCED). *Our Common Future.* New York: Oxford University Press, 1987.

Young, Oran ed. *Global Governance: Drawing Insights from the Environmental Experience.* Cambridge, MA: The MIT Press, 1997.

太田宏「地球環境問題―グローバル・ガヴァナンスの概念化」(渡辺昭夫・土山實男編『グローバル・ガヴァナンス―政府なき秩序の模索―』東京大学出版会、2001年)、286～310頁。

オルソン、マンサー『集合行為論―公共財と集団理論―』ミネルヴァ書房、1983年。

グローバル・ガヴァナンス委員会(京都フォーラム監訳)『地球リーダーシップ―新しい世界秩序をめざして―』NHK出版、1995年。

コーエン、ジョエル E.『新「人口論」―生態学的アプローチ―』農文協、1998年。

信夫隆司編『環境と開発の国際政治』南窓社、1999年。

―――「持続可能な開発をめぐる南北対立とその克服」『国際問題』No. 508、2002年、34～47頁。

鶴見和子、川田侃編『内発的発展論』東京大学出版会、1989年。

ピアス、D. W.、A.マーカンジャ、E. B.バービア『新しい環境経済学―持続可能な発展の理論』ダイヤモンド社、1994年。

ポンティング、クライヴ『緑の世界史』朝日選書、1994年。

研究課題

(1) イースター島の出来事と現在の地球上で起こっていることについて類推すると、いったいどういうことが言えるだろうか。

(2) 自然環境の悪化を防ぐためにはどのような政策が有効なのだろうか。地球規模の環境問題を解決するためには強制力をもった世界政府の樹立が必要なのだろうか。

（3） 企業の環境保護活動に対してマルチステークホルダーはどのような影響力を行使するのだろうか。
（4） 環境保護と開発はトレードオフの関係にあるのだろうか。持続可能な開発とはどのような開発を意味するか。

第2部　ガバナンスを担う多様な主体

第3章　国際機関のガバナンス

平石　尹彦

1　ストックホルムからヨハネスブルグまでの推移

　1972年6月にストックホルムで国連人間環境会議が開催された。当初、スウェーデンがこの会議を開こうとしたときは、国連環境会議として、環境汚染問題に焦点を当てようとしたのだが、途上国の人々が「環境問題はいわゆる公害問題だけではない。途上国における貧困の問題もある。環境だけでなくもっと広い概念でやりたい」と主張し、「人間環境に関する国連会議」となった。「人間環境」は、このような背景から生まれた名称であり、単に人間の周りの環境というだけの意味を持つものではない。しかしストックホルム会議での結論は、今から思えばかなり先進国側からの議論であった。この会議の成果として、国連環境計画（UNEP）が創設された。その10年後の1982年6月にはUNEP管理理事会特別会合が開催された。

　その後、1987年に環境と開発に関する世界委員会（ブルントラント委員会）報告が出された（WCED 1987）。この報告書の日本語訳は、『地球の未来を守るために』として出版されている。この報告書で「持続可能な開発（sustainable development）」という言葉が出てくる。この考え方自体は以前からあったのだが、この報告書でより整理され、より広く知られるようになった。人間環境といいながら、それまでの会議は環境問題のためのものだったが、WCEDレポートが出された頃から、環境と開発を一緒に議論した方がよいという考えが広まり、それが1992年6月のリオ・サミット、「国連環境開発会議（UNCED）」へとつながっていった。リオ・サミットでは、それまでは別々に扱われることが多く、あまり一緒に議論されてこなかった環境と開発の両方の問題を捉えた

のである。

　リオ・サミットの結果として、国連持続可能な開発委員会（CSD）ができて、1993年以降毎年会議を開催している。リオ・サミットから5年目には、国連特別総会が開催され、これが「リオ＋5」と呼ばれた。2002年8～9月に開催された「持続可能な開発に関する世界サミット（ヨハネスブルグ・サミット）」は「リオ＋10」であった。最初のストックホルム会議は環境の会議であり、リオ・サミットは環境と開発の会議だった。ヨハネスブルグ・サミットは、持続可能な開発を正面に捉えた議論をしたという意味で、これらの会議の性格は徐々に変わってきた。

（1）ストックホルム会議と国連環境計画（UNEP）

　ストックホルム会議は、人間環境宣言と人間環境に関する行動計画を採択し、組織と資金確保に関する決議もした。その他の決議としては、「世界環境デー」、核兵器廃絶、第2回国連人間環境会議などについてもなされた。世界環境デーは6月5日で、ストックホルム会議が始まった日である。実は、当時の日本代表団は、世界環境ウィークを作ろうと提案したのだが、他の諸国が1週間は長すぎると主張し、1日だけの世界環境デーとなった。日本では、5月30日が「ゴミゼロデー」ということもあって、世界環境デーを含む週を環境週間としたり、6月全体を環境月間と呼び環境保全のための活動を展開しているところもある。また、ストックホルム会議が開催された頃は冷戦期であったが、核兵器実験はもうやめたほうがよいという非常に道徳的な決議もなされた。第2回国連人間環境会議開催に向けて検討するという決議が採択されたが、この会議が実際に開催されることはなかった。

　ストックホルム会議の後に開催された国連総会で国連環境計画（UNEP）が創設された。UNEPとは58カ国の政府代表で構成される管理理事会と、5年間で1億ドルのレベルの環境基金と、ケニアの首都ナイロビに存在するUNEP事務局の3つを合わせたものである。UNEPの職員は、ナイロビの本部と各地域にある国連の事務所を入れて、世界全体で300人程度である。創設された1973年には、2千万ドルぐらいの年間予算レベルで始まり、今は4千万ドルぐらいの予算でやっている。72年に2千万ドルだったのが、30年後に4千万ドルという

のは、実際のインフレーション等を考えると、実質的には減っている。日本ではUNEPという名前はよく聞くが、その実態はよく知られていない。実際に年々予算額が目減りしていることはほとんど報道されていない。

　UNEPが創設される以前から国連システムの中で環境問題を担当している機関があった。例えば、世界保健機関（WHO）や国連教育科学文化機関（UNESCO）などである。ユネスコは科学と教育の問題を担当しているほか、世界遺産条約や自然遺産と文化遺産に関する活動を行っている。また、海洋や淡水資源問題に関わる部署もある。このように環境問題を担当する国連機関はUNEP設立以前にすでにあったので、それらに加えて、さらにもう1つ環境問題を担当し事業を行う機関を作るのではなく、わずかな額だが環境について追加的な予算をつけて、国連システム内外の機関と連絡をとって、環境問題についての活動を調整、促進する機関としてUNEPは作られたのである。

　国連システムは、大きく分けて国連本部と国連専門機関に分けられるが、WHOやUNESCOは後者のグループに属し、UNEPは前者の本部組織である。事業の実施機関ではなく、環境事業の実施の調整あるいは実施の促進をする機関となっている。したがって、環境のための機関だからといって、例えば自ら環境モニタリングセンターを作るわけではない。そんなことをしていたらすぐ資金がなくなってしまう。ではどんなことをやっているかというと、例えばWHOが化学物質に関する報告をまとめたときに、その出版事業のためにUNEPが資金を出すことにより、WHOの環境関連事業を支援している。UNEPが自ら実施している最も典型的な仕事は、環境が今どうなっているのか、今後どうなると予測されているかなどについて環境状況報告書を作成して早期警報を出すというものがある。具体的な成果としては、『世界環境概観報告書（GEO）』などのアセスメント報告書を作成している（UNEP 2002）。また、「環境上健全な開発」や「共有天然資源に関するガイドライン」などの環境分野における新しい概念作りを推進している。これまでUNEPは、有害廃棄物の越境移動の規制に関する条約（バーゼル条約）、オゾン層保護条約（ウィーン条約と関連議定書）、生物多様性条約、化学物質対策に関する2本の国際条約などの国際法策定にも主要な役割を果たしている。

（2）リオ・サミットと国連持続可能な開発委員会（CSD）

　第2回国連人間環境会議は開催されなかったが、ストックホルム会議から10年後の1982年にはUNEP管理理事会の特別会合という形で国際的な会議があった。いわば、それがストックホルム＋10である。15年目には、国連の正式な会議のようなものは何もなかったが、ストックホルム＋20としてリオ・サミットが開催された。リオ・サミットでは、リオ宣言と行動計画として「アジェンダ21」が採択された。リオ宣言は、ストックホルム会議の人間環境宣言の延長線上にあるものである。また、森林に関する非拘束な原則が採択された。森林については、なぜ非拘束の原則なのか。当時、世界の森林、特にラテンアメリカや東南アジアの森林がどんどん伐採されており、このままでは森林がなくなってしまうという危機感から森林条約を作ろうという議論があった。ところが、ラテンアメリカや東南アジアの当事国が、「待ってください。皆さんわれわれの森林がなくなることを心配してくださるのは大変ありがたいのですが、われわれの森林の管理はわれわれに任せてください」と主張した。すなわち、途上国による森林伐採に関する国家主権の主張が強調され、条約を作るというところまではいかなかったわけである。その代わりにできたのが、法律的には拘束を有しないことが表題に入った原則なのである。

　それからリオ・サミットでは、気候変動枠組み条約（UNFCCC）と、生物多様性条約（CBD）の署名が開放された。条約というものは、延々と国際交渉会議を経てまとめていく大変な作業を伴うものである。国際的な合意が形成されたのち、ある時点から「条約に署名をするということが許されます」（署名開放）ということになる。この2つの条約については、リオ・サミットで署名が始まった。署名行為とは、署名した国はその条約の精神に沿って努力し、また将来その条約を批准する意思を公式に示すものである。その意味で、条約に署名すれば法的な責任が発生する。2001年、アメリカは京都議定書から離脱したが、アメリカはリオ・サミット当時、ジョージ・ブッシュ大統領（現大統領の父親）が気候変動枠組み条約に署名し、そして京都会議では当時のゴア副大統領が京都議定書に署名して、アメリカは議定書の精神に沿って努力し将来批准する約束をした。それにもかかわらず、2001年3月突然に京都議定書からの離脱を宣言したのであった。これは国際法上、稀に見る事件だったのである。あ

る国が一度は署名しておきながら、よく見たらあまりよくないから、やっぱりやめるというのは、条約法に関するウィーン条約第18条の規定に照らしても国際条約違反であると言えると思う。今回のアメリカの行動は国際法上異例の出来事であるが、通常は署名した国は条約に沿って国内法の整備や国内政策を打ちたてる。日本も、リオ・サミットでの2つの条約と京都議定書には署名しており、それに伴う国内法の整備や条約実施のため必要な事業の実施などが行われすべて批准している[1]。

　リオ・サミットで採択された「アジェンダ21」は全部で40章あるが、1章と28章はイントロダクションなのであまり意味がない。だから実質38章だが、かなり広範囲のことが取り扱われている。莫大な行動計画だが、それが本当に守られているのか、実施されているのかを検証するために、持続可能な開発委員会（CSD）が設置された。通常ニューヨークの国連本部で、表1にあるように、「アジェンダ21」の基本事項、あるいはセクター別や横断的な事項について、実施されているかどうか議論してきた。このCSDとUNEPを比較してどうなのかという質問がよく出るのだが、著者から見ると、UNEP全体とCSDとはあまり意味ある比較ができない。CSDは政府代表の委員会なので話し合いの場であるのに対して、UNEPの方は事務局が行う様々な研究や国連組織が実施している環境事業の促進活動なので、もしCSDと比較するとしたらUNEP管理理事会が比較対象にされるべきであろう。理事会は、各国代表がUNEPの活動について意見交換し、事業計画、予算を決定する場である。もう1つの違いは、CSDが国連全体を相手にするのに対して、UNEP管理理事会の対象はUNEPだけである。だからUNEPの方がより実際的な話をしている。CSDは93年から毎年開催されており、第10回がヨハネスブルグ・サミットの準備会議として開催された。毎年お金をかけて各国代表を集めて会議が開かれてきたが、そもそも環境と開発を担当する両方の大臣たちが集まって、両者の組み合わせについて議論をすることが期待された。しかし、実際には環境大臣たちだけが集まって、UNEP理事会と同じような議論をしており、こちらは事業実施のための事務局を持っていないため、具体的な成果があまり上がっていないというのが著者の個人的な印象である。

表1　国連持続可能な開発委員会（CSD）年次作業計画（1998〜2002年）

年	基本事項	セクター別事項	横断的事項	経済セクター等
1998年	貧困、消費・生産パターン	淡水管理	技術移転、能力向上、教育、科学	産業
1999年	貧困、消費・生産パターン、小島嶼発展途上国	海洋	消費・生産パターン	観光
2000年	貧困、消費・生産パターン	土地資源管理	資金源、貿易および投資	農業、森林
2001年	貧困、消費・生産パターン	大気およびエネルギー	政策決定	エネルギーおよび運輸
2002年	貧困、消費・生産パターン、10年間の総合的レビュー			

2　貧困と環境の問題

(1) 貧困に起因する環境問題

　ストックホルム会議は環境の会議で、リオ・サミットは環境と開発の会議であったと前述したが、日本で環境問題と言うと、たいてい公害がイメージされてきた。ただし、若い世代は公害と言われてもピンとこないようだ。横浜や四日市や北九州ではひどい大気汚染があり、水俣病（熊本や新潟）があったことを知っている人は知っているが、今日、多くの人は実感として感じていない。したがって実は、環境問題は公害問題だと感じる人さえ少なくなってきている。危機意識が薄れてしまっていることも大きな問題であるのだが、国際的な観点から見た場合には、環境問題と聞くと公害の問題、つまり大気汚染、ゴミ、水質汚濁や下水道の問題としか捉えられないのも問題である。環境問題とはもっと広く、貧困問題にも関係があることを強調しておきたい。

　世界には、数えて190半ばほどの国が存在するが、2002年現在、国連に加盟しているのは191カ国である。その中、経済開発協力機構（OECD）に加盟している、いわゆる先進国が30カ国くらい。OECDに加盟していないけれど石油輸出などによって国民所得が高い国が3〜4カ国ある。ただし、これらの国の言い分は、「自分たちは発展途上国である。金持ちもいるが、貧しい人がとても多いから平均すると途上国並みの国民所得になってしまう」と主張する。し

かし、国際会議に出てくるのはその国の高所得層ばかりだから、その相手を途上国として付き合うのはなんだかおかしな気もする。あるいはブラジルやアルゼンチンに対しても同様の違和感を覚えることがあるが、そういう話は別として、現実に所得の高い国とそうでない国の格差は非常に大きい。例えばアフリカの貧困国や、東南アジアでいうとネパールなどのような経済レベルがかなり低い諸国では、貧困に起因する環境・厚生ならびに社会問題として、劣悪な衛生状況、安全な飲料水が得られない、保健・医療サービスの不足、貧弱な居住環境、失業、教育や訓練機会の不足、開発資金や社会資本の不足などの諸問題が深刻である。

　また、地域によっては過放牧の問題がある。例えば、マサイ族のように、牛を育ててミルクを飲んで、嫁をもらうときには牛をたくさんあげなければならないという生活をしてきた民族がいる。牛を持っている人のほうが金持ちとなり、家族が多ければもっと牛が必要となり、余裕があればもっと牛が欲しくなる。そういう状況で、医療や保健が改善されて、子どもが昔ほど死ななくなってきた。しかし出生率が変わらないから、牛の必要数も増えてきた。ある程度までなら良いが、環境容量の限界を超えると、牛が牧草を根こそぎ食い尽くして草原がなくなってしまうのである。

　それから焼畑の問題がある。農業を続けてきた土地の地力が落ちたら、また別のところに移って農業をして、また戻ってくる。そういった農業が、東南アジアなどではまだ結構残っている。そういうところで人口が増え、農産物のニーズが増えてくると、昔は3カ所で1回3年ずつやっていたのが、3年やる前に農地の地力がなくなってしまい、2年で移らなければならないことが起こる。昔だったら9年かけていたところを、6年で帰ってきてしまうと、いくら熱帯植物とはいっても森林が回復しておらず、環境を壊してしまう。環境を壊してしまうと、焼畑もできなくなるという悪循環が生まれている。要するに、環境と人口のバランスと人間の技術にもっと余裕があれば、環境は守れるのだが、サイクルが早くなり、牛の数も増えてしまっており、草がなくなって環境が壊れてしまえば、いくら牛がたくさんいても、死んでしまうかどこかへ移動するしかない。非常に単純化して言えば、貧困、つまり経済的な余裕のなさと環境問題が深く関係しているのである。

環境破壊をしてしまうと、将来の開発のための潜在能力がなくなってしまうことは分かっている。分かっているのに他にやりようがないからやってしまう。まさに悪循環である。貧しいために環境から余分にものをとってしまい、そのために将来の開発の可能性を奪ってしまう。したがって、環境というのは単に公害問題に限定するのではなく、多くの貧困国の社会では生きていること自体が環境に密接に関係した活動であり、固有の社会経済活動である。そういうところで、例えばこれからまさに薪を使って夕飯を食べようとしている人のところへ北から誰かが行って、「今世界の森林が減っているから、薪を使うのはやめなさい」などと言うことはあり得ない。「環境」の保護のためにはこれが必要だが、「経済」開発のためにはこれが必要だと、分割して議論することにあまり意味がない。このような基本的な理解が広く共有できるように日本の常識も変えていかなければならないと思われる。

(2) 広がる南北格差

UNEPが1999年に編集した『地球環境概況2000』には、次のような記述がある（UNEP 2000, Chapter 5）。

　2つの際立った趨勢が第3千年紀の開始を特徴づける。第1は、生産性と商品とサービスの配分の由々しき不均衡により、世界の人間の生態系が脅かされていることである。人類のかなり多くが、未だに極度の貧困の中で生きており、経済発展や技術開発の恩恵を受けている者と受けていない者の格差が拡大する傾向が予測されている。この極端な豊かさと貧困の進行は、持続不可能で、人間全体のシステムの安定を脅かし、それにより世界の環境の安定性を脅かしている。

南北格差のデータを見ると、貧困国の深刻な諸問題が分かるが、中でも著者が一番深刻だと思うのは、表2にある産婦死亡率である。後発開発途上国では、出産10万件あたり1,100人の母親が死んでしまう。100出産あたりに1人というのは、5人兄弟が普通なら、20人に1人の母親が死んでしまう計算になる。これが現状である。今日の日本では、にわかには信じられないような数字が、現

表2 人口、健康、栄養の南北対比

	先進工業国	開発途上国	後発開発途上国
人口推計（百万人）1995	1,233	4,394	542
人口増加率（％）1970－95	0.67	2.1	2.6
幼児死亡（出生1,000人あたり）1996	13.0	64.8	109.0
5歳未満死亡（出生1,000人あたり）1996	15.8	95.0	171.0
産婦死亡（出産100,000件あたり）1990	29.5	487.6	1,100
体重不足の5歳未満児（％）1990－97	——	30.3	39.0

実にあるのである。

　経済指標を見ると、後発開発途上国は、1人あたりの国民総生産（GNP）でも、その年間成長率でも、マイナスで成長していない。債務も多く、なかなか返済できない。それで政府開発援助（ODA）を受理しているが、1人あたりにして24ドル程度である。ODAはないよりもあった方がよいと言えるが、1人あたりの所得が非常に少ない国々では国家予算に対するODAの割合が非常に大きくなっている。援助が手厚いという面はあるが、ODAをもらうための、あるいはもらえそうな開発パターンができてしまう点も忘れるべきではない。あるいは逆に、これは必要だけれどODAがつきそうにないから後回しということも起こり得る。あまり自分の国には重要ではないが、ODAがつきそうだからという具合に皮肉な結果を招いてしまっているので、開発援助実務に携わるときにはこのことを十分に配慮して援助企画を立てる必要がある。

　また、世界人口約60億人のうち、約半分の28億人は1日2ドル未満、12億人は1日1ドル未満で生活しているという数値が「貧困」データとしてよく使われるが、これはあまり重要ではない。なぜならば、1人あたりの国民総所得（GNP）が幸福のレベルを示す指標ではないからである。例えば、農業で生計を

表3 経済指標の南北対比

	先進工業国	開発途上国	後発開発途上国
1人あたりGNP（ドル）1995	18,158	1,141	215
1人あたりのGNPの年間成長率（％）1980－95	1.66	2.1	－0.35
GNP対比対外累積債務（％）1995	——	41.1	112.7
1996年の1人あたり純ODA受理（純支出、ドル）	——	9	24.3

立てている人は、ほとんどお金の出入りはなくても十分生活している。だから、この数値だけで大騒ぎする必要はない。それにしても、例えば、日本のサラリーマンの月額平均給与30万円と1日2ドルあるいは1ドルの生活の間にある格差は銘記すべきことである。ちなみに、1日1～2ドルでの生活という「貧困」がどこに多いかというと、まだアジアに多い。24％が南アジア、23％が東アジア・太平洋、24％がサハラ以南のアフリカである。国の数で言えば圧倒的にアフリカが多く、アフリカ大陸の大部分が1ドル以下の絶対「貧困」地域である。

貧困は、多くの環境悪化の原因となり、その結果将来の開発の可能性を低下させ、そして貧困の継続の原因になる。貧困者の毎日の生活がこの悪循環を開始させているのならば、貧困者の生活が環境破壊の原因となることを避けられる他の選択肢を提供することが必要となる。また、貧困とこれに伴う社会資本の不足も、環境状況を悪化させることにより、悪影響を減じる行動をとる手段を貧しい者から奪う。貧困が深刻な地域では、開発なくして環境保護はなく、環境保護なくして将来の開発はないと言ってよい。

また、最近のグローバル経済の発展は、裕福な者と貧しい者の格差が広がる原因にもなっている。しばしば言われるように、裕福な20％の人々が世界の自然資源の80％以上を消費している現状である。世界銀行の『2000－2001年世界開発報告書』では、この貧困問題に正面から取り組み、様々な形の貧困状況に対処するため、現地レベル、国レベル、国際レベルでそれぞれ特定の行動を検討できるよう、貧困状況の特異性を分析することによって対応策を明らかにしようと試みた（World Bank 2000）。

3　21世紀の取り組み

（1）国連ミレニアム総会とミレニアム開発目標

20世紀末から21世紀初頭にかけて、持続可能な開発の問題を扱ったサミットや国際会議が続けて開催され、2000年9月の国連総会では、ミレニアム・サミットが開催されたが、この会合で、ミレニアム開発目標（MDGs）が採択され

た。具体的には、下記に示したように、2015年までに世界の1日平均所得1ドル以下の人口を半減するなど8つの目標が掲げられている。しかし、これらの目標が実際に達成できるかどうか、前途多難である。

① 極度の貧困と飢餓の撲滅
② 初等教育の完全普及
③ ジェンダーの平等と女性のエンパワーメントの達成
④ 乳幼児死亡率の削減
⑤ 妊産婦の健康改善
⑥ HIV／エイズ、マラリア、その他の疾病対策
⑦ 環境持続可能性の確保
⑧ グローバルな開発パートナーシップの構築

（2）国連後発開発途上国会議と債務問題

　2001年5月には、あまり報道されなかったが、第3回国連後発開発途上国会議がブリュッセルで開催された。これは、1981年と1990年の会議に続く第3回目のものであった。後発途上国49カ国の問題は広く認識されてはきたが、なかなか解決策が見つかっていない。日本も関係することでは、後発途上国の累積債務の問題がある。表3に見られたように、後発開発途上国では、累積債務の方がGNPよりも大きくなってしまっている。返済能力を超えて債務を抱えてしまったので、返済するのが容易ではない。そのような状況の中で、ヨーロッパ諸国を中心に債務を帳消しにするという案が出てきた。かつての日本の徳政令と同様だが、日本政府は消極的である。これは、そもそも資金を貸したときに調査をして返済計画も立て、双方了解して作ったはずの契約を帳消しとするのは、借り手の責任に対する考えが薄れてしまうのではないかという懸念があるからである。援助国側も一番効率のよいところに援助したいわけだから、そのためにも安易な棒引きというのはいかがなものかということである。マスコミなどでは、しばしば、あんなに貧しいところの借金をどうして帳消しにしてやらないのだという論調があるが、そういうことだけではないと著者は考えている。日本は、債務を削減する事業のための資金は積極的に提供している。

2001年度は第2位になったが、それまでの10年間日本は世界最大のODA供与国だった。第2位になったのは、為替レートの関係もあるが、アメリカがパキスタンに大量の援助を出したことがある。しかし、2002年度の日本のODA予算はさらに減少するので、為替がどうなろうとパキスタンがどうなろうと、第1位にはなれないだろう。日本のODAについては、事業の決定や実施の不正や効率的ではないからなどの理由でODAを削減すべきだという論調が多いが、途上国やアフリカ諸国の実情を考慮に入れない理由でODAを削減してしまうのは、許し難いことだと著者は考えている。

(3) 世界貿易機関 (WTO) 閣僚会議とドーハ宣言

　2001年11月にカタールのドーハで開催された世界貿易機関 (WTO) 閣僚会議のドーハ宣言では、経済発展、貧困撲滅のための貿易の重要な役割が認識された。特に後発開発途上国の困難な状況が認識され、貿易というのは経済発展に貢献するということを認めた。ただし、貿易高が増大したからといってそれが経済発展を意味するとは限らない。グローバリゼーションという言葉がよく聞かれるが、経済面でこの現象を象徴するのが自由市場のグローバリゼーションである。アメリカを中心として自由市場至上主義が国際的に広がっているが、市場での自由競争を通して消費者は一番よいものを買えて、産業が発展する、だから皆が幸福になるという。それがグローバリゼーションのメリットなのだが、これは先進国の一部の経済が回っているところでは適用できる理論だが、後発開発途上国のようなところでは、そうはいかない。後発開発途上国では、製品を作ろうと中小企業が努力しているが、質の面やコストで必ずしもうまくいかない。貿易を自由化すると競争力のある多国籍企業や大企業はよいが、現地の産業が育たない。そうなると生活必需品も輸入しなければならなくなり、せっかく獲得した外貨が国外へ流出してしまう。テレビや石油や食料の代金が外へ出て行って、経済が回らなくなる。しばしばWTOが推進している自由貿易は、経済強大国のためにはなるが、経済的弱小国のためにはならない場合があると批判されるが、著者もこれが結構当たっていると思う。そういった中で、WTOの加盟国が、経済のグローバリゼーションが開発途上国に困難な問題を引き起こすこともあると言ったドーハ宣言は、非常に意味のあることだと思う。

そしてこの会議では、貿易に関する規則の設定、その進行に関するWTOの重要性を認識し、貿易に関する懸案解消のための検討開始が確認された。新ラウンド交渉を始めることが決まったのである。開発途上国の非農業産品の市場アクセス、貿易と環境、弱小経済への影響、後発開発途上国の問題などを含む新ラウンド交渉のテーマが確認された。

(4) 開発資金国際会議とモントレー合意

2002年3月には、メキシコのモントレーで開発資金国際会議が開催された。この会議では、開発目標達成のための資金不足、経済のグローバリゼーション、9月11日の対米同時多発テロ以降の協力強化の必要性、開発に関する各国の責任などが確認された。将来の開発を進めるのにどのくらい資金が必要なのかについて話し合われた。ODAにしても何にしても、資金がなくでは世の中は動かない面がある。グッド・ガバナンス、社会開発のための投資や資源投入、開発政策の必要性や、直接投資、資金援助、貿易の必要性、開発途上国等のマーケットアクセス、直接投資の貢献の向上、WTOシステムの活用などが確認されたが、この会議の評価は分かれる。要するに、建前論を書いただけだという見方と、非常に前向きにいろいろな分野を議論したという見方の両方がある。著者自身は、どちらかと言うと前者の見方に近いが、この会議でプラスだったと思うのは、ヨーロッパがODAを増やすと言ったことである。それからアメリカのブッシュ大統領が自ら、2006年までにアメリカのODAを50％増やすと言った。これは評価すべきとは思うが、これはブッシュ大統領の意向であってODA供与を許可する議会の意向ではないので、このコミットメントが実現するかどうかはまだよく分からない。ただ、もしこれらがうまくいけば、世界のODAは2006年までに20％増えるだろうと言われている。モントレー会議は、その点については非常に前向きだったという評価もある。日本も貢献して欲しいと思うが、その際日本のODA政策、事業の的確な評価と見直しを行い、世界の潮流に乗り遅れないようにしなければならないだろう。2006年はもうすぐである。

(5) ヨハネスブルグ・サミットへ

ヨハネスブルグ・サミットのプロセスとしては、3つの成果を出すように準

備会合が開催されてきた。第1は「政治宣言」である。ストックホルムの原則やUNCEDの原則、モントレーやドーハの話を入れて、議論されたが、国際的な責任を規定した新しい原則ではなく、基本的な哲学を記述した宣言となった。

それから各国政府が何をしようかというのを書き上げた「実施計画」で、いわば短い「アジェンダ21」と言える。交渉はかなり難航したようだが、エネルギー問題、水問題などについてはかなり具体的な内容が盛り込まれた。それからタイプ2文書と呼ばれていたものがあり、NGOとか産業界だとか、政府以外のパートナーそれぞれが今後実施しようとする事業をそれぞれのコミットメントとして書き込んだ膨大な記録が残された。

4 今後の課題

ヨハネスブルグ・サミットに向けて様々な国際会議があり、各国や国際機関が取り組んできたが、平行線をたどる議論も多く30年前とあまり変わってないところがある。オゾン層の対策が進んだとか、難しいけれど気候変動枠組み条約が発効し、京都議定書の発効も射程距離内に入ってきたことなど、進展も見られる。それでもまだ、難しいことがいろいろあるという現状を踏まえて今後を展望する。

(1) 多国間環境条約の調整問題

1つは、「アジェンダ21」でも指摘されていたが、多国間環境条約間の調整をどうするかという問題がある。環境条約には色々な条約があり、みんな個々にやっている。特に気候変動、生物多様性、砂漠化防止、稀少動物の保護、渡り鳥などの問題は生態系としてすべて相互性があるのに、お互いに十分に相談がなされない状態になっている。これは、それぞれの条約の締約国が異なることや各国内でそれぞれの条約を担当する政府機関が異なることなどがその背景にある。また、資金確保に関する競合や非効率の問題がある。リオ・サミット以降も、砂漠化防止条約などの条約が成立したのは非常によいことだが、それぞ

れの条約の実施のための資金が必要となり、限りある資金をめぐって競合が生じてしまうという面がある。さらに、プログラム活動や会合の調整の必要性もある。著者はアフリカでUNEPに勤務した経験から、発想がどうも開発途上国サイドからになるが、途上国政府では環境局ができても、スタッフがたった1人ということも多い。そんな人たちが国際条約の会議、ヨハネスブルグ・サミットの会議、気候変動の会議と忙しく飛び回っている。よくやっていると思うが、逆に言うと国際会議に出ている間、環境問題の担当者が首都には誰もいなくなってしまう。このような状態では環境対策が進むわけがない。開発途上国の人は、このような事実をあまり言わないような印象である。さらに、環境政策の担当官だけにとどまらず、途上国政府には環境政策関係の専門家や科学者が非常に不足しているのも現実の問題である。

　このように、国際的な環境協力にはかなりの調整および改善の必要があるが、日本政府も含めて、こうした問題に指導力を発揮することが少ないのは、なぜだろうか。1つは、条約ごとに加盟国（および担当政府機関）が異なり、またそれぞれプライオリティーが異なるからである。事務局間でそれぞれの組織を維持しようとする議論もないこともないが、まず事務的な問題ごとの調整から始めるべきであると著者は考えている。科学的アセスメント、研究、研修、能力向上、情報共有などできることは多い。それが進まないことに対して、条約事務局が批判の矢面に立たされるが、それだけではない。条約間の調整や、条約と条約を統合するのは大変な仕事だが、条約というのは政府と政府の約束事であるからやはり加盟国政府がより積極的にリードすべき問題である。

（2）国際援助機関間の調整の問題

　国際機関のガバナンスの中心的課題である効率性向上のための調整の問題は、条約間調整だけでなく、多国間や二国間の国際援助機関間の調整も極めて重要である。持続可能な開発のためのODA供与国間の調整も重要である。開発途上国から見ると、いろいろな援助供与国それぞれの国の中にも機関が複数あり、国連開発計画（UNDP）など国連システムの援助機関があって、それぞれの機関から援助を受けることになる。ドナーは多ければ多いほどよいという意見もあるが、やはり調整がなく非効率に使われるのは無駄の発生につながりかねな

い。援助の競争になってしまう。良いプロジェクトは皆やりたいし、短期的に成果が上がらないプロジェクト（砂漠化防止事業はその典型）はやりたがらない。良いプロジェクトは日本のおかげでできたのだという評価を受けたいのである。日本に限ったことではなく、例えばアメリカでも同じことである。

　国レベルの調整メカニズムを確立するためには、プロジェクトの策定、選択および実施に対する責任（オーナーシップ）を第一義的に持つホスト国政府の役割が特に重要である。また、そのための能力向上が必要である。援助国はそうした能力向上に配慮すべきであるが、一番の基本は援助国や援助機関が意見を押し付けないことである。

　国連内部では、国連常駐調整官（UN Resident Coordinator）による調整が進んでいるが、世界銀行との調整は重要な懸案事項となっている。

　また、地域レベルにおいては地域社会経済委員会の調整能力や役割を見直すべきではないか。

（3）UNEPの強化の問題

　国際機関による地球環境ガバナンスを強化するために、UNEPを強化する必要性がしばしば叫ばれている。このような提案が出るのはUNEPに勤務した者としては嬉しいのだが、UNEPの実情を踏まえていない提案もしばしば見受けられる。それから、その延長議論として世界環境機関（World Environment Organization）を創設するという構想もあるのだが、これについても現在の、あるいは本来のUNEPと対比して、現状は何が足りないのかということを詰めたうえで議論していかなければならない。UNEP強化のためには、まずUNEPに関する的確な理解の増進が必要である。

　例えば、WTOに匹敵するような性格を持つ世界環境機関を作ろうという声があるが、これは、そういうものを作ったときに何がどう良くなるのかを定量的に議論したうえで検討すべき問題であると著者は考えている。議論は必要だと思うのだが、前述したとおりUNEP予算は創設以来、実質的に減っているという状況の中でUNEPの強化とか世界環境機関創設という話をしても、ナンセンスである。各国代表が、「UNEPは大事だ」とは言うのだが、資金拠出が伴わないのである。だから第1の課題は、資金面の強化である。90年代後半からUNEP

資金はさらに減少している。日本からの拠出も減っているのである。

また、資金拠出といっても、個別プログラムのための特定用途を指定した寄付金（ear-marked contributions）の増加は、それが環境基金に対する使途を限定しない任意拠出の減少につながる危険があり、環境概況報告や早期警報等の本来のUNEPの中核的プログラムの増加に悪影響を及ぼす危険がある。UNEPが地球環境ファシリティー（GEF）による事業を実施する場合も、一見UNEPの資金が増加したような印象を持つが、UNEP事務局の能力がGEF事業の実施に割かれるため、同様の逆効果を持つことがある。

（4）グローバル・コモンズ理事会構想の問題

その他の国際機関による地球環境ガバナンス強化ための議論としては、国連内にグローバル・コモンズや環境問題を担当する理事会レベルの機構を設けてはどうかという提案もある。これに類似した提案として、信託統治理事会を改組するという意見もある。しかし、経済社会理事会（ECOSOC）が社会開発問題を担当し、新しい環境理事会が環境問題を担当するというのは、本来密接な関係にある両者の関連を軽視し、同レベルにある2つの国連の理事会がこれらを個別に議論するという危険を冒す考え方ではないだろうか。環境問題だけを審議するのであれば、UNEPの管理理事会もあり、国連の理事会レベルの機構は必要ないであろう。むしろ、経済社会理事会が、開発と環境の両方をカバーする実質的な調整権限を持つことが必要であろう。とりわけ、世銀グループやWTOとの調整を進める必要がある。

（5）環境と開発の問題

環境と開発を統合して考えるということは、プロジェクト・ベースでも同じである。特に途上国については、環境と開発とを別のセクターのごとく分断して議論することは非建設的であると思う。ODAの環境関連プロジェクトは日本がトップだと言われるが、環境と開発を分けるべきではないという視点から考えると、ODAを環境とそうでないものとに区別するのもあまり意味がない。例えば、日本の基準では、下水道や廃棄物処理のためのODAは、環境援助に分類される。この一方で、環境にも寄与すると思われる農業援助は、環境援助には

分類されない。このような近視眼的な見方では環境と開発の関連性を捉えきれておらず、問題に有効に対応できない。途上国の現場の視点に立てば、より統合的なアプローチが必要になる。現場の住民などの意見を吸い上げることが重要である。貧困に関する世界銀行の解析的アプローチは評価し得る。

　要は、グローバリゼーションのインパクトと、その負の側面に対応するための政策・措置の方向性の議論が必要である。国連持続可能な開発委員会（CSD）は、そうした場を提供することを意図していたのだと思われるが、CSDはこの問題に有効に対応できなかった。環境と開発を統合的に考えるために、経済開発担当大臣や経済問題の大臣も含めて、幅広い話し合いをしようと試みたのだが、蓋を開けてみると委員会に参加したのはほとんどが環境大臣であった。環境の話のみとなってしまい、経済との連携はあまりできていなかった。財務大臣の参加がないので予算の話もできなくて、観念的な話に終始している。CSDについては根本的な発想の転換が必要なのではないか。

（6）貿易と環境の問題

　現在のところ、多国間でも二国間でも、貿易と環境の問題が頻繁に議論されるようになった。環境主義者のかなりの者が、貿易は環境に悪いと考えているようなのだが、開発途上国の経済発展には貿易や海外直接投資が絶対に必要なのである。なぜなら、貿易や投資は、開発、技術移転、能力向上の重要な原動力の1つだからである。貿易や海外直接投資は悪い、ダムは造ってはいけないとか、あまり凝り固まってはいけない。その国の人々が全体として本当にどう考えているかを踏まえて物事を判断しないといけない。

　ただし、やり方を間違えると、貿易や投資のグローバル化が環境に悪い影響を残すことになる。グローバリゼーション、自由競争はプラスの面があるのだが、現在の価格体系には、環境の価値とか文化の価値とか、稀少生物の価値などが十分に反映されていないのである。そうした状況での自由競争万能主義は、大変危険である。だから、フランスのミネラルウォーターを日本で売ることになる。日本には水が豊富に存在するのに、なぜフランスの水を買った方が安いのか。フランスで汲んでビンに詰めて、飛行機で日本にまで運んでいるのに。そうすることによって環境に与える影響の値段が、まったく入っていないから、

こうなってしまう。また、文化の価値についても同様で、確かにこれを測るのは難しいのだが、どのようなネガティブ・インパクトがあるかが、商品価格に反映されていない。また、現在普及している会計システムに基づく自由市場の効用だけに依拠すれば短期的な利益が最優先され、中・長期的なニーズである環境や文化の価値はあまり反映されず、効率は上がるかもしれないが、長期的には環境が悪化することになりかねない。こういうことを考えると、グローバリゼーションに対して単純に賛成するわけにはいかないのではないかと著者は考えている。

(7) 資金の問題

中・長期的なニーズに対応することが、まさに持続可能な開発なのだが、これにも資金の問題は避けて通れない。「アジェンダ21」の第33章では、開発途上国が持続可能な開発を実現するために必要な資金レベルは毎年、6,000億ドルだと指摘していた。ただし、ここで指摘されているのは総額であり、そのうちの1,250億ドル、つまり約2割は、国際的な援助であるべきだと書いてある。

近年のODAのレベルが、500億ドルくらいだから、ODAが少ないというのが1つである。その増加が必要である。ちなみに1,250億ドルという金額の意味するところは、少なくとも各国はGNPの0.7％を国際援助に回すべきだという、道義的、倫理的な勧告である。日本のODAは近年、GNP比0.3％くらいである。アメリカは0.2％だから、ODAの増額は必要である。しかし、この1,250億ドルが、ODAだけですべてがまかなわれるわけではなく、その他の公的資金（OOF）とか直接投資などの民間資金（PF）の増加も必要である。ただし、それに際しては、環境面のチェックが必要となる。

もう1つ指摘したい点は、6,000億ドルから1,250億ドルを引いた、4,750億ドルの問題である。これは先進国からの資金ではなく、途上国内から拠出されるべき資金である。当時の言い方では「ダブル・コミットメント」と言っていた。途上国自身で、4,750億ドルは出しなさいよ、と。これについて、あまり議論されないのだが、非常に重要である。援助額よりもこちらの方が大きいのであるから。しかし、その8割の途上国側のコミットメントは、簡単に実現できないのである。だからといって、途上国を一方的に非難するのも理不尽であろう。

出せるものを出さないのではなくて、国全体の予算の規模があって、やはり出せないのであるから、難しい。

途上国の努力も大事だが、それに対応する先進国側のコミットメントがやはり重要なのである。とりわけ、アメリカの役割が重要である。その意味で、モントレー会議でのアメリカのコミットメントの行方を注視したい。ブッシュ政権がこれからどうするのか、著者自身が現在関わっている気候変動枠組み条約のことにも非常に関わりがあり、興味深いことである。かつてのモンロー主義のように、アメリカだけがうまくやっていければよいという単独主義路線に、現在のブッシュ政権ははまってしまっているようだが、そうなると世界全体への影響、それに伴うコストはどうなるのか。モントレー合意が誠実に実行されて、単独主義からの変革が実現するのか。国際機関のガバナンスにとって、それが重要なカギとなるだろう。

注
1) 日本は2002年6月に京都議定書を批准した。

参考文献

World Bank, *World Development Report 2000-2001*. Oxford University Press, 2000.

World Commission on Environment and Development (WCED). *Our Common Future*. Oxford University Press, 1987.（邦語訳は、環境と開発に関する世界委員会編、大来佐武郎監修『地球の未来を守るために』福武書店、1987年。）

United Nations Environment Programme (UNEP). *Global Environment Outlook 2000*. London: Earthscan, 2000.

―――――. *Global Environment Outlook 3*. London: Earthscan, 2002.

参考URL

国連持続可能な開発委員会（CSD）　　http://www.un.org/esa/sustdev/csd.htm
国連環境計画（UNEP）　　http://www.unep.org
国連開発計画（UNDP）　　http://www.undp.org
世界貿易機関（WTO）　　http://www.wto.org
国際通貨基金（IMF）　　http://www.imf.org
世界銀行（IBRD）　　http://www.worldbank.org

地球環境戦略研究機関（IGES）　　http://www.iges.org

研究課題
（1）　世界環境機関は必要か。その実現可能性はどの程度あるのか。もし実現したとすれば、問題は解決するのだろうか。
（2）　貿易と環境の問題は、どの国際機関で調整を図るべきなのだろうか。世界貿易機関か、多国間環境条約締約国会議か、あるいは国連経済社会理事会か。
（3）　環境と開発のための新規的で追加的な資金について、どのようなメカニズムが考えられるか。また、国際機関はどのように関わるべきだろうか。

第4章　地方自治体によるガバナンス

岸上みち枝

1　ICLEI（イクレイ）の活動

　ここ10年間に様々な分野で大きな変化が起こり、国際会議の進め方にもそれを見ることができる。筆者が勤務するICLEI（International Council for Local Environmental Initiatives、国際環境自治体協議会）も、各地で会合や会議を開催してきた。もちろん、従来型のスピーチや儀式を重視する会議も依然多いが、小規模なグループに分かれ、ファシリテーターが参加者の意見を引き出し、ゆるやかに合意をまとめる形式が広まった感想を持つ。このような場面にも参加型で物事を決定するプロセスが導入され、ガバナンスの変化の一端を示しているのかもしれない。

　ICLEIは、環境ガバナンスにおける自治体の役割の重要性に注目した北米やヨーロッパの自治体職員や専門家、市議会議員等により、1990年に設立されたNGO（非政府組織）である。トロントに本部を置き、フライブルグにあるヨーロッパ事務局や、日本事務所の他、米国、オーストラリア、韓国、南アフリカ、ブラジルに事務所を持ち、その他途上国地域にいくつかのプロジェクト事務所を開設している。

　ICLEIは、「地域活動を積み重ねることによって、地球環境を守り、持続可能な社会をつくるための諸条件を具体的に改善しようとする自治体をまとめ、世界的な運動を広げていくこと」を活動趣旨としている。趣旨に賛同し、積極的に各地域社会の持続的発展に努めるとともに、自治体間の横のネットワークを広げ強化することによって、地球規模の発展につなげることを目指す自治体や自治体連合組織がICLEIに参加し、また会員としてICLEIの活動を支えている。

会員数は、2002年7月現在63カ国約420である。会員分布は、ヨーロッパ42％、アジア太平洋30％、北米13％、アフリカ7％、南米6％、中東2％である。

持続的な発展のために何が世界的に問題か、自治体はこれに対して、どのような戦略で何を行うべきか。これらの基本方針や戦略はICLEI会員の総意により決定される。また、国際的に共通の目標と活動枠組みを用いることによって、自治体間の比較対照や相互協力は促進される。このような考えの下で、ICLEIは現在ローカル・アジェンダ21キャンペーン、CCP（Cities for Climate Protection、気候変動防止都市）キャンペーン、および総合的な淡水管理をめざす水キャンペーンを国際的に実施し、参加自治体のネットワークを広げている。

また、持続的な発展を目指す自治体のための国際的機関として、ニューズレターや自治体活動事例集、調査報告書等の発行、国際会議やワークショップを通した会員相互の情報交換機会の提供、研修事業等を行っている。

さらにヨハネスブルグ・サミットや気候変動枠組み条約の締約国会議など、国連諸機関の国家間協議に対しては、自治体の意見をまとめた報告書の提出、サイド・イベントの開催、本会議への代表団派遣等を通して、自治体の主張の反映に努力している。

2　地域社会のガバナンスの重要性

1972年ストックホルムで開かれた国連人間環境会議で、初めて「環境」の重要性が指摘されてから30年。この間1987年には「環境と開発に関する世界委員会（ブルントラント委員会）」が持続可能性の概念を打ち出し、1992年のリオ・サミットでは、「アジェンダ21」、気候変動枠組み条約、生物多様性条約等が合意された。リオ・サミットから10年後の2002年のヨハネスブルグ・サミットは、「アジェンダ21」の成果を評価し、持続的開発の促進に向けて新たに合意を取り付けるための会議であった。

この間に地球環境は改善され、持続可能性は増したであろうか。多くの人々は否定的な評価を下している。気候変動問題に顕著に見られるごとく、様々な

利益団体の相克の下で国レベルでの合意は困難で、対応は遅れがちである。今回のサミットでも京都議定書は発効できなかった。国際規約も国の法律も、実際に実行されなければ成果は表れない。自治体は地域社会に最も近く、地域社会のニーズを反映した施策を実施し、公共サービスを提供する。また地域社会の様々なアクターの合意をとりまとめて、国レベルよりもはるかに早く、活動を始めることができる。環境と経済、社会の調和ある発展がもたらす持続可能な社会は、地域社会のレベルにおいては、社会の各構成主体にとっての目標や行動が最も明確になり、実際の活動に結びつき、具体的な前進が可能になる。

　ICLEIのCCP（Cities for Climate Protection、気候変動防止都市）キャンペーンには、2002年現在530もの自治体が参加している。これらの参加自治体から排出されている温室効果ガスの量は、世界全体の排出量の8％以上に相当する。これは、世界全体の排出量の8％に相当する地域で、排出削減努力が行われていることを意味する。参加自治体数が最も多い国は、国レベルでの後ろ向きの姿勢を非難されているオーストラリア、米国、カナダである。これらの国で、国の支援を受けてキャンペーンが実行されているのである。米国には、日本の「地球温暖化対策の推進に関する法律」（1998年）のような、自治体の温暖化対策推進を奨励する法律は存在しない。それにもかかわらず、特に2001年初頭のカリフォルニア州での電力危機以来、CCPキャンペーンに参加し、温室効果ガス削減に努力する自治体が急増した。米国での加入自治体数は、現在110以上になった。これは、エネルギー消費削減や廃棄物の減量、再生エネルギー利用による経済的効果が認識され、気候変動防止政策が都市環境の改善にもつながることへの理解が進んだことによる。米国のキャンペーン参加自治体は、年間940万トンのCO_2相当量を削減し、7,000万ドル以上の経済効果を上げた。一方オーストラリアでは、全人口の58％以上をカバーする144自治体が参加し、1999年以来温室効果ガス削減策に3,200万オーストラリアドル以上の投資を行い、2000年〜2001年に7万8,000tの削減を果たし、2002年には18万4,500tの削減量を予測している[1]。

　ICLEI事務所は、これらの国々で、参加自治体への温室効果ガス排出インベントリー・ソフトウェアの提供や政策立案指導、技術支援の他、ワークショップの開催や情報提供、顕彰制度等を通して、自治体の活動促進を働きかけている。

20世紀以降の人口の急激な増加に伴い、都市人口も拡大し続け、現在約6億の世界人口のうち、約50％の人々が都市部に住んでいる。人口1,000万人以上の都市が世界に19、500万〜1,000万人の都市が22、100万〜500万人の都市数は433を数える。一方、ノルウェーの人口は440万人、フィンランド510万人、スウェーデンでも880万人（ともに1995年統計）である。多くの都市の経済・社会規模が、これらの一国の規模をはるかに超えているのである。さらに都市部の人口増加は開発途上地域において著しく、この傾向は21世紀も続くことが予測されている。UNDPの2000年人間開発報告書は、1995年〜2015年の年平均都市人口増加率を、先進国で0.6％、途上国全体で2.9％、後発開発途上国では4.6％と予測している。先進国地域の7倍以上の増加率である。開発途上地域の都市においては、住宅、廃棄物処理、安全な水の供給や衛生、貧困問題等、人口増加に伴う都市生活環境の悪化が非常に懸念されている（UN-HABITAT 2001）。

　自治体は、国に先んじて様々な対策をとり、各地で大きな成果を上げてきた。各地での成果の積み上げは、国や国際社会を動かす可能性を持つゆえに、また、開発途上地域における都市環境政策がますます重要になるゆえに、自治体政策推進と能力強化が、今後の持続的発展のカギになると考えられる。

3　ローカル・アジェンダ21の進展とその調査

　リオ・サミットで採択された「アジェンダ21」第28章は、「アジェンダ21」における自治体の役割を認め、自治体がローカル・アジェンダ21に取り組むべきであるとしている。

　アジェンダ21で提起されている諸問題及び解決策の多くが地域的な活動に根ざしているものであることから、地方公共団体の参加および協力が目的達成のための決定的な要素になる。（「アジェンダ21」第28章1）

　地方公共団体は、市民、地域団体及び民間企業と対話を行いローカル・ア

ジェンダ21を採択すべきである。(「アジェンダ21」第28章3)

　ICLEIはローカル・アジェンダ21を、「地域社会が、持続可能な発展のための地域の優先的な課題に取り組み、長期的な行動計画を策定し実践することを通して、「アジェンダ21」の目標を地域レベルで達成するための、多様なセクターの参加プロセス」であると定義している[2]。また、ローカル・アジェンダ21に取り組むためのガイドブック等で、実施モデルやその手法、手順を提示している。これを簡略に紹介する[3]。

① 持続的な地域社会づくりのための、マルチステークホルダー（多様な利害関係者）からなるローカル・アジェンダ21推進組織の設立
② 地域の問題を把握するための、参加型調査やアセスメントの実施
③ 優先的に取り組むべき課題の特定
④ 課題解決のための行動計画の策定
⑤ 行動計画の実行
⑥ 進捗状況のモニタリングと公表
⑦ 次の段階の行動へ

　これらの各段階において、マルチステークホルダーの参画が図られる。地域社会の様々なグループの合意形成と主体的な参加によるボトムアップ・アプローチが、ローカル・アジェンダ21の大きな特長である。
　ローカル・アジェンダ21が取り組む分野は、「アジェンダ21の目標達成」のための「地域の優先的な課題」であり、地域の特性に応じて、環境問題にとどまらず、ジェンダー、人権、治安、教育、伝統文化、雇用、保健、食料問題等、地域社会の持続的発展に必要な様々な分野が可能である。
　ローカル・アジェンダ21は、どのような視点から進捗度を評価できるであろうか。まず、①から⑦に活動が展開する中で、地域社会の多くの主体の参画によって作られた行動計画が議会で認められ、公式計画になり、自治体の施策としてのバックアップを受けつつ実行されることは、ローカル・アジェンダ21にとっての大きな成功であろう。第2には、マルチステークホルダーの各活動へ

の参画のレベルや内容が、より積極的で質の高いものになっていること。第3には、取り組み分野とそれらの成果の拡大。第4に、このようなボトムアップ・アプローチが自治体政策の立案や実施形態の主流になり、持続的な地域社会の実現に近づくことであろう。

　ICLEIは、リオ・サミットから5年目と10年目の機会に、国連機関の協力を得てローカル・アジェンダ21の国際調査を行った。これは、進捗状況と成果を把握するとともに、取り組みを進めるにあたっての障害を明確にし、自治体、国および国際機関に対して、問題解決とさらなる進展を働きかけることを目的とした調査である。1997年調査は、同年の国連総会セッションが「アジェンダ21」の5年目の総括を行うのを機会に、国連政策調整および持続可能な開発局（UN Department for Policy Coordination and Sustainable Development）と協力して実施したものである。一方2001年の第2回調査報告書は、持続的発展のための自治体の主張をまとめた『自治体ダイアローグペーパー』とともに、国連持続的可能な開発委員会、持続可能な開発に関する世界サミット第2回準備会合（2002年1月28日～2月8日）に提出された[4]。

　「ローカル・アジェンダ21」という言葉は、必ずしも人口に膾炙しているとは限らず、他の名称で同様の活動が行われていることもある。さらに国と自治体や、自治体と地域社会との関係、地域社会の政治への参画形態、持続性に対する関心度等、様々な状況下で取り組みの形態は各地域により大きく異なっている。このため調査にあたっては、上記のような定義と段階を設定し、ローカル・アジェンダ21と見なされ得る活動数の推移と、進展状況、地域社会の参画度、取り組み分野や成果、課題への返答を求めた。

4　ローカル・アジェンダ21調査結果から

　2001年の調査によれば、113か国6,418の自治体がローカル・アジェンダ21に取り組んでいることが分かった。1997年の調査に比べると3倍強増加しており、1997年以降急激に増加したことが分かる。1人あたりGNP別で見ると先進国で

表1　97年調査と2001年調査の1人あたりGNP別取り組み自治体数

1人あたりGNP	US＄755以下	US＄756−9,625	US＄9,625以上	合　計
1997年調査	15カ国63	27カ国118	22カ国1,631	64カ国1,812
2001年調査	28カ国183	57カ国833	28カ国5,400	113カ国6,416

の取り組み数が多いが、いずれのGNPレベルでも増加していることが注目される。ただし「アジェンダ21」（第28章）では目標として、1996年までに各国の地方自治体の大半がローカル・アジェンダ21について合意形成をすべきであるとしているから、この数字が満足するべきものか否かについては、検討の余地があろう。ちなみに日本には、2002年2月現在47都道府県3,223市町村が存在する。

　地域別グラフ（図1）は、ヨーロッパでの取り組みが最も多いことを示している。ヨーロッパの取り組み総数は5,292であり、この中でドイツが最も多く2,042である。ただし、国ごとに自治体の平均規模が異なるため、国別総数比較には注意が必要である。ドイツの2,042は、全自治体の約12％を占める。一方、スウェーデンの取り組み数は289にすぎないが、これはスウェーデンのほぼすべての自治体が、ローカル・アジェンダ21を実施していることを意味する。ノルウェーも同様であり、ヨーロッパではとりわけ北欧やイギリス、イタリア等において、国の協力の下で国全体にローカル・アジェンダ21を普及させようとする努力が行われ、成果を上げていることが分かった。

　アジア太平洋地域は674で、ヨーロッパに次いで数が多い。オーストラリアが最も多く176、次に韓国が172、日本は110であった。日本では、毎年環境省がローカル・アジェンダ21策定状況調査を実施してきた。2002年4月調査によれば、47都道府県、12政令指定都市、184市町が、ローカル・アジェンダ21を制定していると報告されている。この場合のローカル・アジェンダ21は、持続的発展が可能な社会の実現をめざし、市民等の参加を経て策定される自治体の「行動計画」を意味し、自治体によっては正式名称にアジェンダ21やローカル・アジェンダ21を付している場合もあるが、概ね自治体の環境基本計画や地球温暖化防止対策地域推進計画、環境保全行動指針等を「ローカル・アジェンダ21」と見なしている。行動プロセスではなく行政計画である点、計画策定のための参加型の取り組みに重点が置かれるため、地域で協議会や推進組織が設立されても、策定後も活発に活動を継続する例が少ない点に大きな特徴がある[5]。

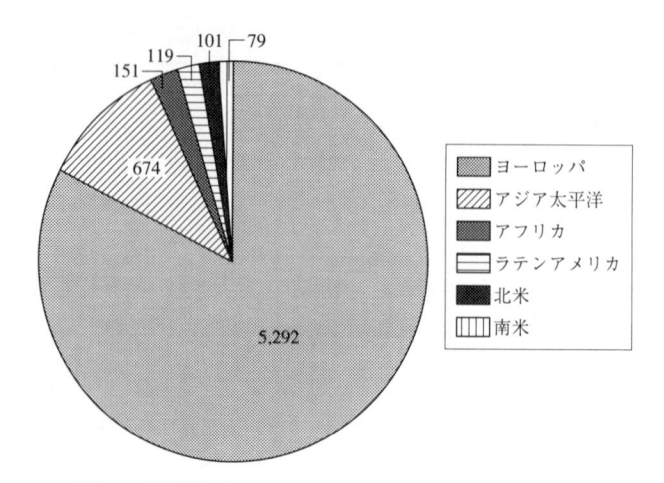

88　第2部　ガバナンスを担う多様な主体

図1　地域別ローカル・アジェンダ21取り組み自治体数

　ローカル・アジェンダ21は、どのような公式文書を出すまでに至ったか。表2は、ローカル・アジェンダ21の取り組みを始めて、公式のビジョンの声明や行動計画の策定、持続的発展政策文書やモニタリング報告書の発行まで達した自治体の割合や、その平均年を示している。また、各々の成果に利害関係者が関わったか否かを問い、関わったと回答した割合と、各文書に、目標や進捗度を把握するための指標が記載されている割合を表している。議会で承認された行動計画を持つ自治体の割合は、1997年調査においては全取り組み数の38％にすぎなかったから、後半5年間に、取り組み数の増加に加えて行動計画の策定が一層進んだことが推定される。

　ローカル・アジェンダ21推進組織の存在と、その参画のレベルは、ローカル・アジェンダ21の質を左右する最も重要な要素である。地域社会の中でこの組織がどれだけ活発な活動を行い、自治体政策に影響を及ぼし、予算と責任を持っているか。国際調査によれば、およそ70％がそのような組織を持っている

表2　ローカル・アジェンダ21の進展

	自治体の割合	議会承認時期	関係者の関与	指標の有無
ビジョン・宣言	52％	1999	83％	52％
行動計画	61％	1999	89％	55％
政策文書	39％	1998	77％	51％
評価報告書	34％	1999	63％	70％

表3 推進組織の存在と参画のレベル

組織の役割	国際調査	日本調査
今は存在していない	27%	34%
意見を述べている	34%	51%
政策決定に関与	21%	8%
活動に責任を持つが予算は管理していない	10%	3%
責任と予算を持つ	9%	4%

表4 ローカル・アジェンダ21の重点的課題

ローカル・アジェンダ21の重点的課題	国際調査	日本調査
環境保全	47%	71%
経済+環境+社会発展の総合政策	37%	17%
経済発展	12%	3%
社会発展	4%	9%

と返答している。日本調査の場合は、意見を表明している割合は国際調査より高いが、推進組織そのものの活動は活発ではないことがうかがわれる。推進組織そのものが独自予算を持って活動したり、政策決定に大きく関与することは少ないとの結果が出た。

ローカル・アジェンダ21推進組織の存在を、先進国と途上国で比べて見ることも興味深い。先進国地域では72%なのに対して、途上国地域では86%が推進組織を設立している。一方自治体が主導的役割を担っている比率は、先進国地域では73%なのに対して、途上国地域では37%と低い。途上国地域においては、自治体の能力は弱く、国際開発援助機関等からの支援を得て、地元の非政府組織が公共サービスを担っている場合が多い。UNDPのキャパシティー21プログラムや、都市環境のためのローカルイニシアティブ（LIFE）プログラム等、ローカル・アジェンダ21を推進し、地域社会の能力開発に重点を置いたプログラムでは、しっかりとしたステークホルダー・グループが結成され、活動を行っている。

表4のデータは、ローカル・アジェンダ21で取り組んでいる重点課題を問うた結果である。持続可能な社会作りのために、環境保全に重点を置いた活動をしているとの回答が最も多い。日本では、環境保全が約7割である。環境、経済、社会の発展に等しく配慮し、総合的に取り組んでいるとした回答がこれに続く。

ローカル・アジェンダ21に関するGNP別の活動内容を比較したのが図2である。GNPのレベルに関わらず、一番多かったのが水資源管理であることが読み取れる。途上国では、先進国に比べて貧困問題、経済開発、能力開発への取り組み事例が際立って多い。ヨーロッパや北米等先進国地域においては、エネルギー問題や土地利用、交通問題、気候変動等に優先的に取り組んでいる傾向が見られた。しかし、ローカル・アジェンダ21は、地域の持続的発展のための優先的課題に取り組むための手法であり、文化の再生、雇用、人権、保健衛生等、環境分野に特化しない様々な取り組みが行われ、また今後これらに取り組むことも可能であることに留意しておく必要がある[6]。

ローカル・アジェンダ21を導入することによって、自治体や地域社会はどのように変わったであろうか。自治体内部での部局間協力や官民パートナーシップ、地域社会との協議や利害関係者間のパートナーシップ、政策立案作業等に、良好なガバナンスへの変化が見られたと報告されている。とりわけ先進国の自治体では、総合的な取り組みの必要性から、部局間協力に前向きの変化があったとする回答が第1位だったことが興味深い。

また廃棄物処理対策の進展等、いくつかの個別政策分野で目に見える成果が報告されているものの、ローカル・アジェンダ21の進展が近年であることを勘案すると、これらの活動成果の集積を測るためには、もう少し時間経過が必要

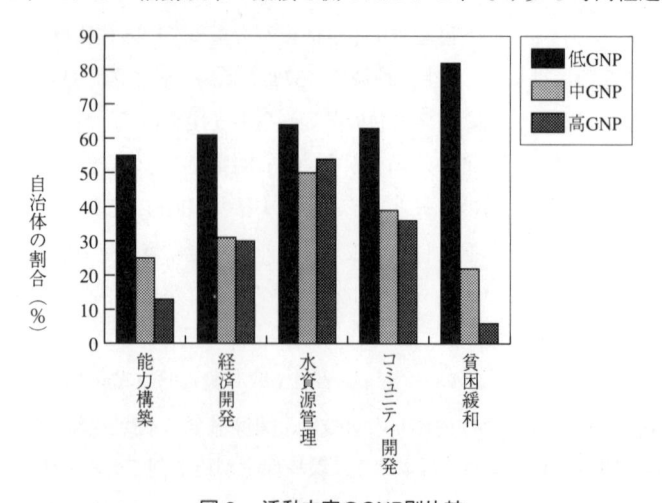

図2 活動内容のGNP別比較

ではないかと思われる。

5 地域の良好なガバナンスに向けての課題

マクロな動向だけでなく、ミクロ的にいくつかの具体的な事例を見ることも、地域社会にとって望ましいガバナンスを考えるうえで重要である。ここでは3つの事例を簡単に紹介しよう。

(1) 水俣市の環境モデル都市づくり

1950年代に顕在化した水俣湾の水銀汚染による水俣病の発生と、その後の公害認定や補償問題は、コミュニティーの崩壊をも引き起こした。1992年から始まった環境モデル都市づくりは、悲惨な体験を教訓にして、自然環境を守り次世代に継承すること、コミュニティーの再生により新たな地域文化を興すこと、環境産業の振興等を、地域の多くの人々の参加により実現しようとするものであった。廃棄物リサイクルや減量のための分別の徹底にとどまらず、女性グループとスーパーマーケットの協力によるプラスチックトレーの削減や、みなまたブランドとして有機無農薬農産物販売に成功する等、水俣市のイメージを一変させ、先進的なモデル都市として成功を収めた事例である[7]。

(2) ジンジャ（ウガンダ）のローカル・アジェンダ21

ジンジャはウガンダ第2の都市である。貧困層の多さ（失業率70%）は、自治体収入の絶対的不足を招き、これは安全な水や衛生等の公共サービスの欠如をもたらしてきた。このためジンジャは、1995年から自然環境保全と公共サービスの向上を目的としたローカル・アジェンダ21活動を開始した。多くの利害関係者、特に女性グループが積極的に参加して、ゴミのコンポスト化による利益の創出や、バイオガス発電による照明や調理用電力への利用等、様々なコミュニティー活動が始まった。これらのプロジェクトは、コミュニティーから選出された運営委員会が実行しており、ローカル・アジェンダ21を通して、市民

のボランタリー精神の喚起や資源の大切さへの意識の向上、コミュニティーの能力向上に成功した事例である[8]。

(3) カルヴィア (スペイン) のローカル・アジェンダ21と観光都市づくり

　カルヴィアは、観光で有名なマジョルカ島の対岸にある人口約3万6,000人の小都市である。1980年代の大規模な観光開発のために、カルヴィアには大リゾートホテルが建設され、夏場の人口は12万人、毎年150万人が訪れる観光地となった。反面、行き過ぎた観光開発は、本来の観光地としての質の低下をもたらすこととなった。観光客の減少や冬場の観光産業の極端な不振は、多くの人々に危機感を抱かせることになった。このため、より快適な生活環境と長期的な観光産業の振興を図るためのローカル・アジェンダ21が、1994年から始まった。専門家チームによる地域の持続可能性の現状調査、長期的なシナリオ作り、市民フォーラムによる検討や行動計画作りが行われ、多くの活動がこの中から始まった。巨大ホテルの取り壊し後の跡地利用や冬季の観光客のためのイベント作り、自転車専用道路の整備等、より自然環境と生活環境に配慮した都市プランが、現在実行に移されている[9]。

　世界各地で広がったこのような地域社会のイニシアティブによる先進的な取り組みは、どのようにすればより拡大させることができるだろうか。地域社会や、その意見の反映としての自治体は、大気や気候、水、土地、森林、多様な生物等の地球共有財を守るべき重要な役割を果たしていることを自覚し、地球規模での相互依存が深まる中で、同じ課題を抱える自治体は、経験と英知を集めて、より積極的な活動を始めるべきときである。

　水の循環等複雑なエコシステムは、1つの地域社会を単位とした自治体のみでは解決できない問題を提起する。他のレベルの政府との協働も、政策効果を高め、全体の制度を変えるために必須である。中央から地方への財政権限の委譲や能力強化も欠かせない。

　持続的な社会づくりには、多くの部門の協働による総合的な取り組みが必要である。縦割り行政組織を改革して、部門横断的かつ統合的な政策決定および実施体制を築く必要がある。さらに所有する各種の資源を効果的に使うために、

指標や明確な目標設定等、評価枠組みを組み込んだ、より高度な環境管理能力が求められる。

　地域社会の参画を進めるためには、積極的な情報公開や責任ある自治体運営が求められるし、一方市民側は行政への過度の依存をやめ、責任を持ちつつ積極的に持続可能な社会形成に関わっていく必要がある。ローカル・アジェンダ21が提案している参加型アプローチは、多くの人々の意識や社会を変えるための時間のかかるプロセスである。今後も各地において継続的に進めなければならない。

　「地域の行動は世界を変えることができる」。ICLEIはこのような信念の下で、国際社会への働きかけを行っている。2年に及んだヨハネスブルグ・サミットに向けた準備プロセスでは、自治体関係者や専門家による地域別国際会議の開催を通した意見のとりまとめ、ローカル・アジェンダ21国際調査や報告書の国連準備会合への提出、さらにヨハネスブルグ・サミットでは、自治体の公式イベントとしての「自治体セッション」を、国連諸機関や他の自治体連合組織とともに開催した。このセッションの目的は、自治体自身が持続的地域社会づくりに向けた意思を強固にすること、そしてこのような自治体の主張を中央政府代表団や国連諸機関に伝え、サミットの合意事項に影響を与えることであった。「自治体セッション」には世界71カ国から自治体リーダー、各国政府要人や国際機関代表等合計600人以上が参加して、メジャー・グループが開催したイベントの中でも最も大きなものの1つとなった。2002年8月26日から30日まで、3日間の討議の結果、「自治体セッション」は「ヨハネスブルグ宣言」と「自治体宣言」を出し、自治体代表が本会議に出席して報告を行った。

　政府代表団への働きかけの結果、政治宣言 (Political Declaration) において、持続的開発のためにすべてのレベルの政府が取り組みを進め、良好なガバナンスに努力することが謳われた。さらに、実行計画 (Plan of Implementation) 第10節「持続的開発のための制度枠組み」の中で、多様な利害関係者の参加や、持続的開発のための制度の整備を、自治体を含む国レベルで促進することや、自治体の役割や能力の強化、ローカル・アジェンダ21への支援や自治体ネットワーク強化が明記された。

6 アジェンダからアクションへ

「アジェンダからアクションへ」。これは、ヨハネスブルグ・サミットを受け、「アジェンダ21」の促進を目指すこれからの10年に向けて、ICLEIが提唱したモットーである。計画作りが進んだ10年間から、いよいよその実行が問われる10年に入った。地域社会は、より一層行動中心志向を強めていくことになろう。

「地球規模で考え、地域で活動する（"Think Globally, Act Locally"）」は、リオ・サミット以来、各地の地域活動を支えてきた。インターネットが急速に普及し、世界各地で様々な情報が交換され、各地での活動に影響を与え始めている。私たちの活動範囲は、10年前とは比較にならないほど広がった。人々の意見や行動は国際的な影響力を持つが（"Act Globally"）、一方においては、周囲の人々をより一層巻き込んでいくために、再度地域社会を考え（"Think Locally"）、持続的な社会づくりへのインセンティブを与え、制度を変えるために地道に努力することもますます必要になってくるであろう。

若い世代、この世代を教育する教育研究機関、そして女性は、地球環境の保全と次世代への継承において、最も重要な役割を演じている。多くの若者が持続的発展への知識を深め、実践的な行動に参加し、地域社会を率いるリーダーに成長していくことを期待する。

注

1) ICLEI, "Local Government Dialogue Paper for the World Summit on Sustainable Development," (December 2001), p. 7.
2) ICLEI『第2回ローカル・アジェンダ21調査報告書』4頁。
3) ICLEI, IDRC, and UNEP, "The Local Agenda 21 Planning Guide - an Introduction to Sustainable Development Planning," 1996.
4) 5年目の調査結果と評価や勧告については、ICLEI『ローカル・アジェンダ21策定状況調査』（1997年10月）、ICLEI『地方自治体のアジェンダ21実施状況』（1997年10月）を参照。10年目の調査結果と自治体のアピールについては、ICLEI, "Second Local Agenda 21 Survey" (January 2002)、邦語訳版『第2回ローカル・アジェンダ21調査報告書』、ICLEI, "Accelerating Sustainable Development: Local Action Moves the World - Local

Government Dialogue Paper" (December 2001) を参照。
5) 環境庁『ローカル・アジェンダ21策定ガイド』(1995年6月)、環境省『ローカル・アジェンダ21策定状況調査結果』(各年版)、ICLEIアジア太平洋事務局日本事務所『日本の自治体のアジェンダ21実施状況調査報告書』(2001年5月)。
6) ICLEI, "Local Governments' Response to Agenda 21: Summary Report of Local Agenda 21 Survey with Regional Focus" (May 2002)、邦語訳版『アジェンダ21に対する自治体の反応：ローカル・アジェンダ21調査報告概要』、およびSonja Klinsky and Judy Walker,「Local Governments Act on Agenda 21 地方公共団体によるアジェンダ21への取り組み」『環境情報科学』31‐2、2002年)を参照。
7) 水俣市企画課「環境と共に生きる生活づくり・みなまた環境保全・配慮型事例集」(2000年3月)。なお関連情報は水俣市ホームページの他、水俣病センター相思社ホームページに詳しい。
8) ICLEI, "Local Strategies for Accelerating Sustainability Case Studies of Local Government success" (May 2002); ICLEI, "Case study 63 Jinja Incentive Grants Project."
9) ICLEI, "Case study 53 Municipality of Calvia, Spain Sustainable Tourism through Local Agenda 21 Planning"；邦語訳版『ローカル・アジェンダ21の策定作業を通じた持続可能な観光産業の育成：Calvia市（スペイン）』を参照。

参考文献

United Nations HABITAT, *The State of the World's Cities 2001*. UN, 2001.
ソニア・クリンスキー、ジュディ・ウォーカー「地方公共団体によるアジェンダ21への取り組み」『環境情報科学』31－2（2002年)、36～44頁。

参考URL

国際環境自治体協議会（ICLEI）　http://www.iclei.org
水俣市　http://www.minamatacity.jp
水俣病センター相思社　http://www.fsinet.or.jp/~soshisha

研究課題

（1）リオ・サミットでは、なぜローカル・アジェンダ21が重要であると考えられたのか。
（2）ローカル・アジェンダ21の進捗状況の違いを決めている要因は何であると考えられるか。
（3）ヨハネスブルグ・サミットで採択された「実施計画」を推進するために、地方自治体はどのような取り組みをすべきであると考えられるか。

第5章　産業界によるガバナンス
―― ISO 14001を中心に ――

楢崎　建志

| 1　環境マネジメント・システムとは

「ガバナンス」という英語の言葉は通常、統治、支配、管理などといった意味に解されるが、「環境ガバナンス」という語句については必ずしも統一された解釈があるわけではない。一般に「企業統治（コーポレート・ガバナンス）」という用語は、経営者が経営資源を有効に利用し、適正な投資をするように企業活動における効率性を維持する仕組みを意味する。これにならえば、マルチステークホルダーの1つである産業界にとっての「環境ガバナンス」とは、産業界が経営資源を有効に利用し、適正な投資をするように企業の環境効率を維持する仕組みであると言えよう（シュミットハイニー他1992, 117頁）[1]。具体的には「産業界が環境問題に取り組み、よりよい環境、経済、社会生活を確立するためのマネジメントの仕組みと実践とを維持すること」と捉えておく。

ISO 14001は「環境マネジメント・システム」として、環境ガバナンスを実践するために国際的合意の得られた「経営の仕組み（マネジメント・システム）」の規格である。ISO 14001の認証を得ることによって産業界がどのように「環境ガバナンス」を実現していくべきなのか。本章では、ISO 14001シリーズが1990年の「持続可能な発展のための経済人会議」（BCSD）結成後、1991年4月の初会合から1992年6月のリオ・サミット（いわゆる地球サミット）への提言を経て作られてきた経緯を解説し、ISO 14001の認証取得とは何なのかを考える[2]。また、世界一の認証件数を誇る日本のISO 14001の現状と問題点とを指摘し産業界におけるガバナンスの行方について論ずる。

第5章　産業界によるガバナンス──ISO 14001を中心に──　　97

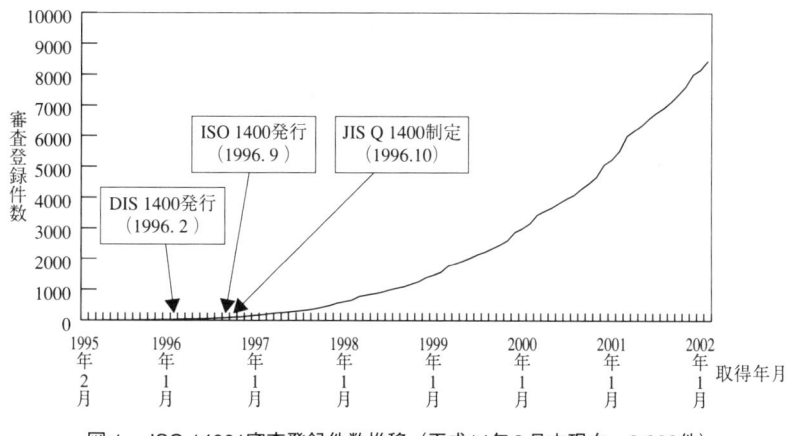

図1　ISO 14001審査登録件数推移（平成14年3月末現在　8,893件）
（財）日本規格協会（環境管理規格審議委員会事務局）調べ

2　ISO 14001はどのような経緯でできたのか

　ISO 14001の認証取得とは国際規格であるISO 14001のシステム要求事項を満たした経営システムを持っているかどうかを第3者審査機関が審査し、適合していれば適合事業所として登録する仕組みである。世界で認証取得数第1位を誇る日本だが、本当に日本の企業はISO 14001の目指したものを理解してシステム構築に取り組んでいるのだろうか。その現状を評価するために、まずISO 14001ができてきた経緯について認識しておきたい。

　ISOという規格はスイスに本部を置く国際標準化機構（ISO）が作成した規格である。この機関の英文名称は、International Organization for Standardizationなので、本来ならばIOSと略称すべきであるが、ギリシア語で"isos"という言葉が「均等の」という意味を持っていることもあって、ISOと呼ばれている。ISOに加盟している国は、この国際規格を自国の規格に直して発行することになっている。日本では、JIS Q 14001という規格がISO 14001を翻訳して発行されている。

　ISO 14001が作られることになったきっかけは、BCSDが国連環境開発会議に提出した報告書であるが、その報告書も日本語版『チェンジング・コース』が絶版になっているために情報が少ないが、日本工業規格（Japanese Industrial

Standards: JIS）を審議している日本工業標準調査会のホームページに以下のような説明がある[3]。

　地球環境問題に対する国際的な解決策を議論するために、1992年6月"地球サミット"（国連環境開発会議UNCED：United Nations Conference on Environment and Development）が開催されました。

　この地球サミットをビジネス界として成功させるために、世界のビジネスリーダー50名（日本からは、京セラ会長、王子製紙会長、日産自動車会長、新日鉄会長、三菱コーポレーション会長、東ソー会長、経済同友会メンバーの7名）からなる「持続的発展のための産業界会議」（BCSD: Business Council for Sustainable Development）が創設されました。

　BCSDが"持続的発展"の諸局面について分析を行っていく過程において、環境マネジメントの国際規格化の考え方が出てきたため、諮問グループを設けて検討した結果、次の結論が得られました。

・ビジネスにおける持続性のある技術（Sustainable technologies）の導入、推進のため、環境の国際規格は重要な手段となり得る。
・ISOはこの計画を実施するための適切な機関である。
・製品・サービスのライフサイクル分析に何らかの規格作業が必要である。

　このため、BCSDはISOに対して環境に関しての国際標準化に取り組むよう依頼を行いました。

　これを受け、ISOは環境に関する標準化の課題について検討するため、IECと共同でアドホックグループ「環境に関する戦略諮問グループ」（ISO/IEC/SAGE: Strategic Advisory Group on Environment）を1991年9月に設立しました。

　SAGEの委任事項は、次のとおりです。
・持続可能な産業発展の概念において具体化されるキーエレメントの世界的運用を促進するために、将来の国際規格作業のニーズを発掘すること。
・環境パフォーマンス／環境マネジメントの標準化に関する全体的なISO／IEC戦略的計画を勧告すること。
・ISO理事会及びIEC総会に対し、その勧告について報告を行うこと。

第5章　産業界によるガバナンス——ISO 14001を中心に——　99

　ISO理事会は、SAGEからの報告を受け、1993年2月、環境マネジメント専門委員会［TC207（Technical Committee）］の新設を決定しました。

　問題の鍵はこの中に書かれている「ビジネスにおける持続性のある技術の導入、推進のため、環境の国際規格は重要な手段となり得る」という一文である。
　リオ・サミットを成功させるために国連から依頼を受けたスイスの実業家シュミットハイニー（Stephan Schmidheiny, 1947- ）は経済界に呼びかけてBCSDを組織し、様々な検討を加えた結果、「ISOという機関に環境に関する国際標準作成に取り組むよう依頼するのが適切である」との報告を国連に提出したわけであるが、その提言書とでもいうべき『チェンジング・コース』という本には次のように書かれている。

　1960年代末から1970年代初頭にかけて起きた環境問題の最初の大きな波では、問題の多くは地域的なもの、つまり個々の排水口や煙突の問題であると思われた。これらの汚染源を規制する事がその解決策であるように思われていた。1980年代に環境が政治問題として再浮上してきた時、主要な関心事は酸性雨、オゾン層の減少、地球温暖化など国際的なものになっていた。研究者たちはその原因を排水口や煙突にではなく、人間活動の本質に求めた（シュミットハイニー他1992, 8頁）

　BCSDが強く働きかけた結果、環境に関する戦略諮問グループSAGE（Strategic Advisory Group on the Environment）という機関がISO（国際標準化機構）の手によって新たに設立された。SAGEは国際間での共通規格の概念を、製品の品質から一歩踏み込んで、環境効率という点にまで広げることを目的としている。これにより、環境アセスメント、ライフサイクル分析、環境監査、環境ラベルといった分野の国際的基準が定められることになる。SAGEのこのような動きに対しては経済界からの支援も幅広く寄せられている（シュミットハイニー他1992, 114頁）。

　すなわち、ISO 14001という規格は、従来の公害防止、すなわち排水口の出口

を管理するための規格ではなく、資源を利用し生産を拡大してきた中で、大量の廃棄物を生み出してきた現在の人間活動の本質的な部分を改めて、環境効率の高い生産活動を行うために、その後に作られていく様々な規格（ISO 14000シリーズ）を統合的にマネージする環境マネジメント・システム規格であり、ISO 14001それ自体が単独で存在するものではないことの理解が必要であろう。

　ISO 14001を利用して構築すべき環境マネジメント・システムの中身は、単なるエンド・オブ・パイプ管理の一種である「紙・ゴミ・電気」の問題だけではない[4]。原材料の代替、クリーンな技術、クリーンな製品を通じて環境汚染の発生を防ぎながらより高い効率を達成する計画、そして資源の効率的な利用と回収に努める「環境効率的」と呼ぶにふさわしい企業目的を立てる必要がある。

　ISO 14001という規格はこのような世界的なビジネスリーダーの強い産業界による環境ガバナンス実現を目指して作られるはずであった。残念なことに、システム規格という外形的なことに多くの議論が使われたのではないか。先行するISO 9000シリーズ（品質システム規格）との考え方の基本的な違いが明確には実現しなかったように思える。規格作成にあたった人々の間では環境ガバナンスという理解があったとしても、少なくとも現状を見る限り日本には正確には伝わっていない。

3　製品規格からシステム規格、マネジメント・システム規格へ

　品質システムの規格ISO 9000シリーズは、品質保証という面から顧客を対象に作られた規格である。すなわち、顧客要求事項に適合する製品を設計し、供給する「供給者」としての能力を保証するシステム規格であった。従来、ISOで作成される規格のほとんどは製品規格であった。ISOネジなど、もともとは各国の規格が国際規格に統一された。カメラ・フィルムの感度についても、アメリカ標準であったASA100などが、ISO 100というように表示されるようになった。国際統一規格の利便性は、例えば流通革命に見られる。コンテナのサイ

ズがISO規格として統一されると、広く世界でそのままコンテナをトラックや貨物列車に積載することができる。港湾まで運べば、埠頭でもそのまま船舶に載せられる。外国に到着しても、いちいち開梱や荷作りをせずに目的地まで効率よく運ぶことができるのである。

　このような製品規格がやがてシステム規格やマネジメント・システム規格へと進化していくのであるが、「認証の対象となるシステム規格」という考え方には「自国の規格を国際標準規格として認めさせる」というイギリスの戦略的思考もあった。これに日本は追いつかなかった。日本は「品質王国」となり、均一のものを作るという点については優れていたのであるが、「品質＝良いものを作る」と言う概念から離れなかったために、「良いものを作るための仕組み（経営システム）」が「規格」として国際的な商取引の条件として機能することに気づくのが遅れたと言えよう。日本がそれに気づいて品質システム規格ISO 9001の本格的な認証取得が始まったのは、規格が発行されてから実に5〜6年後のことになった。

　環境の場合には、さらに「システム規格」から「マネジメント・システム規格」へと発展した。日本では電機業界を主とする輸出産業が、グローバルなマーケットでのビジネス展開において、こうした新しい国際規格への対応が不可欠のものとなったことと、ISO 9000シリーズの認証取得が遅れたためにその二の舞を踏むまいとISO 14001の認証取得を急ごうとした背景がある（図2を参照）。

　このことは功罪半ばするものがあるが、ISO 14001が発行された背景が十分に理解されていなかったことの弊害の方がむしろ大きい。例えば、当初、ISO 14001の規格要求事項にある環境側面が「組織が直接管理できるもの、および（and）影響力の行使が期待できる活動、製品またはサービス」という幅広い製品、サービスの環境側面を含んでいることを理解しなかった。JISではこれを「組織が管理でき、かつ（and）影響が生じると思われる」と翻訳してしまったことも影響している。Andという英語は、日本語の「かつ」に一意対応しているわけではない。この場合は、Ladies and gentlemenという表現で使われるandと同様に、「および」と訳すべきだったのであるが、「かつ」と訳してしまったために、多くの企業の取り組みが、取引先への影響力行使という幅広い活動を取り入れず、組織の内部だけに限定してしまったのである。

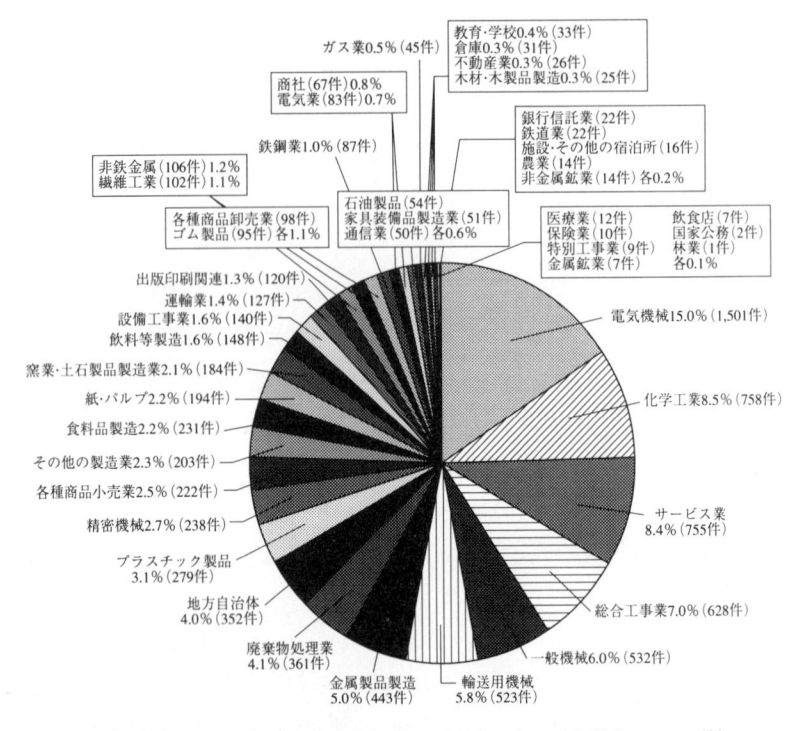

102　第2部　ガバナンスを担う多様な主体

図2　業種別ISO 14001審査登録状況（平成14年3月末現在　8,893件）
（財）日本規格協会（環境管理規格審議委員会事務局）調べ　日本標準産業分類による分類

　したがって、ほとんどの組織のシステムは、管理可能で、かつ影響が生じると思われるものとして「排水口の出口、煙突の出口」といったいわゆるエンド・オブ・パイプの管理—大気、水質といった日本での典型7公害の管理—に集中している。今でこそ製品面での環境配慮、ライフサイクル全体へと環境活動の取り組みの広がりを見せつつあるが、先行グループの認証取得の様子を見て取り組んだ組織にはまだまだ「公害防止」や「紙・ゴミ・電気」の域を出ないものが圧倒的である。

　さらに、マネジメント・システムに対する審査（日本では第3者認証環境監査のことを特に審査と呼んでいる）の技術が、大きな転機を迎えた共通規格の概念の変化、システム規格とプロダクト規格の違いについていけなかったという事情もある。そのため、システムの審査というよりは文書の記述や、文書の

管理といった面に力点が置かれ、特に中小企業にとって負担となる現象が生じてきている。「文書に規格の要求事項が書いてある、書いていない」という低レベルなものや、法律のリストがある、ないというおよそISO 14001の規格が目指したものとは異なる審査がなされたために、ISO 14001認証取得後「環境ガバナンス」とはほど遠い現象が生じてしまった。

電機業界が業界としての審査機関を作ったことも一面では災いしている。今や日本は「業界」別に審査機関ができ、閉鎖的な審査が行われるようになってしまった。

自治体の取り組みも同様である。ごく少数の自治体を除いては「照明用の電気を消す」「空調の温度を制限する」「パソコンのスイッチを切る」「ゴミの分別をする」「アイドリングストップ」などにとどまっているものが多い。もちろんこれらは、自治体も1つの事業者として自らの活動を律するという意味では不可欠のものではあるが、よりよい環境、経済、社会生活を確立するためのマネジメントの仕組み（ガバナンス）の構築と実践という観点からは十分とはいえない。

さらに、日本の特徴かもしれないが、中小企業にとって負担となるならば「簡易型」はどうかということで京都版のような別のシステムができ上がるようになる。これは明らかな誤解に基づくものであると筆者は考えるのであるが、認証取得のために満たすべきISO 14001の要求事項は決して難しい、複雑な作業を要求しているものではない。簡易版という1つの試行錯誤を経て産業界によるガバナンスが実現していけばそれはそれで意味があるかもしれないが、ISO認証の日本の特徴を見ていると、ISOの環境マネジメント規格作成の理念や目的が十分に理解されていないことがうかがえる。

日本におけるISO 9001の認証取得件数が2000件に達するのは、この国際規格ができてから10年後だったわけであるが、ISO 14001の場合は、わずか3年間で2000件に達した。これは、ISO 9001に乗り遅れた電機業界を中心とする日本企業が過剰反応を起こしたようにさえ見える。また、月別認証取得件数の動向を見ると、毎年3月と12月に認証取得が増えていることが分かる。このような傾向は日本独特の傾向で、期末や年末までに「認証取得」の実績を示すことを優先させていることの表れではないだろうか。

4 ISO 14001の取り組みは機能しているか

　ISO 14001の取り組みは、現状では実はあまりうまくいっていないと見るのが妥当であろう。この原因には大きく分けて2つある。

　1つは、ISO 14001は最高経営者が本気で取り組むべきものであるが、ほとんどの組織、特に大企業はそうなっていないことである。BCSD宣言にあるように、「持続可能な開発のビジョンを実現するためには、トップの強いリーダーシップ、組織を挙げてのたゆまぬ取り組み、持続可能な開発への挑戦をビジネス機会に変える能力が必要である」のだが、認証取得をした企業において、マネジメント規格というISO 14001の大きな特徴が生かされていない組織が多い。認証件数は多いがそれは「工場単位」「支店単位」といった取り方で「企業としての組織」として認証取得したものは非常に少ない。したがってISO 14001の認証取得のために作った膨大な文書が経営に生かされていないのである。ひどいところになると、認証取得のために働いた職員が、認証取得が済むと「認証のノウハウをつかんだ」から「コンサルタントでもやれ」とリストラされている会社さえある。そして認証取得のノウハウを取得したことにより、コンサルタント・ビジネスや、ソフトウエア・ビジネスといった「新規事業」が生まれたなどと言っている企業も多い。そのようなノウハウをつかんだ人材をなぜその企業の経営に使わないのだろうか。

　もう1つは、いわゆる認証機関の審査員の能力である。環境マネジメント・システムという内容が製品、サービスにおける環境効率という点にまで及んでくると、単に化学・廃棄物といったいわゆる「技術屋」の経験、知識だけでは不足である。ISO 14001がなぜ作られなければならなかったのか、それは何を産業界に要求しているかの基本的な理解が必要である。ここには経営としてのシステムをどのように審査していくかの能力が問われる。

　BCSDが提言としてまとめた『チェンジング・コース』は世界20カ国語に翻訳され、欧米諸国では環境の大学院の教科書として使われ、ビジネスマンや研究者の間ではバイブルのように読まれていると聞く。しかし、世界でISO 14001認証取得がダントツと言って自画自賛している日本の「ISO業界」だが、日本

語訳された『チェンジング・コース』は世界に先駆けて絶版になってしまっている。こうした基本的な勉強は誰もしない。『チェンジング・コース』の続編としてISO 14001発行直前に出版されたWBCSDによる『金融市場と地球環境』には以下のような記述がある。

　企業が「認証」という「バッジ」を得ることを目指して活動し、いったん「バッジ」をもらったなら環境効率的な改善と革新をしなくなってしまうことが大いに心配されている（シュミットハイニー他 1997, 207頁）。

　ブランド志向は終わった。いまや焦点は企業の選別に移っている。すなわち周囲に流されて環境というバスに飛び乗った企業ではなく、この流れを自ら作り出している企業を選別する方向に決定的に変化した（シュミットハイニー他 1997, 97頁）。

　日本でのISO認証取得に関連する記事などには「UKAS」のマークがついていることを誇らしげに宣伝している企業や審査機関がある[5]。しかし、本来システムは組織が開発するもので、ISOの要求事項を満たしているかどうかはどこの審査登録機関に審査を依頼しても同じはずであるのだが、マークに頼ろうとする企業人の意識の低さは否めない。

5　ガバナンスを阻害する要因を取り除くにはどうするか

　世界中の共通事項かもしれないが、特に日本においては「マネジメント・システム規格」の本質を企業人も審査員もよく理解する必要がある。「品質システム規格」ISO 9000シリーズも2000年版として「品質マネジメント・システム規格」に改定された。「品質システム規格」から「品質マネジメント・システム規格」へと変貌を遂げたISO 9001は、その序文に「この規格の表題は変更され、もはや品質保証という言葉を含んではいない」と書かれている。ISO 14001が人

間活動の本質に立ち返り検討されたのと同様に、品質マネジメント・システム規格であるISO 9001も単なる品質保証のための規格ではなく、品質を管理するという根本的な考え方は製品やサービスを事業に携わる人がその活動の様々な過程（プロセス）においてP－D－C－Aというサイクルを誠実に回していくかのマネジメントに関する規格であって、どのようにすべきかは組織にゆだねられている。いまだにその意義や違いを理解したシステムを構築する能力を持った企業人や、その意義や違いを理解した審査ができない審査員が多い。

「マネジメント・システム規格」は環境ガバナンスという言葉に代表されるように一種の「企業統治」の規格であると言ってもよいだろう。環境・品質・安全を含み、企業が潜在するリスクを回避し、社会の一員として法を遵守し、他のステークホルダー（利害関係者）すなわち社会の要求を満たしていく、そのために、よりよい環境、経済、社会生活を確立するための管理の仕組みを構築し、実践していくにはどうするか、まさに企業としての戦略が要求されるのである。

ガバナンスを阻害する要因を取り除くには、経営者が時代の要求に敏感に対応することが重要である。「ある日突然に変化する社会的要求」に的確に対応できることこそが、まさに「チェンジング・コース」の意味することなのである。環境マネジメント・システム構築に携わった人々が自分の組織のためにどれだけ有用なノウハウをつかんでいることか。そうしたノウハウをお門違いの「新規事業」等と考えて自分の組織の本来の業務の継続的改善に使えないなら、グローバル・スタンダードに適した経営者とは言えないと考えるがどうであろうか。

ISO 14001の認証取得はそれ自身が目的ではない。また、目先の利益追求の一環としてグリーン調達などのためにISO 14001の認証取得といった表面的なことを条件とするのでもなく、汚染の予防や継続的改善のために、組織が利用する製品やサービスをしっかりと判定する仕組みが必要である[6]。例えば、公共事業への企業の参加にあたり、「認証取得」を条件とするだけではなく次のような要件を満たすことを要求する必要があると筆者は考える。

① 当該事業の製品やサービスの環境効率を上げる提案書を提出させる。
② 環境マネジメント・システムの中で取り組んでいる継続改善の実績を評

価する。
③ 法遵守のためにどのような仕組みを持っているかを報告させる。

　公共事業自体の計画も大切である。ISO 14001取得をした自治体がISO 14001取得をした業者に同じところを何回も掘り返させるような工事を発注するような現状ではガバナンスからはほど遠い。
　ヨハネスブルグ・サミットでは、日本は循環型社会の形成を訴えたが、法規制によらず独自に製品の回収システムを持つ企業は極めて少ない。
　ISO 14001に先端的に取り組んだとされる電機業界でさえ「家電リサイクル法」のような法律によって規制されなければ自発的には製品回収が行われなかった。今パソコンをはじめ多くの電気機器の性能寿命は非常に短いが、消費者であるわれわれにはそれを長く使えるようにしていく仕組みが提供されていない。事実筆者が2〜3年前に購入したパソコンはメモリーが32メガバイトである。最近のオペレーティングシステムを搭載することはできるが処理速度が遅いのでメモリーを増設しようとしたが、メーカーの返事は「そのメモリーはもう作っていない」というだけで「どうしたら捨てないで使えるようになる」という情報提供さえない。新品に近いが性能上使えない機械が家中に多く存在していて、それを有効利用する修理・回収のシステムさえないのが現状である。
　「ビジネスにおける持続性のある技術の導入、推進のため、環境の国際規格は重要な手段となり得る」という期待をもって作られたISO 14001は単にサイエンス・テクノロジー（科学技術）だけでなくソシアル・テクノロジー（社会技術）の開発・導入・推進をも含んでいる。いくらゴミを分別してもそれを有効に処理する社会システムがなければ、再び混ぜ合わせられて焼却されるか、埋め立てられてしまう。リサイクルの社会システムがなければいくら分別しても結果は捨てられてしまうのである。
　できる限り環境に負荷を与えない社会システムの構築こそが企業が目指すべき環境ガバナンスの行方である。そのためには企業・公的機関・学界・一般住民を含んだ幅広い活動が行わなければならない。ISO 14001を認証取得したという自治体でも、ゴミの回収は旧態依然といった状態である。ゴミステーションにはカラスが群がり自治体は「カラスを何千羽か捕まえた」といったことしか

やっていない。

　以上のように、環境に優しい社会システム構築が必要だが、それだけでは十分ではない。企業には利益の追求という大きな目的があるので、環境ガバナンスの阻害要因を取り除くには、環境と経済的なメリットとの両立を社会システムと経済システムの双方から開発する必要がある。もはや環境と経済はトレードオフ（両立しない）の関係にあるという考えをも捨て去るべき時代がきている。BCSDが提起した「環境効率」を上げ、持続可能な発展のために何ができるか、そのような社会制度を作るべきかを真剣に考えるときがきている。

6　社会システムと経済システム

　社会システムと経済システムには密接な関連がある。2002年現在消費税の税率改定が話題に上っているが、仮に消費税率が10％になった場合、再利用される商品、リサイクル品など循環型の性格を持つ商品には消費税を課さないなどの方法も真剣に考えるべきであろう。例えば、古紙含有率70％なら消費税3％といったようにすれば、税収入が減っても税金で処理しなければならない環境修復コストが下がる。さらに販売面での競争力がついてくるので企業はそういった商品開発に真剣に取り組むであろう。阻害要因は研究開発の努力、経営の努力が報われないところからくる。

　炭素税のように外部不経済を市場経済に内部化するための課税という方法を取ることも考えられている。これは資源の有効利用という意味では効果があるだろうが一方、個々の企業に排出権取引を認めることも検討されている。しかし排出権取引は環境全体の改善や環境悪化の緩和につながらない恐れがある。企業活動にはコストと利益との兼ね合いというものがあって、極論すればいくらコストが高くても競争に勝てれば利益は得られる。つまり、排出権はある一定の環境負荷を奪い合うものであるとすればどんなに努力する企業が出ても環境全体としては改善されないという結果を招く。

　これらの問題を克服するためには、環境パフォーマンスの改善という手段を

明確にすることが最適な方法であろう。ISO 14001という規格は、それ自身が単独で存在するものではなく、環境効率の高い生産活動を行うために、その後に作られていく様々な規格（ISO 14000シリーズ）を統合的にマネージする環境マネジメント・システム規格であることの理解が必要であることは先に述べたとおりである。ISO 14001はパフォーマンスの規格ではないから、それを補完するものとして何らかの審査が必要であるとの意見がある。しかし、本来ならばISO 14001の本質的な要求事項はそもそも環境パフォーマンスを効果的に改善するためのシステムを向上させるプロセスを持つことであるから同じISO 14000シリーズとして発行されているISO 14031などのパフォーマンス規格をマネージするようにできているかどうかを審査する必要がある[7]。現在の審査の仕組みではそうはなっていないことは明らかであるが、ISO 14001はパフォーマンスの絶対的要求事項を含んではいないだけであって組織が設定するパフォーマンスの審査は行うべきであるというのが筆者の考えである。

　パフォーマンスが改善されたことが認められた企業には、もしパフォーマンスが改善されなかったならばそれを修復するために必要な公的資金（税金）を軽減するという方法を併用することが現時点では阻害要因を解消する最も有効な手段であると思われる。そのためには対象となる環境への負荷要因となる基準（例えば、廃棄物の排出量）を決定する必要がある。その負荷要因を改善することができた企業には、もしも改善されなかった場合にその対策として必要であったと思われる公的資金（税金）を減税する、という仕組みを合理的に開発することである。廃棄物の排出量を例に、議論を整理してみよう。

　廃棄物の排出量を削減する必要があるのは常識的に考えて自明の理である。この場合いく通りか方法がある。

　まず、ある廃棄物の排出基準を合理的に決定する。この手法の開発が必要であることはいうまでもない。ISO 14001が絶対的要求事項を含んでいないので何らかの、できれば法的規制ではなく、基準を企業が自発的に作ること（申告課税）が望ましい。

　その基準が「「X」社がAt、「Y」社がBt」であって、企業「X」が(A＋100)tを、企業「Y」は(B－50)tを排出したとする。

① （A＋100)tを排出した企業「X」には100t分が課税される。「Y」は課税されないが努力には見返りがない。（環境中には「X」「Y」合わせると50tが余計に排出されている）
② 企業「X」は企業「Y」から50t分の排出権を買い取る。「Y」は50t分の恩恵に浴するかもしれないが、買い取ってもらえない場合には恩恵はない。「X」は（A＋100)tを排出し100t分が課税されるか、50t分の課税と50t分の権利を「Y」に支払う（環境中には50tが余計に排出されていることに変わりはない）（排出権の価格と課税価格のバランスにもよるが、「X」は実質的には負担は変わらないかもしれない）
③ 企業「X」には100t分を課税し、「Y」には50t分を減税する。（環境中には50tが余計に排出されていることに変わりはない）

　上記①の場合、公的機関は排出の基準より多い50t分の処理をしなければならないから課税分はその費用として使われ、その過程で外部不経済が発生するかもしれない。②の場合は排出の基準は変化しないので改善はなされない。③の場合は50t分の一般からの税金を使用しなければならないが「Y」にはインセンティブは与えられる。
　いずれの方法をとっても環境負荷の緩和につながるためには、企業「X」の排出が基準排出量Aより少なくなるようにしなければ意味がない。ということは、パフォーマンスを改善した会社には、もしそうでなかったら誰かが（税金を含めて）支払わなければならなかったコストを減税という形で還元する方法がよい。環境問題の解決をBCSDが「排水口や煙突にではなく、人間活動の本質に求めた」のは正しい方向ではあるが、企業という立場にたった場合の人間活動の本質から見れば何らかの経済的な見返り（罰則ではなく）が必要である。本来考えるべき「人間活動の本質」は多くの利害関係者の判断に待たなければならないだろう。企業の命運は昨今の様々な不祥事で企業が市場から消えていっている事実を見るにつけ、市場という利害関係者に握られている。このことをどのように利用するかである。そのためにはパフォーマンス改善を公表していくことにより、利害関係者の信頼を得る仕組みをISO 14001のシステムに基づいて作ることである。

将来はISO 14001の認証に「加えて」環境パフォーマンスの報告を義務づけることも考えるべきである。「加えて」と書いたが、ISO 14001の序文で「2つの組織が、同様な活動を実施してはいるが異なる環境パフォーマンスを示す場合であっても、共にその要求事項を満たすことがあり得る」と述べている。これは、本来パフォーマンスを審査することが期待されているということを強調したいからと筆者が理解するのは間違いであろうか。

　システムとパフォーマンスの両方を審査できる審査員の養成は容易ではない。しかし、ISO 14001のシステム審査員を登録してきたときのように、甘い基準ではなくしっかりした専門家を登録する基準を産業界の力で（官庁によってではなく）作り上げていかなければならない。正しいパフォーマンスの報告が公開されれば、多くの利害関係者が公正に判断する機会が増えるであろう。

　もはや企業は規制によって生き延びるものではなく、規制によって滅びるものでもない。消費者というマーケットに無関心な企業は、市場から撤退させられることは前述したように、昨今の企業不祥事の事例が示すとおりである。産業界によるガバナンス成功の鍵は、ISO 14001が意識している利害関係者すなわちマーケットによる監視を常に意識し、常識的な企業人の育成を怠らないことにある。

　「いかにすぐれた制度をこしらえても、それで人間を救えるわけではない」と述べたスマイルズ (Samuel Smiles, 1812-1904) の言葉を借りるならば、ISOの認証制度という優れた制度を作っても、それで企業や環境が救えるわけではない（スマイルズ1985, 12頁）。企業の価値や力は、制度ではなく、企業人の質によって決定されるということになるだろうか。

7　おわりに

　ISO 14001の認証取得はこれからも増えていくであろう。企業が自主的に環境問題（環境効率、すなわち環境効率を上げないと企業利益は減少することを考えた経営）に取り組むことが必要であるが、そのための社会システムの開発が

必須要件であることを本章では提起した。現状では、当初の「ISO 14001の認証取得によって差別化をねらう」考え方は通用しなくなっている。認証取得という手段よりも、少なくとも何らかの「環境を含めたマネジメント・システム」を持っていないことが逆に差別化されるようになっている。

実は環境ガバナンスを阻害する要因は、ISO 14001の認証に関わるすべての組織にたずさわる人や機関——企業、官公庁といったシステムを構築すべき行政官やその機関、コンサルタント、審査登録機関、認定機関、ISOのTC207委員会などの委員、学者、ジャーナリスト、一般市民を含む利害関係者——の中にある。

例えば、それは『チェンジング・コース』が「その原因を排水口や煙突にではなく、人間活動の本質に求めた」と言っているように、ISO 14001の認証取得を実のあるものにするという1つの側面だけをとっても、人間活動の本質が問われている。

そのためにはISO 14001の規格の要求事項をこの考え方に沿って解釈しなければならない。例えば、環境目標を設定するときには、「法的要求事項」「著しい側面」「技術上の選択肢」「財政上、運用上及び事業上の要求事項」「利害関係者の見解」に配慮するよう求めている。多くの「すべての組織にたずさわる人たち」は「これらに配慮して無理なことはしなくていいのですよ」と教えてしまう。「これらに配慮して何かしなければならないと考えませんか」という人間活動の本質を見直すことから始めなければならない。「できない」「無理だ」「皆がやっていない」という人間の弱さ（本質）が阻害要因となっている。短期的には利益は期待できないかもしれないが、企業が長期的な観点から環境問題に取り組めば必ずや差別化戦略として機能するであろう。

ISOが依拠するシステム思考は、失敗の原因を3つに分けて考えている。人間によるヒューマン・エラーと、仕組みや制度としてのシステム・エラーと、機械の故障などハードウェアのエラーである。個人が過ちを犯したとき、あるいはハードウェアが故障したとき、いつもそれらをチェックするためのシステムが適切であったのかどうかに立ち返って考えるのがシステム思考なのである。

「なぜ、どのようにISO 14000シリーズが成立・拡大し、どのようなプラス効果あるいはマイナス効果を起こしているのか」について考察してきたが、実際の審査に携わってみると、最近では中小企業の多くの経営者がISO 14001に関心

を持っている。その多くの経営者は環境問題を1つの社会的要求と捉えて、企業経営には社会的要求にいかに敏速に応えるか、そのためのシステムとは何かが真剣に模索されている。

　ISO 14001を先行認証取得した大企業でさえ（むしろ大企業だからと言ったほうがよいかもしれないが）、内部監査のあり方を含めまだまだ模索中のところが多い。大きな企業にいる人、審査員を含めて権力的な立場にいる人達がISO 14001の作成契機となった先進的な経営者の「経営意図」を理解し、ISO 14001の規格を「本来在るべき経営の姿勢＝人間活動の本質」に求めて解釈し適用していくことができれば、環境ガバナンスの阻害要因は徐々になくなっていくであろう。

注
1) 環境効率（eco-efficiency）とは、環境（ecology）と経済（economy）の両面で効率的であることを意味する。後述のBCSDの造語であるが、簡単には最終生産量に対する資源投入量と廃棄物排出量の比率と定義されている。
2) BCSDは、1990年スイスの実業家ステファン・シュミットハイニー氏の呼びかけで世界27カ国から48人の経済人を集めて設立された。BCSDは、のちに「持続可能な発展のための世界経済人会議」（WBCSD）となり現在に至る。
3) 日本工業標準調査会（経済産業省産業技術環境局基準認証ユニット）ホームページ http://www.jisc.go.jp/mss/ems-cir.htmlより。2002年9月2日現在。IEC（国際電気標準会議）は、電気分野における国際標準化機関である。
4) 現在の多くのISO 14001の認証取得企業がその目的・目標に掲げている項目はコピー用紙の節減、廃棄物の分別、電気などのエネルギーの節約にとどまっている。
5) ISOは審査登録機関（組織に対してISOの要求事項に適合しているかどうかを審査する機関）を認定するために各国に1つの認定機関を置くことになっており、審査登録証には多くの場合認定機関と審査登録機関のマークがついている。UKAS（United Kingdom Accreditation Service）は、イギリスの認定機関である。
6) グリーン調達とは、供給者や請負者に組織として影響力を行使し、環境に負荷を与えない製品・サービスを利用することで、日本でもいわゆるグリーン調達法が制定されている。
7) ISO 14031は、パフォーマンス指標の選定や、パフォーマンス評価の方法がガイドラインとして書かれている。

参考文献

シュミットハイニー，ステファン他『チェンジング・コース』ダイヤモンド社、1992年。（原著は、Stephan Schmidheiny et al., *Changing Course.* Cambridge, MA: MIT Press, 1992.）

————. 『金融市場と地球環境』ダイヤモンド社、1997年。（原著は、Stephan Schmidheiny et al., *Financing Change* (Cambridge, MA.: MIT Press, 1996.)

スマイルズ、サミュエル『自助論』三笠書房、1985年。（原著は、Samuel Smiles, *Self-Help*, 1859.）

楢崎建志『環境管理・監査』ディー・オー・エム、1995年。

参考URL

国際標準化機構（ISO）　　http://www.iso.org

持続可能な開発のための世界経済人会議（WBCSD）　　http://www.wbcsd.org

日本工業標準調査会　　http://www.jisc.go.jp

研究課題

（1）ISO 14000シリーズは、いつ誰がどのように作成したのか。また、なぜスイスにあったISOが中心機関となったのか。

（2）ISO 14000シリーズは、どのような進展をしているか。また、どの程度、政府による規制の有効な代替案となっているのか。

（3）環境と開発の分野で産業界が社会的責任を果たしていくためには、ISO 14000シリーズの他にどのような方策があるだろうか。

第6章　市民社会が参画するガバナンス

福岡　史子

1　NGOから見たリオ・サミット以降の10年

　最近注目を集めている非政府組織（NGO）には、様々なものがある（Bramble and Porter 1992）。環境関連のNGOに限ってみても、大まかにいうと、ワールドウォッチ研究所のようにシンクタンクとして政策を提言するもの、グリーンピースのように直接的な環境保護キャンペーン活動を重視するもの、草の根レベルで地域の環境保護活動に力を入れるものなどが挙げられる。著者が所属するコンサベーション・インターナショナル（Conservation International: CI）という国際NGOは環境政策提言のできるブレーンを持ちながら、草の根の環境保護活動も行える手足も持っているという、提言型と活動型の両方の顔を持ち合わせた団体である。

　著者はリオ・サミット直前の1990年にCIに入り、環境問題やNGOの活動が国際レベルで注目されるようになった変化の時期をNGOの職員として活動してきた。その体験から振り返ると、リオ・サミット以降の10年間は、次の2つの点で特徴づけられると思う。第1に、「グローバリゼーション」の10年だったことである。リオ・サミットを皮切りに、90年代には女性、人口、人権、社会開発などに関する国連による一連の世界会議が開催された一方で、金融や市場のグローバル化が一気に進んだ。その大きな原因の1つには、インターネットなどの情報通信（IT）技術の普及が挙げられる。「グローバリゼーション」はその良し悪しはともかくとして、経済的だけでなく社会的にも大きな変化をもたらし、NGO活動の発展をも促したと言える。

　第2に、リオ・サミットは多様なステークホルダー（利害関係者）が国連会

議に参加するようになる分水嶺だったと位置づけられる。例えば、178カ国の政府代表団とともに、1,000人以上のNGO代表者も会議に出席したほか、本会議と並行していわば市民版の地球サミットと言われた「グローバル・フォーラム」が同時開催され、その一環としての「国際NGOフォーラム」では「NGO地球憲章」と34の「NGO条約」が採択された[1]。つまり、リオ・サミットは、その後の一連の大きな国連主催の世界会議にNGOをはじめとする政府以外の多様なステークホルダーが参加することを恒例としていくような、大きな流れを作った。10年を経て、ヨハネスブルグ・サミットの開催を控え、国連では「People's Summit（人々のサミット）」という言葉で表現していたが、政府間交渉の場であるサミットについてそのような表現がなされるにあたって、リオ・サミットがその先鞭をつけた意義は大きい。

2 グローバル・ガバナンスへの期待と課題

　国連会議は従来、政府間交渉の場であった。それがリオ・サミットを1つの契機として、「国際政治は政府が支配するもの」という概念をNGOが覆しつつある。NGOに代表されるような市民社会が、世界的なシステムの変革の必要性を認識し、国家の枠組みを超え国際政治にも参加する動きが、グローバリゼーションのうねりとともに台頭してきている。例として、1997年にノーベル平和賞を受賞したことでも知られる「地雷禁止国際キャンペーン」が挙げられる。同NGOは1993年に発足し、世界の1,000を超えるNGOが各国政府に働きかけ地雷禁止への国際的な機運の高まりを生み出した結果、国連総会議決ならびに国連の多国間交渉を経て、「対人地雷全面禁止のための国際条約」を1997年の締結へと導いた[2]。草の根のNGO活動と、その国際的なネットワークの組み合わせが戦略的に機能し、国際政治をも動かした典型である[3]。

　同時に、NGO活動にも変化が表れてきた。それまでは、環境は環境NGO、人権は人権NGO、開発は開発NGOというように、それぞれの分野ごとに活動していた団体の間に、分野を超えた共通の問題意識が浮かび上がってきており、連

携して活動する必要性が生まれつつある。例えば、途上国の自然環境が破壊されている前線では人口も爆発的に増えているという状況にあるが、この2つのことは貧困という問題を媒介して深くつながっていると考えられる（Cincotta and Engleman 2000; UNFPA 2001）。また途上国の持続可能でない自然資源開発の問題は、多国籍企業の動きを含む国際貿易のメカニズムや、先進国での大量消費問題と分けては考えられない。つまり、経済のグローバル化に対して、NGOの活動も国際的に連携してグローバル化するニーズが出てきており、ITの普及がそれを一気に技術的に可能にしたと言える。そこで、本来国際機関の仕事であった、国際システムの大きな歪みの是正に対して、NGOが一緒になって取り組みを始めたのだ。

　NGOの視点から見ると、グローバル・ガバナンスという概念が生まれてきた背景には、このように世界をどの方向にどのように動かしていくべきなのかという課題に対して、よりよい取り組みをするための新しい枠組みを考え出す必要性があったのだと考えられる。グローバル・ガバナンスという概念の確定的な定義は今のところないが、大方次のような構成要素を持っている概念であると考えられる。すなわち、グローバルに多様なアクター間の利害や各々の目指すべき方向性を調整しつつ、世界全体にとってより望ましい社会をつくっていくという継続的な過程である。また、その過程で、民主的な手続きが重視されることはいうまでもなく、特に、意思決定の透明性（transparency）、説明義務（accountability）そして協議（consultation）という要素がガバナンスには不可欠である。

　そうは言っても、主権国家を基本的な構成要素とする現在の国際社会には、意思決定力を持つ1つの「世界（あるいは地球）政府」というものは、存在しない。冷戦時代までは政府が世の中の動きをリードできたのだろうが、もはやそのような単純な世の中ではなくなっている。一方で、NGOはそのもともとの生い立ちから、できる限り一国あるいは一産業の利益を超えた、トランスナショナル（超国家的）な利益の実現のために活動することを目的としている。そういう意味で、大概のNGOの関心は極めてグローバル・ガバナンスに近いところにあるといえよう。それでは、グローバル・ガバナンスの担い手はNGOのみなのか。残念ながら市民から選出されたというプロセスを経ていないNGOは直

接の意思決定権を持つわけではない。市民参加を推進し一緒になって何かを決め実施していくことはできても、NGOだけが意思決定の主体にはなることはできない。そのため、リオ・サミット以降、一連の世界会議へのNGOなどによる市民参加が広がってきた一方で、「地球政府」なるものが実際には存在しない状況において、グローバル・ガバナンスという概念が果たしてどう機能するのかについては、期待と同時に懐疑的な意見も多く聞かれる。

さらに、最近の国際的な意思決定の流れの中の要素としては、世界貿易機関（WTO）のようにグローバル経済をガバナンスするための国際機関や金融も含む多国籍企業がますます力を持ってきていることが、いろいろなところで指摘されている。90年代後半のアジア金融危機では、民間の金融機関が国際的に及ぼす影響力の大きさを見せつけられた。1999年のWTOシアトル総会でのNGOによるデモは、経済のグローバル化とその負の影響がWTOや多国籍企業への反発となって表れたものだ。ヨハネスブルグ・サミットにおいても、企業がどう社会的責任を持っていくのかというアカウンタビリティーへの関心が高まった。また同時に、このような企業活動の中の「正」の動きを認知し、国際的な意思決定や実施へのパートナーとしようという動きも活発になっている。例えば、ヨハネスブルグ・サミットの期間中、国際NGOであるIUCN（世界自然保護連合）が開催したサイドイベントでは、1日を割いて「IUCNビジネス・デー」ワークショップを企画し、国際的な問題解決のための企業・NGO連携についての事例紹介や課題について話し合った[4]。環境派にとっても、地球規模で活動する企業との協力があってこそ具体的な解決が望めるという理解に基づくものである。

世の中がある一定方向に動いていくということは、その方向に引っ張っていく力が強いわけであり、そうした状況において世の中の力関係も明らかになろう。政府だけ、NGOだけ、企業だけ、がバラバラに動くのでなく、様々なアクターの間の意思を調整することで、よりよい社会に向けての方向づけをする必要性が出てきている。必ずしもサミットの主役ではない多様な力が、いろいろな場で働いているということになると、サミットにおける決定が持つ性格や意味も変容しつつあるのではないか。つまり、今後ますます、継続的にステークホルダー参加型の意思決定のプロセスを様々な場の組み合わせにより実現することが必要になろう。

それと同時に、約束をすることが重要とはいえ約束がなされても実施が必ずしも伴わなかったリオ・サミット後のこの10年を振り返ると、大きな数値目標を掲げながらも、問題解決のための結果を生み出せる現実的なロードマップと行動が問われていると考える。今後の流れで重要となる継続的な意思決定ならびに確認のプロセス、多様なステークホルダーの参加、行動と結果重視を考慮に入れながら、次にNGOの役割について考えてみたい。

3 リオ・サミット以降のNGOの役割

NGOには今どのような役割を担うことが期待されているのか。1つには、センサー的に問題のありかを探り出す役割と機動的な行動力が挙げられよう。国際会議での決定は各国で効果的にフォローされて効率的に実施されなければ意味がない。ところが地球規模で諸問題が新たにかつ複雑に絡み合って発生しており、各国政府もすぐに対応するのが容易でない状況にある。そこで、前例のない道を歩いていかなければならない政府にとって、問題をいち早く認識し、新しい解決方法を試行し機動的に対応することが可能なNGOは、新しい問題解決策を開拓していくうえで政府にとっても大変重要なパートナーになっている。政府はそのようなNGOとの連携により成功事例を積み上げていくことが可能となる。例えば、リオ・サミットで「アジェンダ21」が合意されて以降、各国ではコミュニティ・レベルでの活動を進めてきた。ヨハネスブルグ・サミットでは、国連開発計画（UNDP）が中心となり、「赤道イニシアティブ（Equator Initiative）」（途上国が赤道付近に集中していることによる）が打ち出され、生物多様性や持続可能な自然資源の利用を通して貧困緩和を図ることにより成果を出したコミュニティ活動の事例に焦点を当てている[5]。同イニシアティブにノミネートされた活動では、ほとんどの場合NGOが中心的な役割を担っている。

このような草の根の取り組みが国際的にも認知され情報を交換する場を得ることで、NGOは地域間あるいは国際的にネットワークを持つことができ、草の根（ミクロ）レベルの個別の現場に即した活動を促進すると同時に、草の根の

ニーズを政策に反映させるための政策提言というマクロレベルの活動の両方の役割をNGOに期待できる。同時に、政府の側も、NGOとの連携を通して、成功事例を、地域的に、また領域横断的に（環境と貧困と女性のエンパワーメント、というような相乗効果を狙ったリンケージ）広げていくことが可能となる。

具体的にどのような成功事例を、どのように点から面へと応用・反映させていけるかについては、NGO、国際機関、各国政府、企業などの間のアクションに向けてのパートナーシップが鍵となろう。具体的に、著者が関わったCIのパートナーシップ事例から、より広い動きにつながる可能性のあるものを紹介しつつ、その条件を考察してみたい。

4　生態系保全戦略とCIの活動

国際環境NGOコンサベーション・インターナショナル（CI）は1987年に設立され、世界の生物多様性や生態系を保全することを目的として活動している。保全と同時に人々の生活の向上に資すること、つまり人々が食べていける生態系保全というアプローチを特徴としている。つまり、保護区を設立して住民をそこから排除して保護するprotectionと対比すると、conservationにはむしろ人との共生を目指し、資源の持続的な利用をしながら守る意味合いが含まれる（沼田 1994）。

従来の自然保護活動では、森林やサンゴ礁、動植物の貴重種を守ることが中心で、住民という要素が忘れられがちだったことへの反省があった。そこに途上国の貧困問題が世界的に大きく浮上してきた。貧困地域では、特にそこに住む人々がどう関わることができるかが自然保護の成功の鍵であるため、人と自然の共生型の生態系保護が現実に可能であることを示すことが必要になってきた。このようなニーズを背景に、各方面で活躍していた専門家が集まって設立されたのがCIである。

人間との共生型の生態系保全モデルを示すためには、生物学者だけでなく、自然資源の利用やマーケティングに取り組む専門家、ビジネスの経験者、環境

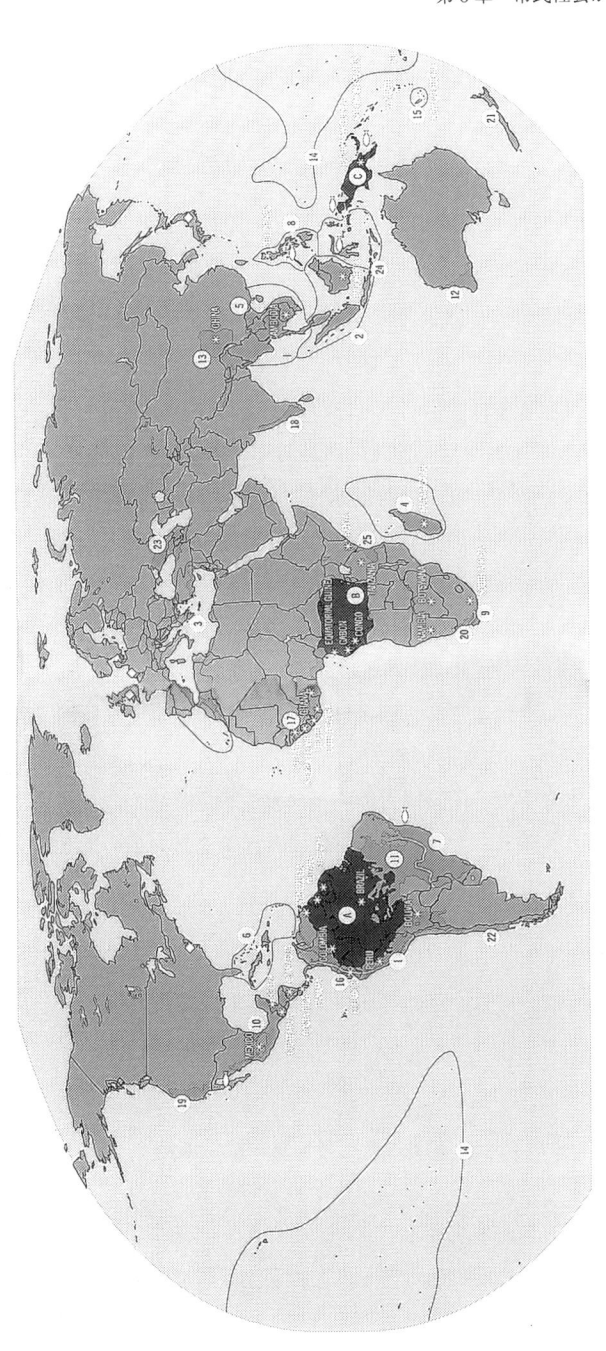

第6章　市民社会が参画するガバナンス　*121*

図1　生物多様性のホットスポット

や開発に関する政策専門家、現地の文化を尊重した活動を可能にする文化人類学者、継続した活動を可能にするためのファンドレーザーや組織経営の専門家など、様々な分野の専門家の共同作業が必要となる。また、成果を出すためには、どんなに良い組織でも1つの組織にできることには自ずと限界があるので、政府・企業・大学・他のNGOなど、社会の中のいろいろな比較優位を持つアクターとパートナーシップを構築し、また、異なる利害を持つステークホルダーとも交渉・調整していくことが不可欠である。CIではこのようなことをアプローチの中心に据えている。

　CIは、図1にあるような「生物多様性ホットスポット」と呼ばれる地域を中心に活動している。ホットスポットには、地球の陸域の60％の生物多様性が、わずか1.4％の面積に集中している[6]。多くは熱帯地域の発展途上国に位置しているため開発などによる生態系破壊への圧力も大きく、生物多様性が最も危機に瀕している地域でもある。生命維持装置ともいえる生物多様性が脅かされることは、とりもなおさず人類の持続的な発展にも大きな脅威となる。そのことを考えると、もちろん生物多様性の保護は世界どの地域でも重要な課題なので、ホットスポットに認定されていないところ、例えば日本国内でも、重要な課題として取り組まれる必要がある。ホットスポット・アプローチは、あくまで数々の地球規模問題が山積する中で、国際協力の中での優先順位を分かりやすく説明するためのものであり、限られた資金や人材により破壊を食い止め最大の効果を上げるための優先順位を示すものである。

5　CIのパートナーシップ事例

(1) 市場の力を自然保護に活かす——米国スターバックス社の事例

　環境保護がビジネスの足を引っ張るのでなく、豊かに生態系が守られてこそ資源も守られビジネス・チャンスが生まれる。また企業にとっては競争力を維持するためのアイデアやデータが必要である。そのため企業と環境専門家集団であるNGOの共同作業が、問題解決を探るためのアプローチとして注目されて

いるのは前述のとおりだ。

　世界25カ所のホットスポットの1つにあたるメキシコでは、米国スターバックス社との「シェード・グロウン・コーヒー」(木陰で育成したコーヒー)の生産を通しての生態系保護の試みが始まっている。従来のコーヒー生産では、プランテーションにコーヒーを単一栽培する農法が主流だったため、コーヒー園は自然保護区と一線を画すものだった。しかし、ここで導入するシェード・グロウン・コーヒーは、文字通り木陰で育つコーヒーの種類なので、森林の中で育てた方が美味しいコーヒー豆ができる。森林を伐採してしまうとこのコーヒーは育たないため、森林保護をしつつ農業も持続的に行うことができるという、NGOと企業と農民の協力関係が可能となった。

　具体的には、産品の品質管理ノウハウ支援、プロジェクトへの資金的支援、コーヒー豆購入プログラム実施、農民の環境への配慮の条件づけのための購入ガイドラインの設定、マーケティング支援や農民の市場へのアクセス確保などを、CIとスターバックス社が一緒に農民に対して実施している[7]。自然への負荷が少ない農法についての技術指導も実施する。その結果、NGOとして望んでいた成果が出てくる。コーヒー豆が収穫できて継続的に売ることができれば、農民が豊かになる。農民が豊かになれば、焼畑のために開墾して森林を切り進むことが繰り返されずにすむ。

　メキシコ南部のチアパス州では、こうして29万haの森林が保護された。途上国でのこのような成功は、先進国における消費者の環境意識や消費行動と直接結びついている。コーヒーは第1次産品の最大市場を形成しているが、先進国で「コンサベーション・コーヒー」という商品の認知度が向上し、農民と消費者が市場を介して結びつくことが途上国での生態系保護につながる。多くの消費者が飲むコーヒーがきっかけとなり、購買力というパワーを持つ先進国の消費者の間に、生態系保全活動の重要性と自らの生活とのつながりについての認識が高まり、消費行動全体への波及効果も期待される。

　このパートナーシップは、ヨハネスブルグ・サミットの場において、シェード・グロウン・コーヒーとコーヒー購入ガイドラインの体制づくりを通して持続可能な農業と生物多様性の保護に向けて成果を上げたことに対して、CIとスターバックス社に、国際商工会議所と国連環境計画(UNEP)から、2002年サ

ミット持続可能な開発のためのビジネス賞（2002 World Summit Business Awards for Sustainable Development）が授与された[8]。

（２）食資源のベスト・プラクティス——マクドナルド社の事例

　ファスト・フードのハンバーガーは廃棄物を大量に出すという環境面でも、食文化の面でもあまり良いイメージがないかもしれない。ここでは環境への取り組みに焦点を合わせたい。同社は使い捨て文化の象徴と言われることがある傍ら、米国では「エコロジーに敏感」な企業のリーダー的存在に挙げられるようになっている。なぜだろうか。南米で素材ビーフのための牧場作りで熱帯雨林が破壊されていると取りざたされたこともあったが、実際は濡れ衣であった。しかしイメージ挽回はそう簡単ではない。だからこそ、同社の取り組みは慎重かつイノベーティブで（「グリーン・ウォッシング」[9]と批判されないよう）、まさに環境NGOとの二人三脚で問題解決にあたってきた経験を持つ。

　例えば、ハンバーガーの包装についても、発泡スチロールのパッケージを紙製に変えて改善を図った経験を持つ同社だが、その際には、厳しい批判運動で知られるNGO、環境防衛基金（EDF）とあえて協働し、念願の廃棄物処理方法の再構築を行ったことは、全米をアッと言わせることとなった。

　同社は、最近『マクドナルド社会責任報告書』というレポートを出し、企業として社会的責任をどう果たすべきかを取り上げている[10]。この報告書では、いくつかの環境NGOとの連携を分野ごとに同時に発表しているが、店舗を建造するときの建材やハンバーガーそのものの原料としての牛肉、魚、野菜などの購入源についてのガイドラインを策定する計画が含まれている。例えば同じ魚を獲るにしても、環境に負荷をかけない漁法で獲った魚のみを購入することも経営的な判断に取り入れる目的で、企業として環境・社会的な責任を持つために「グローバル・タスクフォース」を設置した。そこに環境NGOであるCIが、研究・分析、提言する形で参加している。天然資源を利用する際の「ベスト・プラクティス」の方向性を、プロアクティブに示すことを目的とする取り組みだが、他の天然資源利用型の企業に対してのモデルとしても示していくことができるか、多国籍企業とNGOの今後の二人三脚の機会であり、またチャレンジでもある。

(3)「人口と環境」のセクター連携——グアテマラの事例

　次に、官民による、「人口と環境」のセクターを超えた連携について、メキシコの東側に隣接してメソアメリカのホットスポットの一部を形成する、グアテマラのペテン州での取り組みを紹介する。グアテマラは日本ではなじみの薄い国かもしれないが、この国の森から採れるチクレというチューインガムの原料が、ほとんど日本に輸入されているということを聞けば、分かりやすい人も多いだろう[11]。グアテマラ北部のペテン州は、ユネスコの自然遺産の指定を受けるマヤ生物圏保存地域を擁し、世界屈指の生物多様性の宝庫だ。しかし同州の人口増加率は、急激な移民と高い自然増加率のため年率10％近くに達している。これは7年毎に人口が倍増するというペースだ。このままでいくと、1960年までは同州の9割を覆っていた熱帯雨林も、あと20数年後には失われると予想されており、環境破壊が深刻な問題となっている。同時に、保健サービスは、広大で遠隔な同州をカバーするには、住民の間でニーズの高い家族計画サービスを含めまったく不足しているのが現状である。

　CIは現地NGOのプロペテン（ProPeten）と協力し、生物多様性保全の促進には、人口・保健への支援が必須の要素であるという認識から、住民の保健サービスや教育といったベーシック・ヒューマン・ニーズの支援や、持続可能で自立した生計の向上、女性のエンパワーメントの重要性を確認し、「レメディオス・プロジェクト」を立ち上げた。その際、「リプロダクティブ・ヘルス」[12]分野の専門家が参加する必要性を強く感じ、1997年には、グアテマラ国内の家族計画の4割を担うNGOアプロファム（APROFAM：グアテマラ家族計画協会）に協力を要請し、ペテン州に新たにクリニックを設立することで、環境と人口のNGOの協力が実現した[13]。アプロファムには、かねてより日本のNGOである家族計画国際協力財団（ジョイセフ）が同国ソロラ州で、国連人口基金の資金を得て母子保健・寄生虫予防・家族計画についての資金・技術支援をしてきており、日本の協力が活かされてきた。ペテン州のように火急な「人口・環境」問題を抱える地域は、世界のホットスポットに数多く見られる。これに対してグアテマラの事例は地球規模問題に対する草の根の課題の解決のために、専門性を持つNGO同士が、分野間あるいは地域・グローバルで連携する方向性を示したものといえよう。

また、レメディオス・プロジェクトの実施に際しては、日本政府や国際協力事業団（JICA）、米国国際開発庁（USAID）、国連人口基金が直接・間接的に技術・資金・人的支援を行っており、通常は分野別縦割りの政府の支援も、NGO間連携を支援することを通して、分野間連携の協調を実現させたことにも注目したい。

（4）採掘産業イニシアティブ

　「採掘産業イニシアティブ（extractive industry initiative）」は、成功事例を世界的に広げていくために多国籍企業や産業に注目している取り組みの1つである。石油、石炭、鉱物を採掘する産業は、自然資源を採掘するので非常に環境負荷の高い産業である。例えば、内陸の森林地帯で石油を発掘すると、石油を港まで運ぶためにパイプラインが必要となる。パイプラインを敷く際には、敷設する場所の森林を伐採することになるうえ、敷設工事用道路を建設するためにさらに森林が伐採される。その道路をつたって、人口増加地帯の途上国では、経済的な可能性を求めて人々が不法に移住してくるという、二次的な環境破壊がもたらされる。このように採掘産業は大きな環境負荷をもたらす可能性を持つわけだが、国際的に環境保護意識の高まった現在では、採掘産業側も従来通りのやり方でなく国際世論にも受け入れられる方法を模索している。企業行動の変化を求めるNGOとの協力を企業側からも求め始めており、このような動きを背景に、採掘産業イニシアティブという企業とCIとの連携が2000年1月から始まった。これは企業行動について専門的に研究・支援しているCI内のビジネス・シンクタンクCenter for Environmental Leadership in Business（CELB）の提唱で始められた。

　この試みは、Shell社、BP社、Chevron社、Enron社、Statoil社など主要なエネルギー会社とCI、世界自然保護連合、Fauna & Flora International、スミソニアン協会、ザ・ネーチャー・コンサーバンシーなど主要な国際自然保護団体との、会長などトップが出席する企業とNGOのグローバルなラウンドテーブルであることを特徴とする。多国籍企業は悪役だと槍玉に挙げられがちであるが、世界から注目されているだけ常に企業の環境アカウンタビリティーについては敏感になっている。また、1つのところでの成功事例を他の場所でも応用できるのが多国籍企業の強みなので、この点からもNGOと多国籍企業との連携は、今後の環境

運動に進展をもたらすものではないかと考えられる。

　この取り組みの一環として、デファクト・スタンダード（事実上の環境行動基準）の設定を目指して、同イニシアティブが採掘産業のための生物多様性ガイドラインの策定に向けて協力をしているのは注目すべきである。この中で、採掘作業による生態系への「足跡」を少なくするためのベスト・プラクティスの構築や、採掘事業全体での環境社会影響（ネット・インパクト）の公表方法などを検討している。さらには、生物多様性を保全するためには、開発せずに手付かずに残すべき地域について、共通認識を作ることができるかなども検討する。企業であるからにはコスト面の考慮も必要なことを考えると、単独よりも数社で取り組んだ方が、情報や方法の共有によってコストを抑えることができるというメリットもある。情報共有やベスト・プラクティスの行動のため、NGOと企業が連携するこのような場が利用され、世界的な環境行動基準化に向けた議論や方策を探っていくことが極めて重要である。

　この採掘産業イニシアティブの一環で、パイロット・プロジェクトの1つとして発足した、BP-AMOCO社によるインドネシア、イリアンジャヤ（現パプア州）での事例を挙げたい。かねてから豊かな鉱物資源で注目されるイリアンジャヤでの石油採掘に際して、BP社は環境に負荷をかけず、現地の人々への社会的な影響も少ない方法を探っていた。このプロジェクトでは、CIがBP本社とのグローバル戦略面、BPインドネシア支社とのプロジェクトサイト決定や環境社会行動計画作成面への協力、ならびに環境影響評価の方針・方法についての助言を行い、さらにインドネシア現地での経験やノウハウの活用、現地NGOとの連携など、様々なレベルでの支援や協力を実施している。

　実際に企業にとって上述の事例からどのような恩恵が得られるかについては、始まってまだ間がないので必ずしも十分なことは言えないが、現在までの時点で企業にとってNGOとの連携メリットと言えることが、少なくとも3点あろう。1点目は、企業にとって手がかりのない新しい操業地域において、従前から地域に根ざして活動するCIが現地NGOコンソーシアムとの橋渡し役になることにより、現地NGOコンソーシアムとの協議が始まったことが挙げられる。この協議会では、協力の「プロセス」を重視している。こうした対話のメカニズムは、何か問題が起こった際にも対話できるルートが存在するということで、それが

存在していることの意味は大きい。2点目は、このような協議が始まったことにより、BP社は現地住民が同社にどのような期待を寄せているのかを理解する機会ができたことである。イリアンジャヤの歴史の中では、米国に本社を持つ鉱物採掘の他社が大変な住民の反対にあったことがある[14]。その際には労働問題から始まって、環境汚染の問題も加わり社会的な不信感が高まった結果、なかなか解決できない状況となってしまった。数年を経て、その企業は問題解決のための環境支援基金を創設するところまで辿り着いたが、住民との間の信頼関係の溝を埋めるには至らず十分な解決ができなかった。プロジェクトの早い段階から、対話を通じて同社の従業員ともなり得る地域住民の期待を理解する機会がないと、問題が生じてからでは信頼関係はなかなか構築することができないという教訓と言える。3点目は、他社の失敗を繰り返さないためにも、先手を打って地域住民との問題意識の共有や協力への努力を確認すること、つまり社会的・環境的な先行投資は、結局は企業利益にもつながるということの重要性が事業開始以前から理解できたことである。

(6) 政策面での連携 ―― 国際協力銀行との事例

　国際協力における現地の活動ならびに政策面の連携という意味で、NGOと現地政府、ならびに政府開発援助（ODA）を実施する機関との連携は重要である。世界トップレベルのODA供与国となっている日本の援助機関がこれに果たす役割は大きい。ここではODAの円借款を実施している国際協力銀行（JBIC）との連携の事例を挙げたい。円借款というと、ダムや橋梁や道路などいわゆる「箱モノ」を建設するということでNGOからも批判を受けてきたのも事実であるが、被援助国の人々と身近に接しているNGOからの働きかけで、貧困を解決しようとする同じ目的で、連携事例が生まれている。この中で、CIとの連携事例は、フィリピンのパラワン州でサンゴ礁の持続的な利用に向けての、環境・社会的側面を重視した案件形成に反映された。案件形成の早い段階からNGOが参画した数少ない事例の1つであることと、草の根で活動するNGOの専門性を活かしたいわゆる「ソフト案件」への参画であることが特徴である。

　ここで指摘したい点は、まず、NGOのみでは実現不可能な政策的な枠組み作りについて、円借款において、政府とNGOがパートナーシップを組んで取

り組むことにより、政策面でのNGOの視点の反映が可能となったことだ。パラワン地域は、ラモス元大統領がパラワン最後のフロンティアとして宣言し、貴重な自然資源の保全のために大統領直轄の委員会を設置するほどの美しい場所で、その生物多様なサンゴ礁は世界の最も貴重な10の海域の1つに挙げられている[15]。この案件では、もともと観光開発プロジェクトの色彩が濃かった同地域の開発マスタープランに対して、乱開発を防止することが地域の持続可能な開発につながるとして、かねてから現地で活動するCIと日本政府が協力連携して現地政府に働きかけ、環境保全型のエコツーリズムの促進、自然資源管理のための環境ゾーニング、住民の生計向上能力トレーニングなどを案件の優先的な政策的課題とした[16]。第2に、国際協力銀行としても、案件の成功のために、保護の担い手である住民の参加や環境保護のための仕組み作りを、NGOと協力することで最初の計画段階から住民参加で行うことができ、案件に対する住民のオーナーシップを高めることができたことである。第3に、現場に根ざして活動しているNGOはすでに活動を実施してきており、政府によるプロジェクトとの相乗効果を期待することができる。例えば、パラワンではCIはかねてよりユネスコと協働で、地元政府の環境専門家のためのITを使った環境ゾーニングのトレーニングや、エコツーリズムのサイトの整備などを行ってきていた。国際協力のための資金や人材が限られる中、同じ地域で実施される活動の間の連携は、オーバーラップを避けつつ相乗効果を図るためにも、今後ますます重要となろう。

(7) 新しい資金的取り組み――「クリティカル・エコシステム・パートナーシップ基金」

　リオ・サミットでは、環境と開発の課題は解決に向けての資金的なメカニズムの整備の一環として、地球環境ファシリティー（GEF）が地球環境問題のプロジェクト支援に特化した基金として整備された[17]。10年を経て、世銀、GEF、CIの3者が協力し、環境と開発の問題解決にさらに新しいアプローチを模索するために、2000年8月クリティカル・エコシステム・パートナーシップ基金（CEPF）を発足させた。これまでの計画では、2億米ドル規模の資金を支援するものである。対象優先地域は、生物多様性のホットスポットで、生態系プロ

フィールや科学的な事実に基づく優先順位設定地図をベースに地域の支援戦略を決定し、公募案件から支援先を決定する。2001年には米国マッカーサー財団が、2002年6月には日本政府も参加を表明した[18]。

なぜCEPFのような新しい枠組みが生まれたのか。その理由の1つは、比較的大きな資金の支援先については意思決定に時間がかかる一方、草の根レベルでは小規模でも緊急に必要な支援へのニーズが高まっており、それを可能にするメカニズムの設置が求められるようになったことである。このような草の根の活動の主役はNGOであるので、CEPFの支援先は地域で活動するNGOに焦点を当てている。

さらには開発援助のドナー間のオーバーラップを避けることやギャップを補完する必要性も理由に挙げられる。国際機関や各国のドナーが同じ場所に類似の資金提供をしたり、あるいは逆に重要なところが抜け落ちたりするところが出ている一方で、ODAをはじめとする公的資金は、世界的に減少する方向にある。その中で、より効率的かつ効果的に資金配分をしないと山積する環境問題は解決しないという認識が高まってきていた。

こうした状況に対応するため、CEPFは優先順位の高いところに小規模でも効果性の高い資金提供ができることを目指し、また多様なドナー間の連携や相乗効果を促進する仕組み作りを目指す。官民両方のドナーが入っていることも特徴的だ。まったく新しい機関を作る方法をとらず、環境問題に主要な役割を果たすドナーである世銀やGEFや日本政府、民間からはCIやマッカーサー財団と連携して、パートナーシップによる基金という形態を選択したものである。CEPFが探る方向性は、国際的シーンで資金的取り組みについてもNGOが果たす役割を模索していくものとなろう。

6 NGOの参画とグローバル・ガバナンス

市民社会が参画するグローバル・ガバナンスとは非常に大きなテーマであるので、ここではNGOの参画がグローバル・ガバナンスにどのように寄与するか

という点から整理したい。

　第1に、議論を超えて解決のためのアクションを導き出す牽引役を、NGOが担い出しているということである。国連では、ヨハネスブルグ・サミットを準備作業の間、「人々のサミット」と呼ぶと同時に「実施サミット」だと強調していたのが印象的だった。政策的な議論の中で説得を行ううえでも、具体的にはどのようにすれば機能するかというモデルを草の根レベルで示すうえでも、国境を超えてNGOが機動的に行動する意義は大きい。

　第2に、NGOは、新しい課題をいち早く認知し、対案を出し、機動的に動いてパイロット的な成功事例を作る過程で、あるいはその普及拡大の過程で、いろいろなアクターとのパートナーシップを必要に応じて自在に組んでいる。地球政府という1つの組織はできなくとも、既存のアクターである、政府や企業、NGO、現地の人々などが参画し、連携するメカニズムができていくことが、少しでもグローバルなガバナンスに近づくことにならないか。UNDPのマーク・マロック・ブラウン総裁は、開発の問題が極めてローカル（草の根）の問題であることを強調している[19]。NGOがこのような開発のパートナーシップにおいて草の根で果たせる役割の比較優位があろう。

　第3に、ヨハネスブルグ・サミットは、持続可能な開発を掲げてとりわけ貧困問題が重視されることになったが、これは決して環境問題の重要性が減ったということではない。むしろ環境があらゆることに関わる横断的な課題であると認識されたことに他ならない。これまで、環境問題はとかく行政の中では縦割りに扱われがちであったが、前述のグアテマラの事例でも紹介したように、草の根（ミクロ）のニーズに対応するには、実施者もドナーも専門性を組み合わせていく必要がある。環境問題と、貧困、紛争、農業、保健・人口といった他分野とのリンケージを強く認識しながら環境保全政策を実施していくことが求められる時代に入ってきている。その際、コミュニティーのレベルで分野を越えたニーズへの対応を認識するNGOの経験や、連携に対する柔軟性は重要となろう。

　ヨハネスブルグ・サミットでは、具体的な数値目標について大きな成果がなかったとして失望する声もあったようだが、逆に、約束しても実行できない約束をすることにあまり意味はない。各国が一致して取り組むという合意が得ら

れた成果をもとに、今後の行動と実施を少しでも進めていくという、現実路線に入ったとも見ることができる。行動の時代に入っていくとき、NGOの出番はますます増え、また多様になるのかもしれない。

注

1）UNCEDへのNGO参加数については、Columbia University's Center for International Earth Science Information Network (CIESIN) http://ciesin.org/datasets/unced.html（2002年9月3日現在）を参照。グローバル・フォーラムへのNGO参加数については、いろいろな報道がなされたが、1992年6月15日の読売新聞によると、世界187カ国から7,946団体、1万8,680人。http://www.yomiuri.co.jp/yomidas/konojune/92/92nw84.htm

2）詳細は、カーネギー国際平和基金研究員アン・フロリーニ氏「トランスナショナル・シビル・ソサエティの影響力」参照。http://www.jcie.or.jp/japan/gt_ins/gti9711/florini.htm

3）NGOの台頭についてはNHKスペシャルでも報道。「変革の世紀」第1回「国家を超える市民パワー—国際政治に挑むNGO—」NHK総合、2002年4月14日放送。

4）http://biodiversityeconomics.org/business/020831-08.htm （2002年9月9日現在）

5）「赤道イニシアティブ」については http://www.undp.org/equatorinitiative/（2002年8月30日現在）。

6）地球上最も生物種が豊かに生息し（多様性・固有種の率の高さ）、同時に生物の多様性が最も危機に瀕する場所。2002年9月現在、世界で25カ所が特定されている。英国の生態学者であるノーマン・マイヤーズ博士により1988年にこの概念が提唱され、CIが各分野の専門家を招聘して1990年に初版を地図化して具体的に発表。改訂版は1999年以降、随時改訂のうえ発表されている。各ホットスポットの詳細についてはCIホームページを参照。

7）米国スターバックス社ホームページhttp://www.starbucks.com/aboutus/origins.asp（2002年9月8日現在）。

8）http://www.eurekalert.org/pub_releases/2002-08/ci-sip083002.php（2002年9月9日現在）。

9）環境保護団体などと組むことにより、実際はそうでないのに環境配慮をしているイメージのみを作ろうとすること。

10）マクドナルド社2002年4月15日発表文"McDonald's Issues First Worldwide Social Responsibility Report"参照。http://www.mcdonalds.com/corporate/press/corporate/2002/04152002/index.html

11）チューインガム・ベースは、森に自生するチクレの木に、ゴム生産のように傷をつけて樹液を集めるもので、森林破壊をせずに収入を得ることができる森林の多目的利用の好例。

12) リプロダクティブ・ヘルスとは、人間、特に女性の生殖システム、その機能と（活動）過程において、単に疾病、障害がないというばかりでなく、身体的、精神的、社会的に良好であること。また女性が結婚や出産について自己決定をし、適切な家族計画の手段を得て、保健医療サービスを受けられることの保障。1994年エジプトで開かれた「国連人口開発会議」で、女性の持つ権利として推進することが合意された。

13) CI、財団法人オイスカ、財団法人ジョイセフ、早稲田大学大学院「環境と持続可能な発展」プロジェクト共編『人口と環境をつなぐもの：貧困・人口増加・環境破壊の"負の連鎖"を断ち切るために』(2002年8月)。

14) その後の展開として、2002年8月末には現地住民による同企業襲撃が起こった。

15) http://www.conservation.org/xp/CIWEB/newsroom/press_release/021402a.xml（2002年9月9日現在）。

16) 環境ゾーニングとは、UNESCOのMan & Biosphereの概念がよく知られているが、一般的には、手付かずのまま残す保護ゾーン（コアゾーン）を中心に、その外側に限定的な利用が許される干渉地帯（バッファーゾーン）、保護持続的に利用することが可能な多目的利用ゾーン、開発が可能な地域と分ける生態系保全の手法。

17) 生物多様性保全、オゾン層破壊、気候変動、国際的な水域問題に関する分野を支援する。

18) 日本政府はCEPFへの参加について、ヨハネスブルグ・サミットに向けた「WSSDにおける日本の取り組み」の中で、「小泉構想」の一環として、タイプ2文書（いわゆるパートナーシップ・イニシアティブによる約束文書）に採用し、「重要生態系（ホットスポット）の保全：危機に瀕している生態系を保護するため、地域の保全活動を行う民間団体への助成を行う基金に参加する」と発表した。

19) *TIME, World Summit Special Report*, p. 16. August 26, 2002.

参考文献

沼田真『自然保護という思想』岩波新書、1994年。

Barbara J. Bramble and Gareth Porter, "Non-Governmental Organizations and the Making of US International Environmental Policy," in Andrew Hurrell and Benedict Kingsbury eds., *The International Politics of the Environment* (Oxford: Oxford University Press, 1992), pp. 311-353.

Cincotta, Richard P. and Robert Engelman. *Nature's Place: Human Population and the Future of Biological Diversity*. Washington, D.C.: Population Action International, 2000.

United Nations Population Fund. *The State of World Population 2001*. UNFPA, 2001.

参考URL

コンサベーション・インターナショナル（CI）　http://www.conservation.org

CI/CELB　http://www.celb.org
米国スターバックス社　http://www.starbucks.com
マクドナルド社　http://www.mcdonalds.com
国際協力銀行（JBIC）　http://www.jbic.go.jp
クリティカル・エコシステム・パートナーシップ基金（CEPF）　http://www.cepf.net

研究課題
（1）　環境NGOは、なぜ、どのように台頭してきたのか。開発NGOについては、どうか。
（2）　市民社会におけるNGOと他のメジャー・グループはどのような関係を持っているのか。
（3）　ヨハネスブルグ・サミットでの「パートナーシップ・イニシアティブ」のプロジェクトの進捗状況はどうなっているのか。

第3部　地球環境と持続可能な開発の課題

第7章 気候変動問題をめぐるグローバル・ガバナンス[1]

太田　宏

1 はじめに

　21世紀初頭の現在、人類社会は歴史的岐路に立っている。舵取りを誤って、将来、自ら決して選択するつもりのなかった劣悪な自然環境に身を置くようになるかもしれないし、その反対に、確固として進むべき方向に舵をとることができるかもしれない。冷戦が終わって間もなく、1992年国連環境開発会議（リオ・サミット）に向けて地球環境問題に対する関心が非常に高まった。その大きな波に乗り、地球温暖化問題も勢い国連気候変動枠組み条約締結という幸先のいいスタートを切った。科学的な知見の蓄積も大々的かつ組織的に行われ、各国政府の政策担当者に十分な判断材料を提供できる体制も作られてきた。しかし、京都議定書に関する国際交渉の段階になるにつれ、進捗状況は鈍くなってきた。国際社会を形成している各国が短期的な利益追求に汲々としてお互いの相対的な損得関係により気を取られるようになってきたからだ。また、各国内で科学的な知識の不確実性と政策コストとの間の折り合いがなかなかつかないことも指摘できる。さらに、国際交渉の場で政策連合を組んでいる各グループ間において、選択されている戦略や政策の根拠となっている価値観との関係が論点として十分に整理されておらず、互いの利害調整がうまくいっていないことも一因かもしれない。確かに、カリフォルニア州などの温室効果ガス削減の取り組みはあるものの、現在最も多量に温室効果ガスを排出している米国政府の自国利益最優先の態度が、国際社会全体の協力体制形成の阻害要因として無視できない。

　京都議定書の発効という「目的地」は間近に見えてきたが、国際公共財とし

ての安定した地球気候の維持への「道程」は気の遠くなるほど先へと続く。2001年の7月16〜27日、ドイツのボンで開催された国連気候変動枠組み条約の第6回締約国会議 (COP6) の再開会合では、専門家の大方の予想に反して、京都議定書の中核的要素に関する基本的合意 (ボン合意) が成立した。そして、同年10月29日から11月10日にかけてモロッコのマラケシュにおいて、締約国会議 (COP7) が開催され、議定書運用ルールの細目を定める文書が採択された (Marrakesh Accord 2001)。2000年11月13〜25日オランダのハーグで開かれたCOP6での合意形成失敗と、2001年3月に米国のブッシュ大統領による議定書からの離脱宣言という突発的な出来事を鑑みるなら、1997年の京都議定書の採択から約4年におよぶ国際交渉の末、同議定書の実施のためのルールの細目が決まったことは、地球の温暖化防止対策の将来にとって歓迎すべき驚きである。とはいうものの、国際合意形成過程には各国の政治経済的利害が色濃く反映されており、その合意内容も政治的妥協の産物である。したがって、現在の国際合意は、科学的知見が要求する対策の規模とその導入の迅速さの要件を必ずしも満たしていない。そこで本章では、21世紀における世界の重要課題の1つである気候変動問題の現状について政治的側面から分析する。まず、気候変動問題に対する国際的な取り組みを簡単に振り返りつつ、京都議定書の主な内容にも触れる。それから、気候変動問題をめぐる国際政治の分析視座を整理した上で、最後に、安定した気候を維持するための戦略あるいは政策と価値観の関係について分析し、各々の国際的な政策連合間の争点に関する論点整理を行う。

2 これまでの主な国際的な取り組み

気候変動問題あるいは地球温暖化問題は、人為的に大気中に排出される二酸化炭素 (CO_2) などの温室効果ガス (greenhouse gases: GHGs) によって引き起こされる問題である。地球は、太陽からの波長の短い放射光を地表面で吸収し、暖められた地表面から大気圏外に波長の長い赤外線を放射している。その際、大気中に存在する微量なCO_2やメタンなどのGHGsは、地表から放射される赤外

線を吸収し、その一部を地表面に再放射して地表面や下層の大気を暖めている。この温室効果によって、地球の平均気温が15℃に保たれている。もしこうしたGHGがなければ、平均気温は現在よりも33℃低いことになる（シュナイダー1990, 18～22頁）。しかし現在問題になっている気候変動あるいは温暖化問題は、近年の人間活動の急速な拡大によって、人為的に大気中に排出されるGHGが急増していて、その結果、地表の平均気温が急上昇していることである。そして、こうした急激な変化が地球気候システムの微妙なバランスを崩して、人類の生存基盤である環境に対して取り返しのつかない被害や影響を与えるのではないか、と懸念されている。

　気候変動問題についての国際的な審議は、1985年オーストリアのフィラハで開催された国際的な科学的協議に始まり、88年6月のトロントG7を経て国際政治課題になった。こうした政治的な動きの背後にエピステミック・コミュニティの活躍があり、同年11月に気候変動にする政府間パネル（IPCC）が設置され、地球温暖化に関する科学的、社会経済的影響評価などについて90年8月には中間報告を発表している。次いで、90年12月に設置された気候変動枠組み条約に関する政府間交渉（INC）の場で条約交渉が行われ、92年5月にかけて実質6回の会合を重ねて条約作成作業が完了した。

　同年6月ブラジルのリオで開催されたリオ・サミットで国連気候変動枠組み条約は採択され、その2年後の94年に発効した。それを受けて95年にベルリンで開催された第1回締約国会議（COP1）から議定書制定交渉が始まり、97年に日本を議長国とするCOP3において京都議定書が採択された。そして、2000年11月のオランダのハーグにおけるCOP6を経て、01年7月のドイツのボンで開催されたCOP6再開会合で、いわゆる議定書の中核的要素、すなわち、京都メカニズム、吸収源、途上国支援、遵守制度に関する基本的合意が成立した。しかし、同会議では途上国問題に関する運用の詳細なルールが決定されただけであったが、同年10月～11月にかけてモロッコのマラケシュで開催されたCOP7において他の中核的要素に関する実施ルールの細目が決まった。そして、02年10～11月インドのニューデリーで開催されたCOP8では、国際社会全体の今後の取り組みとしての途上国のGHG排出抑制参加問題などが議題になることが期待された。しかし、採択された「気候変動と持続可能な開発に関するデリー閣僚宣言」

(FCCC/CP/2002/L.6/Rev.1, 1 November 2002) では、途上国に対するコミットメントにはまったく言及されず、議定書批准国は未批准国が適切な時機に批准するように強く要求する、とあるだけである。後の主な内容はヨハネスブルグ・サミットでの合意内容を反映し、持続可能な開発の権利や推進ということで、むしろ途上国の経済発展や社会開発の方に重点がおかれた合意内容であった。それでも、非公式に途上国のコミットメント問題が議論され、03年12月イタリアで開催予定のCOP 9で同問題が審議されることが望まれる。

　1992年のリオ・サミットで気候変動枠組み条約が採択されてから10年(97年の議定書採択から5年目)、議定書の発効がようやく現実味を帯びてきた。しかし、不確実な要素が多い状況下の政策判断ということもあり、発効に至るまでまだ予断を許さない。また、2002年11月の現時点でもGHGsを最も多く排出している米国が京都議定書の枠組みから離脱する姿勢を堅持していることの影響も大きい。特に、将来的に開発途上国のGHGsの排出量が先進国を上回ることが予測されているので、米国の削減義務回避は、途上国の排出削減義務問題を先送りするための口実を与えることとなり、国際的な取り組みの促進にとって痛手である。それどころか、京都議定書批准の拒絶理由として挙げていた途上国の削減義務について、COP 8で米国は、途上国に実行不能で非現実的なGHGs排出削減目標を課すことを強く求めることによって途上国の経済成長の速度を遅くらさせる、あるいは成長なしという状況に追いこむのは、「不公平で、事実、逆効果」であると、一転途上国を支持する立場を取った[2]。COP 8の最後の全体会合で、附属書Ⅰ国で唯一デリー宣言に完全な満足の意を表明した米国は、G77+中国グループの代表を務めたナイジェリアに感謝された[3]。要するに現時点では、米国政府の一貫性を欠く言動が、気候変動レジームの強化に対する最大の障害である。

3　京都議定書の内容と現状

　1997年12月に開催された京都会議(COP3)によって、京都議定書が採択さ

れ、二酸化炭素（CO_2）、メタン（CH_4）、一酸化二窒素（N_2O）、ハイドロフルオロカーボン（HFCs）、パーフルオロカーボン（PFCs）、六フッ化硫黄（SF_6）の6種類のGHGsの排出規制とそれを達成するための柔軟なメカニズムなどの採用が決定した。GHGs排出削減義務に関しては、第1削減約束期間（2008～2012年）に1990年の排出レベルから、EU全体で8％、米国7％、そして日本は6％削減することが義務付けられた。排出削減義務を負う国は議定書附属書Bに記載されていて、OECD諸国（韓国を除く）やロシアや旧中・東欧社会主義国らの市場経済移行国など計38カ国（米国を含む）で、平均5.2％のGHGs排出削減義務を負う[4]。そして、京都議定書の発効と実施に向けて、同議定書の運用ルールを決めるためのCOP6（2000年11月）は、いわゆる議定書の中核的要素である京都メカニズム[5]、吸収源[6]、遵守制度、途上国支援問題などに関する詳細なルールの決定を目指した。しかし、すべての中核的要素で合意が得られずに、COP6は交渉を中断する、という形で閉幕した。

その後、プロンク議長（当時オランダの環境大臣）を中心とした再交渉が行われ、COP6再開会合（2001年7月）では、次のような基本的合意（ボン合意）が成立した。①途上国支援：条約に基づく基金として気候変動特別基金を設置し、議定書に基づく基金として京都議定書適応基金を設置；②京都メカニズム：(a) 先進国の削減目標の達成について、京都メカニズムの活用は国内政策に対して補足的であるべきであり、国内対策は、目標達成の重要な要素を構成する、(b) 排出量取引に関して、締約国は、排出枠の売りすぎ防止措置のため、予め排出枠の90％または直近の排出量のうちどちらか少ない方を留保する必要がある、(c) 共同実施とクリーン開発メカニズム（CDM）については原子力の利用を控える；③吸収源：森林管理の吸収分については、国ごとに上限を設ける（日本は、上限枠が1300万炭素トン(t) とあり、98年制定の「地球温暖化対策推進大綱」の森林吸収によるCO_2削減目標3.7％分より多い約3.9％分が確保される）[7]；④遵守制度：排出削減目標を達成できなかった場合は、その超過した排出量について、1.3倍に割増した上で次期排出枠から差し引く、などである[8]。

こうした合意は、米国が京都議定書からの離脱を表明したにもかかわらず成立した点に留意しておきたい．しかし、排出量取引制度を含む「京都メカニズ

ム」という市場メカニズムを活用する柔軟なGHGs排出削減方法の導入を97年の京都議定書交渉過程で国際社会に要求し、しかもその要求が満たされたにもかかわらず、その米国が京都議定書の枠組みから離脱したことが国際的な協力体制に与える影響は深刻である。

米国の離脱問題から派生する当面の影響は、議定書発効の2要件（第25条）のうちの1つが満たせなくなるおそれである。すなわち、枠組み条約の附属書Ⅰ締約国全体における90年の総CO_2排出量のうち、55％を占める附属書Ⅰ締約国が批准するという要件である（他の要件は締約国55カ国の批准）。附属書Ⅰ締約国全体に占める米国の排出量は36.1％、ロシアは17.4％で、二国合わせて53.5％である。したがって、ロシアが米国とともに離脱すれば、議定書の発効が不可能になる。他方、ロシアがEU（24.2％）とともに議定書を批准するとして、両者の合計は41.6％、それに01年の4月にすでに議定書を批准したルーマニアの1.2％を加算すると、合計42.8％になる。55％要件まで残りは12.2％。そうなると、日本（8.5％）、カナダ（3.3％）そしてオーストラリア（2.1％）などの国の批准が鍵を握ることになった。EUは、COP6再開会合そしてCOP7で、ロシアを含めた上記の国々に対して議定書の枠組みに留まるように外交攻勢をかけた。最終的に、再開会合では、EUはこれらの国に対して森林の吸収源で大幅に譲歩した。すなわち、各国の国内状況を考慮し、削減目標達成に必要な吸収源による削減量を認める、というものであった。ボン合意時点での1,763万炭素tの森林吸収限上限値の緩和要求が大幅に通り、ロシアにはCOP7で約2倍近くの3,300万炭素tの上限枠がみとめられた。日本政府は前述したように、日本に課された1990年比6％のGHG排出削減量のうち約3.9％に当たる1,300万炭素tの森林吸収上限枠をボン合意で確保していた[9]。

日本政府は、特に京都議定書を批准するまでの過程で、二国間関係重視か多国間関係重視か、態度を決めかねた。日米関係を最重要視する日本政府は、あくまで米国を説得して議定書への復帰を図るという主張を繰り返した。だが、プロンク議長の森林吸収源に関する妥協案などを拒否し、その結果COP6再開会合において何らの国際合意も成立しなければ、日本の国連を中心とした多国間主義外交はかなり後退する。そればかりか、軍縮と並んで重要な日本外交の柱である環境分野における日本の国際的貢献も、京都議定書の未発効とともについ

えるであろう。もしそうなれば、安定した気候という地球規模の「公共財」の劣化を見過ごしつづけることを意味する。国内利益を最優先した現米国政権の議定書拒絶という行動に、日本をはじめ多くの国が同調するようなことになれば、「国際社会」はまさに「共有地の悲劇」に突き進む。したがって、COP6再開会合そしてCOP7で京都議定書の運用細目が大方決まったということは、国際的な温暖化対策実施の方向性を確認する上で意義のあることであった。しかし、国際的な温暖化対策の第1歩を踏み出すためには議定書の発効が必要である。

2002年の5月31日EU15カ国が議定書の批准書をニューヨーク国連本部に寄託して、批准手続きを完了した。日本も同日、議定書の批准承認案と国内対策を定めた「地球温暖化対策推進法改正案」が参議院本会議で成立したの受け、6月4日に議定書批准を閣議決定した。同日、第74番目の批准国（含むEU）として国連本部に批准書を寄託して批准手続きを完了した。さらに、同年8月26日〜9月4日に開催されたヨハネスブルグ・サミットに向けて中国、インド、ブラジルなどの大きな開発途上国を含む14カ国が相次いで議定書を批准した[10]。現在（2002年12月現在）、101カ国（附属書Ⅰ国30、非附属書Ⅰ国71カ国）が批准しているが、排出量割合で見ると、附属書Ⅰ国全体のCO_2排出量（1990年）の43.9％を占めていて、55％以上というもう1つの議定書発効要件をまだ満していない[11]。この55％の基準をクリアするためには、ロシア（17.4％）の批准が不可欠であり、2003年中には批准するとされる同国が今後の展開の鍵を握っている。ちなみに、02年12月時点で批准していない米国・ロシア以外の主な附属書Ⅰ国は、オーストラリア（2.1％）とスイス（0.3％）である。

4 気候変動問題をめぐる国際政治

(1) 科学と政治——リスクとコスト

　CO_2の排出規制は、現代社会の産業・経済活動ならびに日常生活にも大きな影響を及ぼし、また、政策決定を下す上で参考にする判断材料に多くの不確実な要素が含まれるだけに、国際交渉の内容がより具体的になればなるほど、交渉は難

航する。その要因の1つが、科学および社会・経済的不確実性である。人間活動に起因する大気中のCO_2は急増し、その温室効果は確実に知られているものの、どの地方の気候に、いつ、どの程度影響を与えるのか、未だ不確実である。したがって、将来確実に起こるとは限らないことに対して、現在何らかの経済的措置をとることは好ましくない、という主張がある。他方、将来取り返しのつかない損害を被る危険性があるのなら、まだ経済的な余力のあるうちに対応措置を取って将来の危険に備える必要がある、という見解もある。すなわち、気候変動の影響の程度と広がり、その潜在的損害の規模、さらには様々な対策を取った場合の経済社会的な影響など、気候変動問題には不確実な要素が多い。

　こうした状況を反映して、同じ情報に対して上述の2つの互いに対立する解釈が存在し得る。現時点では科学的不確実性が多くても確実な知見が得られたときには手遅れになってしまうかもしれない、という考えが気候変動レジームの強化を推進する原動力の1つになっている。人為的なGHGsの排出による温暖化が地球の気候を不安定にし、その結果、大洪水や干ばつの頻発やその規模の拡大によって将来甚大な社会・経済的損害がもたらされるおそれがあるのなら、予防原則の考えに基づき現時点で最善の対策を取るのが賢明である。たとえ、将来の損害を完全に回避できなくても、少なくとも損害を軽減するように努める必要があろう、という立場である。他方、将来起こるか起こらないかもしれないことに希少な資源を振り向けることは、経済的に非効率であるばかりか、何事も起こらなかった場合、本来得られたであろう利益を失う。科学的に不確かなことに対して対策を取ることによる機会費用（opportunity cost）を無視すべきではない。したがって、科学的な確実性が得られるまで思いきった対策をとらない方が賢明である、と考える（Rayner 1995, p. 71）。

　どちらの考えに従って実際の政策を選択していくか、議論の分かれるところである。ここで、科学および社会・経済的不確実性下での意思決定に影響を与えるリスクとコスト問題を簡単に整理しておく。問題点を鮮明にするために単純化した状況は、以下の通りである。すなわち、政策決定者は経済効率優先政策か、より費用のかかる予防的政策のどちらかを選択するか検討していて、しかも、人為的なGHGsに起因するとされる急速な温暖化の結果生じる社会・経済的影響についての2つの異なった将来予測を目の前にしている（将来予測2

の方が将来予測1より大きな被害や損害を予測している)。さらに、意思決定の時点では、2つの予測のうちどちらがより正しいか判断することが全くできない、という不確実な状況にある。将来予測1が実際に起こるというのであれば、それに対して過度の対策を採用することは経済効率が悪いことになり「コストの高い」政策の選択となる（図1の「2,1」の選択)。他方、将来予測2が当たって、社会・経済的被害や損害が経済効率優先政策の選択の時点における経済的利益より大きくなってしまうなら、「リスクの大きい」選択となる（図1の「1,2」の選択)。

政策の効率性の観点から最も好ましい選択は、将来予測1の通りとなり、温暖化防止対策を必要最小限に抑えることが出来たという政策決定である（「1,1」)。また、温暖化の影響がより拡大するという将来予測2に従ってより対策費のかかる政策を選択して、不幸にもその通りになった場合は、予防対策のおかげで社会・経済への悪影響を軽減できるだろう。

以上のように、気候変動問題に対する国際的な対応が遅れている主な理由の1つが、図1を通して考察した「不確実性の状況下での選択」という困難な状況に政策担当者が直面していることである。根本的な問題として、地球規模の温暖化の影響を実際の実験を通して知ることは不可能で、科学的影響評価をコンピューター・シミュレーションで予想するしかない。したがって、人為的な排出によるGHGsによる温暖化が、一体どれほどの規模の異常気象―洪水や干魃等―を実際に引き起こすのか、いつ、どの地域にどのような被害をおよぼすのか、まだ、不確実な点も多い。仮に温暖化対策を取るとしても、どれだけの規模の対策を取ればいいのか、また、その対策の影響はどの程度になるかなど、政策の効果や政策導入に伴う経済的な効率性などに関しても、誠に不確実な状況下での政策決定が要求されているのである。

図1 不確実性の状況下での選択

	将来予測1 （リスク＝1）	将来予測2 （リスク＝2）
経済効率優先政策： （コスト＝1）	1　　　1	2 1
予防原則政策： （コスト＝2）	1 2	2 2

それでも、科学的な確実性が得られるまで何ら対策をとらないというのではやはりリスクが大きすぎる。88年に国連環境計画（UNEP）と世界気象機関（WMO）によって設置された「気候変動に関する政府間パネル」（IPCC）は、90年、95年に次いで、2001年の4月、第3次評価の主要部分をIPCC総会で採択した。その評価報告の要点は、①過去50年間に観測された温暖化の大部分が人間活動に起因していることの確認、②21世紀中の全地球平均気温の上昇予測が1.4～5.8℃であること、③1990年から2100年の全地球海面上昇は0.09～0.88mと予測されること、④21世紀には、生態系の崩壊、干ばつの激化、食糧生産への影響、洪水・高潮の頻発、熱帯病の増加等、広範な分野において大きな影響が予測されること、⑤温暖化緩和策としての技術的対策の潜在力は高いものの、その効果的な実施のためにはまだ多くの技術や社会経済上の障害を克服する必要があり、総合的な対策の推進が効果的であること、などである[12]。

これらの評価の多くが将来予測ということもあり、各国の政府や政策担当者は様々な不確実性の下、予防原則の考えを重視した上で機会費用の最少化を図っているといえるだろう。しかし同時に、各国政府は国際的な交渉の場で相対的損得勘定を頻繁に行い、他国より不利な義務を負わないように、また、交渉の進展を妨げたなどとそしられることのないように努める（Susskind 1994）。他方、国際公共財としての安定した気候を維持したいという諸勢力も存在している。そこで、次節では気候変動問題をめぐる国際的な政策連合について考察してみよう。

(2) 気候変動問題と国際的な政策連合

地球気候の安定はどの国の住民にとっても掛け値なしに貴重な共有財産である。しかし、それを維持するための国家間の国際的な協力行動—積極的あるいは消極的な行動—は、各国内あるいは地域内の政治経済そして社会構造に影響される。この節では、国際的な利益を優先する国際的な政策連合と、国家利益を優先する国際的な政策連合に大別し、政策連合形成要因を考察する。

① 国際的な利益優先連合

国連気候変動枠組み条約が1992年のリオ・サミットで調印に付されるまでと、

その後の条約締約国会議での議定書交渉において、国際的な政策連合が交渉の節目ごとに形成された。そのなかでもとりわけ積極的に地球気候の安定という国際的な利益の促進を目指す主なアクターは、条約事務局（UNFCCC）や国連環境計画（UNEP）などの国際機関や気候変動に関する政府間パネル（IPCC）などの政府間機関である。さらに、このような国際機関を後押しするのがグローバル市民社会、とりわけ一国の利益にとらわれずに国際的に活動を展開する環境NGOである。そして、その環境NGOが特に支援しているのが、地球の温暖化による海面上昇によって自国の存続が危ぶまれている小島嶼国連合（AOSIS）である。AOSISは、太平洋、インド洋、そして大西洋上の42の小島嶼国からなっている。これらの島国にとって、自国の存在といういわば究極の国家利益と地球気候の安定という国際的な利益は不可分のものである。したがって、第1回締約国会議（COP1）でAOSIS諸国は一致団結、GHGs20％削減や海面上昇への対応策のための資金援助などを要求した。

　こうした一連のアクター・グループに次いで積極的に気候変動問題を国際政策課題に押し上げているのが、ドイツ、オランダそして北欧諸国を中心としたEUである。EUメンバー国のすべてが環境優先の政策をとっているわけではないが、他の先進工業国、例えば、日本、オーストラリア、米国に比べ、国内政治において連立政権の一翼を担う政権与党勢力である「緑の党」の影響もあり、より環境問題重視の政策をとっている。それに反して、そうした政治勢力が存在していない日本や米国では、ドイツ、オランダそして北欧諸国と比較してより自国の経済政策重視である。さらに、イギリスでは近年になって石炭から天然ガスへのエネルギー転換なども進んでいる状況を反映して、GHGs削減に対して積極的な政策を選択できることも指摘できよう。

　以上概観したように、条約事務局、国際機関、AOSIS、環境NGOそしてEUの環境リーダー国が緩やかな国際政策連合を形成して、気候変動問題に関する国際協力体制の維持・強化を目指している（Porter et al. 2000）。こうした動きに対して、国家利益を重視するEU以外のOECD諸国や開発途上国が、各々の国際政策連合を形成して対立している。

② OECD諸国の国家利益重視連合——JUSSCANNZ

　この連合に加わる国は、日本、米国、スイス、カナダ、オーストラリア、ノルウェー、ニュージーランドなどで、国際的な交渉の場でしばしば消極的な姿勢をみせている。この連合は、各国の英語表記国名の頭文字を取って、JUSSCANNZと称される。COP3（1997年）以降COP7（2001年）にいたるまで、ロシアとウクライナを加えたアンブレラ（Umbrella）グループが出現し、その国際交渉に際して緩やかな連合を形成した。ただし、スイスはアンブレラ・グループには所属せず、COP6の時、韓国およびメキシコとともに環境保全グループ（Environmental Integrity Group）を形成した。

　ことに、米国は世界のCO_2の約25％を排出するのみならず、1人当たりの排出量も世界で最も多い。こうした事情を背景として、ブッシュ政権は2001年の3月に京都議定書からの離脱宣言をすることによって、いっそう国内経済政策重視、とりわけ、エネルギー業界の利益を代弁するがごとく、エネルギーの安定供給を国家利益として政策の中心に据えている。他方、日本は、1970年代の2度にわたる石油危機を乗り切るために省エネルギー政策に政府も産業界もともに取り組んできたことと、1990年代初頭の「バブル経済」崩壊の後遺症である経済不振から未だに回復できず、国内経済政策を環境政策に優先させる状況にある。ただ、日本の古都の名を冠した京都議定書の発効は、日本の国際貢献を世界にアピールするものであり、この意味において、京都議定書の成功は日本外交にとって「国家利益」の重要な中身の1つである。さらに、エネルギー多消費型社会であるカナダやオーストラリアなどの国では、1人当たりのCO_2の排出量が多く、CO_2吸収源である森林の役割の重視を強調することによって、自国の産業経済分野での削減努力規模をできる限り縮小したい意向である。総じて、JUSSCANNZ諸国は、京都議定書交渉過程全般にわたってCO_2排出削減には消極的であったが、米国が京都議定書を拒絶することによって、同議定書にかける外交的期待の大きい日本外交が今後の展開の重要な鍵の1つを握るであろう。事実、COP8において、途上国のコミットメント問題を審議する必要について、日本政府はAOSISやEUと同調して発言した[13]。

③　移行期経済諸国——EU側とアンブレラ側

　ロシアと旧中東欧諸国が移行期経済諸国であり、EUならびにJUSSCANNZ諸国同様、京都議定書の付属書B国として削減義務を負っている。とはいうものの、前社会主義政権崩壊にともない、そのエネルギー集約型の経済活動が未だに停滞していて、排出削減義務が比較的容易に達成できる状態になっている。特に、経済活動規模が排出削減基準年の1990年より縮小しているロシアやウクライナのような国で、第1約束期間までにGHGの削減量が0％である国では、経済規模縮小によるGHG排出量減少となり、多くの排出余剰（通称「ホットエア」）が生じることになる。

　こうした排出余剰量は、京都メカニズムの1つである排出量取引市場が確立した場合、米国や日本のように国内での削減が厳しい国にとって、国内努力を補完するものとなる。したがって、「ホットエア」をめぐってロシアやウクライナの売り手と日本や米国などの買い手利益が一致した[14]。その結果、ロシアとウクライナはCOP3での最終段階でJUSSCANNZ諸国側の議論にくみするようになり、アンブレラ・グループの一員になった。他方、ポーランドやハンガリーのような、中東欧6カ国は、近い将来拡大EUへの加盟が見込まれているので、気候変動問題ではEU寄りのスタンスを取っている（グラブ2000, 58～59頁）。

④　途上国の国家利益重視連合——OPECとG77＋中国

　1970年代に石油という戦略的産品を武器に、途上国である石油輸出国諸国が一致団結して石油メジャー資本とOECD諸国によって形成されていた原油の低価格市場を高価格市場に変えることに成功した。その成功に触発されて他の1次・2次産品においても「適正」国際市場価格の設定のために「新国際経済秩序」の樹立を目指して結集したのが途上国77カ国で、G77と呼ばれている。現在、気候変動問題をはじめとして多くの国際交渉の場で、途上国の利益を推進するために、120カ国ほどが緩やかな連合を形成する。このグループには、温暖化問題では互いに対極的に立場の異なるAOSISやOPECなども含まれる。しかし、要求内容次第では両者がG77の旗印の下に結集することがある。このような途上国のグループは大別して3つのグループに分けられる。すなわち、AOSIS、石油輸出国機構（OPEC）、そしてその他多くの途上国グループである。

OPEC諸国の利害は非常に明瞭で、世界的なCO_2削減規制や代替エネルギーの利用の増大などによる石油消費量の減少とその結果としての収入の減少を危惧する。したがって、さまざまな交渉の場で科学的な不確実性を強調し「拙速な」規制の導入に反対したり、森林の吸収源対策、あるいはCO_2排出削減とは切り離された各種施策に重点を置くよう主張している。こうした強硬発言は国際交渉会議における議事進行を妨げると批判されることもしばしばであり（グラブ 2000, 59頁）、他の途上国と対立して孤立することもある。しかし、COP2以降、GHG排出抑制による収入の減少に対するOPECに対する「補償金」の要求が、他の途上国の気候変動による損害に対する補償要求へと広がっていって、OPEC諸国とAOSIS諸国の要求を含んだG77の統一的ポジションを提供することになった。なぜならば、先進国諸国は「補償金」提案をまったく相手にしなかったが、それでもこうした補償要求がUNFCCCの第4条8項と9項に掲げられた、小島嶼国や低開発国も含む、気候変動の影響に対して極めて脆弱な国々に対する「特別な配慮」要求に関連付けられたからであった（グラブ 2000, 74頁）。

　G77＋中国はAOSISやOPEC諸国以外の途上国の利益を代表する緩やかな連合であり、アフリカやラテン・アメリカなどの地域グループに分かれて意思の統一をはかっている。ただし、中国は、インド、ブラジルあるいはインドネシアのような大きな途上国同様、独自の立場を表明することもあり、このG77＋中国の要求は必ずしも一枚岩ではない。とはいうものの、国際的な交渉の場ではG77＋中国として途上国を代表する立場が示されている。このグループは国内の経済発展を最重要視し、それを正当化するのが北の諸国の責任論に立脚した公平性の問題である。公平性の主張は、現在の温暖化問題は北の先進諸国の産業経済活動に主に起因し、途上国側の貢献度は低いので、ベルリン・マンデート（COP1）でも確認されたように、附属書Ⅰ諸国のみが当面削減義務を追うべきである、というものである。また、途上国にとっては環境保護より経済発展政策の方に重点を置いているので、温暖化防止対策に関して北からの資金と技術移転に関心を示している。さらに、リオ宣言の原則2に謳われている自国の資源の活用に関する主権的開発権の正当性も主張している[15]。

　ここで最後に、国際的な政策連合の主要国や地域が国際交渉の場で取る立場の背景を理解する助けとして、国あるいは地域全体の工業プロセスにおける

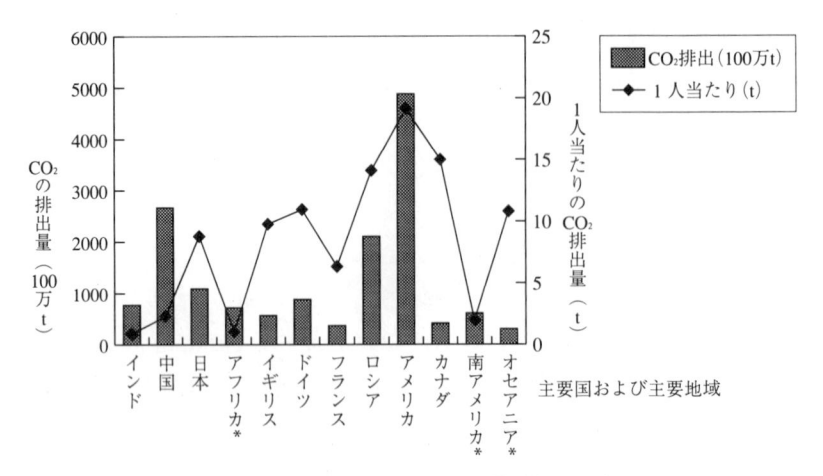

図2 工業プロセスからのCO$_2$排出量1992年
データ：世界資源研究所『世界の資源と環境1996−97』（298〜299頁）より作成
*同地域諸国の1人当たりの排出量は平均近似値

CO$_2$排出量と1人当たりの排出量の多寡をグラフ化する（図2）。これらのCO$_2$排出に関するわずか2項目の簡単なデータからも十分に各々の国内的な経済社会構造を類推できる。米国は社会全体の排出量のみならず、1人当たりの排出量でも他をはるかに凌いでいる。また、オセアニア地域の2国がなぜ、JUSSCANNZ連合の一員なのかという問いも、1人当たりの排出量が他国や他地域にくらべて多いことからも納得できよう。さらに、G77＋中国が先進国の責任論を強調する根拠として1人当たりの排出量が比較的少ないことがあげられよう。しかし他方、国全体の総排出量が多く、今後とも急速な経済成長が見込まれているので、地球の気候という国際的な「公共財」の保全という視点から、今後、中国らの責任分担が問題になろう。日本は他の先進諸国、例えばドイツやイギリスと比べて、早い時期から省エネ対策に取り組んできた努力の成果がグラフからも読み取れる。すなわち、日本人1人当たりの排出量はドイツ人やイギリス人より少ない。

5 国際公共財としての安定した地球気候：政策上の争点と価値

　地球上の生物にとって快適な現在の気候は、いわば人類社会にとっての国際公共財である。公共財の維持・管理は「共有地の悲劇」あるいは集合行為の問題としてフリーライダーの存在に直面する。本書第2章の環境と開発のガバナンス論で検討したように、共有地の悲劇を回避するためには、概ね4つあるいは5つの戦略が考えられる。つまり、自主規制、(外的) 規制、あるいは規制と財政的インセンティブ等の組み合わせ、共有地の分割、牧牛の共同体所有である。さらに、これらの戦略を市場メカニズム／自主規制、修正主義、規制、そして急進的アプローチ（あるいは政策）と分けて各々の政策の特徴および短所・長所を指摘した。

　こうした戦略や政策選択の背後には、それを推進する拠り所となる価値観が存在する。主な価値観とは、保全、生産、公平、そして自由であり、主な政策上の争点とは、責任論、開発・国内経済優先、自主規制、京都メカニズムである。本節では、気候変動枠組み条約ならびに京都議定書締結過程での争点を主要な価値観と関係づけて分析することによって、錯綜した現実の国際交渉を解きほぐし、気候変動問題の望ましいガバナンスの方向をさぐる一助としたい。

(1) 国際公共財としての気候の安定と4つの価値

　安定した地球の気候を国際公共財と捉えた場合、保全の価値が意味することは、この公共財の価値の維持である。具体的には、2001年にIPCC総会で承認された、第3次レポートによる政策目標を達成することである。また、大局的な目標として、2100年までに大気中のCO_2の濃度を450～550ppmで安定化させること、言いかえれば、少なくとも産業革命以前の濃度275ppmの概ね2倍以下に抑えるということである。

　保全の価値としばしば対立する価値が生産の最大化である。気候の安定を損なわずに生産活動の最大化を追求する考えであり、基本的に規制に反対する。また、生産の最大化を推進する価値観は、共有地の分割戦略にも通じ、市場メ

カニズムの最大限の活用を求めるものである。気候変動問題において、後述する自由の価値とともに、京都メカニズムを規制なく最大限活用するとか、森林の吸収減を最大限認めることによって国内の経済活動を最大限保証しようとする考えである。

第3番目の価値は、採用される政策や戦略が公平であるかどうかを問題にする。GHGsの抑制目標は附属書Ⅰ国間で公平に割り振られているのか。例えば、日・米・EUなどの先進工業国や地域に割り振られた2008〜12年間の削減義務は、1990年以前の各国の努力や経済事情をどこまで公平に勘案したものなのか。「共通だが差異ある責任」の南北間での公平観に関する相違がどのように調整されているのか。すなわち、「先進工業国がこれまでの問題の原因であるから、まず、範を示すべき」という倫理的な側面の強調によって公平性を主張することができよう。また、現在のところ南の諸国にはGHGsの削減義務は課されていないが、南の諸国の経済力や技術レベルでは削減努力がより困難であり、コストと能力の両面から先進国の方が容易にGHGsの排出削減が可能である、という立場からの公平性の主張もできよう。現実には、地球環境ファシリティー（GEF）を通した先進諸国からの資金援助やクリーン開発メカニズム（CDM）などの活用で、北からの資金や技術によって南の諸国でのGHGs排出削減が行われようとしていて、京都議定書が発効すれば、近い将来、公式に両者が責任をとる道も拓けよう。

行動の自由が最大限与えられる状態は、行動に対する規制が一切存在しないときである。あらゆるアクター（国、企業そして個人）は、自由を求める。したがって、外的な規制がなく、各アクターの自主規制で気候変動問題が解決できれば、自由の価値を生かしつつ保全を達成する。これは人類社会において理想的な状態である。しかし現実は、気候変動枠組み条約を必要とするだけでなく、具体的な規制を目指す京都議定書の実施が求められている。

共有地の悲劇の回避を目的とするどの戦略もすべての価値を最大限実現できない。保全と公平をともに達成することは可能ではあるが、保全の価値を充足させるためには、少なくとも短期的に、生産と行動の自由を抑制しなければならないだろう。しかし、そのような抑制は長期的な利益を導く。それは特に再生可能な資源の持続可能な利用に有効だからだ。また、真に物質循環型の社会

経済システムが形成されれば、保全と生産の両立可能性も生まれる。最後に、「自由」の価値に関して忘れられてならないことは、あるグループの行動の自由はしばしば他グループの行動の自由を侵害する、ということである。

(2) 気候変動問題の主な政策上の争点と4つの価値との関係

このような互いの価値の相互関係を気候変動問題の主な争点や戦略——責任論、開発権/国内経済優先、自主規制、京都メカニズム——と関連付けて整理すれば、概ね以下のようになる。まず、保全、生産、公平そして自由をすべて可能な限り満たした状態（図3では各4ポイントのバランスがとれた菱形の形状、「生産」に関しては循環型社会経済システムの実現）が理念的なモデルの気候変動レジームであると想定できる。第2に、責任論とは、これまでの人為的なGHGs排出の責任は先進国にあるので、まず先進工業国が排出抑制をすべきである、という主張である。この議論が受け入れられた状態とは、公平と保全という価値が大きく認められ（図3では公平5、保全3ポイント）、先進工業国の生産と自由が抑制されたものである（図3では生産、自由各1ポイント）。

第3に、開発権や自国の経済優先論をみとめるということは、保全と公平をそれほど重視せず（図3では保全、公平各1ポイント）、生産と自由を重視することになる（図3では生産5、自由3ポイント）。また、地球全体でGHGsの排出抑制が行われればいいのであって、政治・経済コストの高い国で無理して削減努力を行うよりも、コストの安い国や地域で行えばいいのではないか、という議論もここに含まれる。第4に、自主規制という考えであるが、これが認められて保全が進むという状態は人類社会が望む理想である。この戦略では行動の自由が最大限保証されるとともに生産の拡大も予想される（図3では自由5、生産3ポイント）。また、保全の価値に関する情報が広く伝播し、国家、企業、個人などの各アクターの啓発活動によって、保全や公平の価値も重視される可能性がある。とはいうものの、フリーライダーの出現問題が常に存在し、また、現実的には世界的にGHGsの排出量が増大し続けていて、国際的あるいは国内的に排出削減率などをめぐって公平性が問題になっている（図3では保全、公平各1ポイント）。最後に、安定した気候という共有地の保全のために生産（市場経済メカニズムを導入したアプローチ）を有効活用しつつ（図3で

表1　気候変動問題をめぐる争点と価値観

	保全	生産	公平	自由
責任論	3	1	5	1
開発・国内経済優先	1	5	1	3
自主規制	1	3	1	5
京都メカニズム	2	3	3	3
理念的なモデル	4	4	4	4

注1：数値は最大値で、充足度が最大であることを示す。
注2：理念的なモデルの「生産」は循環型社会経済システムに適した生産を意味する。

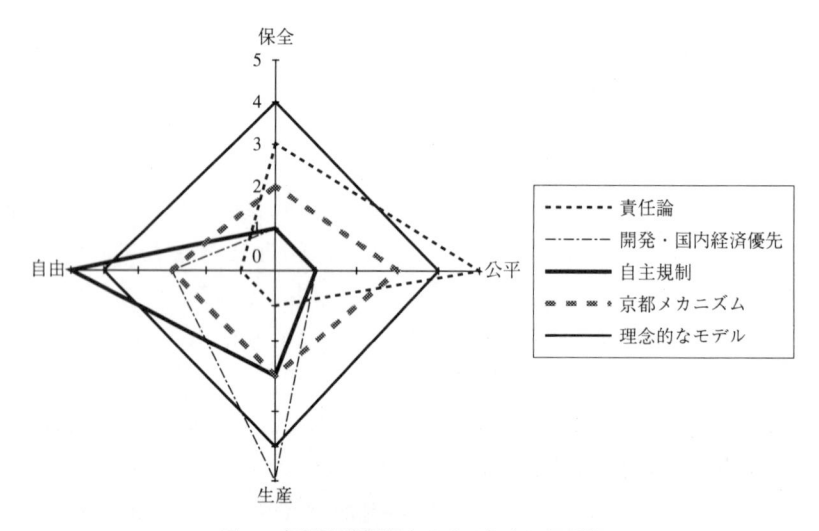

図3　気候変動問題をめぐる争点と価値観

は保全2、生産3ポイント)、当面先進工業国（附属書Ⅰ諸国）に削減義務を課すことによって公平性を保ちつつ、行動の自由をやや抑制していく京都議定書による妥協が図られているのである（図3では自由、公平各3ポイント）。現状では、同議定書はここで取り上げたすべての価値を最大限充足させるものになっていない。といって、この枠組みを現時点で否定する国際社会の構成員は、各々の価値をできる限り満たす代替的戦略を提示しなければならない。以上の争点と価値の相互関係の数値（表1）をグラフを使って簡略化してみると、図3のようになる。

6 まとめ

　気候変動レジームは、対象となっている問題が地球規模で、息の長い取り組みを必要とし、しかも現代文明の主要エネルギー源である化石燃料の使用を抑制しなければならない。これらのことだけとってみても並大抵のことではないことが分かる。さらに、人為的なGHG排出量の急増による地球の温暖化の結果としての気候変動問題は実に複雑な問題で、それだけに不確実な点も多い。このことは予測されるリスクの規模と対応政策のコストとの間の適切な関係の見極めを難しくしている。と同時に、各国の社会・経済状況を反映した国際政策連合は、各々異なった政策の優先順位にもとづいて国際社会をリードしようとしている。IPCCを中心としたエピステミック・コミュニティの将来予測を深刻に受け止めるAOSIS、国際環境NGO、EU加盟国の環境主導国（ドイツや北欧諸国など）は気候変動レジームの強化を目指すことによって、環境政策重視の方向に「国際社会」の舵を取ろうと努めている。G77＋中国はその反対に、すなわち経済発展重視の方に大きく舵を取ろうとしていて、COP8では事実そちらの方向への軌道修正に成功したといえるだろう。この方向転換を可能にしたのは、国内利益最優先の米国の内向きかつ後ろ向きの強烈な引きがあったからだ。

　人類社会は今後、望ましい方向への舵取りに失敗し、自らの意図に反して取り返しのつかないところまで、現在の比較的安定した気候システムを崩壊させるのだろうか。人類社会はやはり、荒廃の状況に気づきながらも共有地の悲劇状況から逃れられないのだろうか。そうならないためにも、まず、科学および社会・経済的知見に関する不確実性をさらに減らしていく必要があろう。また、適切で有効かつ低コストの政策を考案かつ実施する努力を継続しなければならないだろう。そして究極的には、物質循環型の持続可能な社会形成という目標に向かって国際社会の舵を取っていけば、保全、生産、公平、そして自由の価値を十分に満たし、今後とも比較的安定した気候を次世代も享受できるだろう。

注

1）本章は主に著者の2つの論文［太田2002（a），（b）］をもとに加筆修正したものである。
2）The Pew Center on Global Climate Change, "Climate Talks in Delhi - COP8: Summary: November 1, 2002," p.10. http://www.pewclimate.org/cop8/summary.cfm（2002年11月9日検索）
3）International Institute for Sustainable Development (IISD), "A Brief Analysis of COP-8," *Earth Negotiation Bulletin* (ENB), Vol. 12 No. 209, 4 November 2002, p. 14.
4）京都議定書の附属書Bとは、同議定書のもとで、2008～2012年の間に達成すべき、最初に定められた国別削減コミットメント（削減数値目標）を明示したリストである。因みに、日本と同じ6％の削減義務を負っている国は、カナダ、ハンガリー、ポーランドである。また、1990年レベルと同じ（削減率0％）の国は、ニュージーランド、ロシア連邦そしてウクライナである。さらに、排出の増加が認められているのは、アイスランド（+10％）、オーストラリア（+8％）、そしてノルウェー（+1％）である。
5）通称京都メカニズムといわれる目的達成のための柔軟な国際的仕組みとは以下のようなものである。

　排出量取引（emission trading: ET）：排出枠（割当量）が設定されている附属書Ⅰ（先進国）の間で、排出枠の一部の移転（または獲得）を認める制度。先進国全体としての総排出枠に影響を与えない。

　共同実施（joint implementation: JI）：先進国間、特に市場経済移行国との間で、GHGの排出削減事業を実施し、その結果生じた削減単位を関係国間で移転（または獲得）することを認める制度。事業の実施を通じて実際に排出量の追加的削減が図られる。排出枠が設定されている先進国間での排出枠の一部のやり取りになるため、先進国全体としての総排出枠に影響を与えない。

　クリーン開発メカニズム（clean development mechanism: CDM）：先進国が途上国（非附属書Ⅰ国）において実施された温室効果ガスの排出削減事業から生じた削減分を獲得することを認める制度。先進国にとって、獲得した削減分を自国の目標達成に利用できると同時に、途上国にとっても投資と技術移転の機会が得られるというメリットがある（環境省2001, 47頁）。

6）1990年以降の新規の植林、再植林及び森林減少に限定した人為的活動に起因する温室効果ガスの排出及び吸収の純変化についても、削減量として数えられる。また、今後、土地利用変化及び林業部門における追加的活動による吸収量を、どのように目標達成に算入するかについて検討していく（環境省、同上）。

7）「地球温暖化対策推進大綱－2010年に向けた地球温暖化対策について－」（平成10年6月19日、地球温暖化対策推進本部決定）において、日本の6％削減目標の達成に向けた地球温暖化対策が明らかにされている。その要点は以下の通りである。（1）CO_2、CH_4、N_2Oの排出量については、省エネルギーや新エネルギーの導入及び安全に万全を期

した原子力立地の推進を中心としたエネルギー需給両面の対策や革新的技術開発、国民各界各層の更なる努力などの推進によって2.5％の削減；（2）代替フロン等3ガス（HFC, PFC, SF6）の排出量については、プラス2％程度の影響に止める；（3）植林、再植林等（議定書第3条の第3項）による純吸収分により約0.3％の削減と土地利用変化及び林業部門における追加的活動（同第3条の第4項）による森林等による純吸収量の3.7％の確保；（4）排出量取引、共同実施、クリーン開発メカニズムなどの国際的な枠組みの活用。

    http://www.kantei.go.jp/jp/ondan/suisinhonbu/9806/taikou.html（2002年2月6日検索）

8）環境省、報道発表資料「COP6再開会合の合意について」平成13年7月23日、並びに同日発表の日本代表団発表資料「気候変動枠組条約第6回締約国会議（COP6）再開会合」（閣僚会合：概要と評価）。

9）山形与志樹・石井敦「吸収源に関する主要論点と交渉経緯」（高村・亀山、2002年）およびhttp://www.pewclimate.org/cop7/update_110901.cfm（2002年11月9日検索）。

10）http://www.climnet.org/Euenergy/ratification.htm（2002年12月27日検索）。

11）京都議定書の批准状況は国連気候変動枠組条約（UNFCCC）の事務局ホームページの"Kyoto Protocol Thermometer"に詳しい。http://unfccc.int/resource/kpthermo.html（2002年11月6日検索）

12）IPCCの第3次評価報告書の要約（http://www.ipcc.ch/pub/tar/syr/001.htm）（2002年2月5日検索）。

13）IISD, op. cit., p. 12.

14）あまり大量にホットエアが排出量取引市場で売買されると取引全体、ひいては気候変動レジーム全体の実効性を損なうおそれがあるので、その取引には一定の制限が加えられた。

15）「環境と開発に関するリオ宣言」の第2原則：各国は、国際連合憲章及び国際法の諸原則に従い、自国の資源をその環境政策及び開発政策に基づいて開発する主権的権利、及び自国の管轄又は管理の下における活動が他国の環境又は国の管轄の外の区域の環境に損害を与えないように確保する責任を有する。

参考文献

Porter, Gareth, Janet Welsh Brown, and Pamela S. Chasek. *Global Environmental Politics*, Third Edition. Boulder, CO: Westview Press, 2000.

Rayner, Steve. "Governance and the Global Commons," in Meghnad Desai and Paul Redfern, eds. *Global Governance: Ethics and Economics of the World Order*. London: Pinter, 1995, pp. 60-93.

Sloep, Peter B. and Maria C. E. van Dam-Mieras. "Science on Environmental Problems," in

Environmental Policy in An International Context: Perspectives. London: Arnold, 1995, pp. 31-58.

Soroos, Marvin S. "The Tragedy of the Commons in Global Perspective," in Charles W. Kegley, Jr. and Eugene R. Wittkopf, eds., The Global Agenda Issues and Perspectives 6th ed. New York: McGraw-Hill, 2001, pp. 483-497.

Susskind, Lawrence E. Environmental Diplomacy: Negotiating More Effective Global Agreements. New York: Oxford University Press, 1994.

The United Nations Framework Convention on Climate Change (UNFCCC). The Marrakesh Accords and The Marrakesh Declaration.
http://unfccc.int/cop7/documents/accords_draft.pdf2001（2002年2月4日検索）．

太田　宏（a）「気候変動問題の政治的現状分析：京都議定書と日本の立場」『日本の国際貢献としての「環境外交」の現状と可能性』青山学院総合研究所研究叢書、第9号（3月）2002年、43－79頁。

―――（b）「京都議定書の意義と国際社会」『国際問題』No. 508（7月）2002年、48－64頁。

環境省編『平成13年版環境白書』（ぎょうせい、2001年）。

IPCC（気候変動に関する政府間パネル）編『IPCC地球温暖化第3次レポート―気候変化2001―』（中央法規、2002年）。

マイケル・グラブ、クリスティアン・フローレイク、ダンカン・ブラック著『京都議定書の評価と意味』（省エネルギーセンター、2000年）。

スティーブン・H・シュナイダー『地球温暖化の時代―気候変化の予測と対策』（ダイヤモンド社、1990年）。

世界資源研究所、国連環境計画、国連開発計画、世界銀行共編『世界の資源と環境1996－97』（中央法規、1996年）。

高村ゆかり、亀山康子編『京都議定書の国際制度』（信山社、2002年）。

参考URL

気候変動に関する政府間パネル（IPCC）　http://www.ipcc.ch

国連環境計画（UNEP）　http://www.unep.org

気候変動枠組み条約事務局　http://unfccc.de

環境省　http://www.env.go.jp

Climate Action Network　http://www.climatenetwork.org

Earth Negotiations Bulletin　http://www.iisd.ca/linkages/climate

気候ネットワーク　http://www.jca.ax.apc.org

全国地球温暖化防止活動センター　http://www.jccca.org

研究課題

（1） 気候変動問題とはどのような問題で、これまでどのような国際的取り組みがなされてきたのか。
（2） 京都議定書の特徴は何か。従来の環境政策とは異なった手法を導入しているのだろうか。もしそうなら、それは従来の手法とどのように異なるのだろうか。
（3） 気候変動に関する政府間パネル（IPCC）を中心に「国際的なエピステミック・コミュニティ」が重要な役割を果し、科学的な知見も蓄積されている。にもかかわらず、気候変動レジームは成層圏のオゾン層保護レジームのような発展をしていないのは、なぜだろうか。
（4） 気候変動問題対策と持続可能な開発を同時に追求することは可能だろうか。

第8章　生物多様性の保全

藤倉　良

1　はじめに

「生物多様性」という言葉は比較的新しく、国内で定着したのは生物多様性条約が1992年に採択されてからのことである。それ以前は生物学的多様性、生物の多様性などとも言われていた。英語でも1980年代までは、バイオロジカル・ダイバーシティ（biological diversity）と言われることが多かった。条約の交渉過程前後からバイオダイバーシティ（biodiversity）に統一されるようになったようである。

かつて著者は、環境庁の野生生物課で条約や国際協力を担当していた。当時日本が加入していた多国間条約は、絶滅の恐れがある動植物の輸出入を制限するワシントン条約と湿地の保全を目的としたラムサール条約であった。二国間条約には、米国、ソ連（現在はロシア）、中国、オーストラリアと日本との間に締結された4本の渡り鳥条約があった（現在も同じ）。それらの中で著者が担当していたのは、国内業務の多いワシントン条約を除いた全部であった。

そのとき、国連環境計画（UNEP）で生物多様性条約の素案が検討されることになり、著者もそのための専門家会合に2度ほど参加した。生物多様性条約は1992年のリオ・サミットの直前に採択され、それから10年が経過した。しかし、その間に生物多様性の意味が広く理解されるようになったわけではなく、国際的なガバナンスもほとんど進展していない。本章では、生物多様性の意味を中心に解説し、これをめぐる国内状況や国際関係を展望する。

生物多様性の意味を考える際の根本的な問いかけは、「トキが絶滅するとして、それがなぜいけないのか」ということである。日本のトキは絶滅しかかっ

ており、とうとう最後の 1 羽になってしまった。トキだけでなく、九州ではイリオモテヤマネコやツシマヤマネコが、北海道ではエゾシマフクロウなどが絶滅の危機にある。そのようなニュースはテレビや新聞でも報道され、それを耳にして「そうか、絶滅か、大変だ」と考える人も少なくないだろう。しかし、なぜ良くないのだろうか。トキが絶滅して、私たちに困ることが起きるのか。私たちはトキを食べているわけではない。最後の 1 羽が死んだところで、それがどうしたというのだろうか。まして、トキを生き残らせるために、なぜ多額の税金を使わなければいけないのか。これは難問である。かわいそうだから保護しろという意見もある。しかし、かわいそうだいうことであるなら、ハトやスズメやカラスも同じではないか。なぜトキだけが問題になるのか。

　実は、この問いに答えるために生物多様性という概念が作られたのだと著者は考えている。生物多様性の世界、とりわけ国際条約の世界では、なぜ生物種の絶滅がいけないのかが厳しく問われている。そしてその答えは、「人間のためだから」である。人間は生物を利用して生きている。だから、生物種の絶滅は良くないというのだ。世界の人口はさらに増え、人類はさらに多くの生物を利用しなければならなくなる。将来、利用できる生物種が今より大きく減少していたら人類が生きていくのに困る。だから生物種の絶滅は良くないのだと、国際条約交渉の場では説明されているのである。

　この考えをさらに突き詰めると、もっと厳しい問いに直面する。人類が存続するために生物種はどこまで必要なのか。あるいは、人間にとって価値のない生物種なら絶滅させても良いのかという問いである。イネが絶滅すると食べるものが減るから困るが、トキはいなくても良いのではないか。

　これらの問いに対して、真剣に答えようとする生物学者や生態学者はあまり多くないが、それでも「リベット仮説」というものも提案されている。これによれば、生物種はそれぞれが飛行機の部品をつなぐリベットのようなものである。飛行機の窓から外を見たとき、翼からリベット 1 個が飛ぶのが見えたとしよう。「大変だ」と思う。しかし、1 つくらいなくなったところで飛行に影響は出ないとも思う。もう少したつと、2 つ目のリベットが飛ぶ。まだ平気でいられるかもしれない。けれども、3 つ、4 つ、5 つと、どんどんリベットが飛び出したら、誰でも「これはまずい」と思うだろう。どのリベットが重要かは分

からないが、この調子でどんどんなくなっていったら、やがて飛行機は空中分解してしまう。だから、リベットはたくさんあった方がよい。生物種もリベットのようなもので、どんどんと失われていくと、いつか地球は飛行機のように空中分解して、そこで生きている人類も絶滅してしまうだろうというのがリベット仮説である。だから、「生物種は全部守らなければいけない」のだ。

　もう1つの考え方に余剰仮説がある。ここでは、生物種の中には、生態系にとって大事なものとそうでないものがあると考える。飛行機の乗員と乗客のようなものだ。乗客が飛行機の中で突然、死んだとしても運航には何の影響も表れない。しかし、パイロットと副操縦士が同時に死んでしまったら大変なことになる。運航の点から見れば、乗員と乗客の価値は同じではない。生態系にもパイロットのような種と乗客のような種があり、前者さえ残っていれば、後者が絶滅しても飛行機は落ちない。乗客の絶滅に対して、それほど注意を払うことはないが、乗員は慎重に守っていかなければならない。問題なのは、生態系の中で誰がパイロットなのかということが、なかなか分からないことだ。

　このように様々な仮説を作り、生物種の保全を説く学者もいる（バスキン2001）。しかし、科学的事実にきちんと裏づけされた仮説はまだない。

2　生物多様性とは

　生物多様性条約では、生物多様性は、生態系、種、遺伝子の3つのレベルの多様性からなっていると考える。生態系の多様性とは、異なった生態系の多さである。サンゴ礁、山岳、針葉樹林、水田、都市公園。これらはすべて生態系であり、このような異なる生態系がなるべく多くあることが望ましい。種の多様性とは、生物種の多さである。魚がいて鳥がいる。鳥にもヒバリがいて、ツバメがいて、スズメがいて、カモがいて、ハクチョウがいて、いろいろな種がいる。それらが多くいれば、種の多様性が豊かであると言う。遺伝子の多様性は、同じ種の中での個性の多様さである。

　種の多様性を守ろうとするのであれば、生態系の多様性を維持していかなけ

ればならない。熱帯雨林がなければ、熱帯雨林に住んでいる種は守れないし、ツンドラ地帯がなければ、ツンドラの種は守れない。また、遺伝子の多様性が低下した種は、絶滅の可能性が高まる。これら3つのレベルの多様性は、それぞれ独立して保全することはできない。すべての多様性をセットで守ろうとするのが生物多様性の考え方である。

(1) 生態系の価値

　生物多様性条約は、「価値」を強く意識している。生態系にも経済的価値がある。例えば、沿岸や干潟の生態系は、河川水中の汚濁物質を除去する。つまり下水処理場と同等の価値がある。また、商業的に重要な魚介類の生息地でもある。森林生態系は、「自然のダム」と言われるように、水量制御や洪水防止などの機能を有し、ダムと同等の価値がある。

　問題なのは、このような生態系の経済評価が容易でないため、結果的に過小評価されやすいことである。そして、自然のまま残すより、そこを農地や空港やテーマパークに開発した方がより経済価値が高くなると見なされ、生態系が次々に破壊されている。開発に反対する人々は、沿岸や干潟や森林の価値の方が開発してできるものの価値より高いと主張して開発に反対するが、どれほどの価値があるかを定量的に示すことは困難である。生態系の経済価値を評価しようとする研究は数多くあるが、誰もが納得できる評価手法はまだ存在しない。

(2) 生物種の価値

　生物種の価値について考えるとき、最も理解しやすい事例は食料である。人類はこれまでの歴史を通じて、約5,000種の植物を食べてきた（リード他 1994, 29頁）。確かに昔の日本人は今の日本人がほとんど食べていないようなものをいろいろと食べてきた。例えばトチの実である。ヒエやアワなども食べた。そのようなことからも、食べる植物の種類が減ってきたことに気がつくだろう。

　現在、世界で食べられている食物のほとんどが20種の生物のどれかになってしまった（リード他1994, 29頁）。しかも、コムギ、イネ、トウモロコシの3種で全体の半分を占めている。現代の日本人が主に食べているのはイネかコムギであり、その他の穀物は、健康志向の人が米を炊くときに少し混ぜるぐらいで

ある。しかし、トウモロコシやコムギの産地は比較的冷涼な気候に偏っていて、これから人口が増加する熱帯地方の食料としては適さないかもしれない。しかも、多くの土地では、単一種が栽培されている。後述するように、単一種の栽培はリスクが大きい。

これまで、せっかく5,000種も食べてきたのだから、それらを探し出してまた食料にしようという動きもある。人口が増加しているのに、もっぱらコムギとイネとトウモロコシの3種類ばかりに頼ることはリスクが大きい。他の生物も主食として食べていったらどうかという考えである。

これまで利用されてこなかった種を食料として開発しようとする動きもある。将来有望な食物になる可能性を秘めた生物がいるのに、その価値が明らかになる前に絶滅してしまったら、人類にとっての損失である。だから、現在、価値が分からない種でも絶滅は避けなければならない。

例えば、ニューギニアにシカクマメという豆がある。この植物の生長は早く、数週間で4mほどの大きさになる。ほとんど全部が食用になり、葉はホウレンソウの味がして、若いサヤはサヤインゲンの味がする。若い豆はエンドウマメと似た味がして、熟した豆からはコーヒーができ、根はジャガイモよりたんぱく質に富んでいる。マメ科だから、施肥しないで連作が可能である。このようなスーパー植物は探せばまだ他にも見つかるだろう（ウィルソン1995）。

将来有望な動物としては、爬虫類のイグアナが挙げられる。中南米ではこれを養殖し、食肉として出荷している。爬虫類と鳥とは遺伝的に近縁関係にあるので、ワニやイグアナの肉は鳥肉に似た味がするそうである。イグアナは森の中で飼育できる。中南米での森林伐採の最大の原因が、牛を飼うための土地開墾であるが、イグアナであれば森を残したまま、同じ面積の土地から牛の10倍の肉が持続的に生産できる。

では、食料資源として価値がある新しい農産物の原種はどこに存在するのか。現在、栽培されている農産物の原産地を見ると、イネはインド、大豆は中国、リンゴは中央アジア、茶は中国、トウガラシはメキシコ、サツマイモやジャガイモは南米である。農産物として経済的価値の高い種の原産地のほとんどは、季節のはっきりした地域にある。そのようなところでは、植物は気候の良いときに栄養を生産し、次に来る厳しい時期に備えて栄養を蓄える。人間が食べる

のは栄養を蓄えたところなので、そうした地域に農産物の原種が多く見られる。1年中暑かったり、寒かったりする地域からは農産物はあまり生まれてこない。また、インド、中国、南米など古くから文明が発達したところに原産地が多い。このような土地では、人間は知恵を出して、様々な植物を食べてきた。古代文明がなかった北米の原産種は、ヒマワリかアンティチョークぐらいである。

　トウガラシの原産地がメキシコであることは、私たちに興味深い事実を教えてくれる。コロンブスがアメリカ大陸に到着したのは1492年だが、それ以前にはトウガラシは新大陸だけにあり、ヨーロッパにもアジアにもなかった。だから、16世紀までキムチは白かったということになる。しかし、いったん食料となる植物が見つかると、またたく間に世界中に広まるのだ。

　トマトも中米原産であるから、新大陸発見までイタリアにトマトはなかった。今ではトマト抜きのイタリア料理は想像できないが、それはここ数百年の間に作られた料理だということになる。

　また、サツマイモの原産地は南米である。南米からフィリピンに伝わったが、フィリピンでは苗を国外へ持ち出すことが禁じられていた。江戸時代になって、青木昆陽がサツマイモの苗を密かに懐にしのばせて船に乗り、鹿児島に上陸して植えた。そうして、それまでたびたび飢饉に苦しめられていた薩摩の人々は、サツマイモを食べるようになってからは飢え死にしなくなった。新しい種を発見することで、人間が飢餓から解放された一例である。

（3）遺伝子の多様性の価値

　種や個体群（地域的に独立している種の集団）を維持するためには、一定規模以上の大きさを持つ遺伝子プールが必要であり、個体数があるレベルより少なくなると、その種や個体群は自ずと絶滅に向かう。日本のトキの絶滅が決まったのは、最後の1羽になったからである。オスとメスが1羽ずついたときはまだ希望があったが、オス1羽になったから、もう子供はできない。2羽残っていたとしても、両方ともオスだったら、その時点で絶滅が決まる。最後に10羽残っていたとしても全部オスだったら、おしまいである。10羽が全部オスになる確率は、2分の1の10乗で1,204分の1。小さい確率だが、まったく起こらないと言い切れるほど小さくもない。しかし、100羽が全部オスになる可能性は

ほとんどゼロと見なしてよいだろう。その意味からも個体数は、多い方がよい。

　また、遺伝子の多様性が高く、異なった性格を持つ個体が多く存在した方が、絶滅の危機を回避しやすい。個体数が多ければ、その中には病気に強い個体や、異常気象に強い個体など様々な個性を持ったものがいるだろうから、種の維持可能性が高まるのだ。人間社会を見ても、どんな部族社会にも近親結婚のタブーが見られる。遺伝子の多様性が低くなると遺伝的障害が現れやすくなるので、それを避けるための人間の知恵なのだろう。種や個体群を維持するためには、常に多様な個体が交じり合って、遺伝子の多様性を保っていなければいけない。

　したがって、個体数が一定数を割り込むと、近い将来に絶滅する確率が高まる。その数は400とか100とか言われている。西表島のイリオモテヤマネコは100頭程度、対馬のツシマヤマネコは80頭くらいにまで減少したと言われている。だから、イリオモテヤマネコやツシマヤマネコは、これから生息地をうまく保護できたとしても絶滅が心配される。

　遺伝子の多様性の価値は、栽培種で特に明瞭に現れる。とりわけ、農業品種の野生種（原種）の遺伝子が重要である。栽培品種は農薬や肥料に守られて生育しているため、抵抗力が弱い。一方、野生種は様々な環境ストレスと戦っている。害虫、旱魃、異常気象などに耐えていかなければならない。その結果、強い抵抗力を現す遺伝子を持っている。そのような野生種の遺伝子を交配によって栽培種に導入して、栽培種を害虫や病気から守っていかないと、高収率はなかなか維持できない。

　1つの例を、インドネシアでのイネの品種改良に見ることができる。1960年代のインドネシアは世界最大のコメ輸入国で、年間約100万tを輸入していた。1970年頃、インドネシアはフィリピンにある国際イネ研究所（IRRI）で品種改良されたIR5という新品種を導入して反収を急増することに成功した。ところが、トビイロウンカという害虫が大発生して、IR5は壊滅的な打撃を受けた。そこで、トビイロウンカに耐性を持った野生種とIR5とを掛け合わせてIR26やIR30を作り、1974年頃に導入した。これによって、生産量はいったん回復した。しかし、別種のトビイロウンカが現れ、再び大きな被害を受けた。そこで、新型トビイロウンカに対しても耐性を持つ新品種であるIR36やIR38を作り、普及させた。70年代の後半のことである。その結果、80年代後半には、インドネシア

はコメ自給を達成できるようになった（速水 1995, 93頁）。

　野生種それ自体は収穫量が少なく、味も良くないかもしれない。しかし、栽培種の生産量を維持するためには、野生種は欠かせない資源であるのだ。

　懸念されているのは、野生種の生息地の環境変化である。イネの野生種はインドやスリランカなどで生育しているが、その生息地が急速に破壊されている。そのような地域は緊急に保全しなければならない。

　また、単一種の栽培では、災害や病虫害などで農作物が全滅するリスクが高まる。リスク分散のためには、複数品種の農作物を同時に栽培した方がよい。ジャガイモの原産地である南米のアンデス地方では、農民は1,000種類以上のジャガイモのそれぞれに名前をつけて栽培している。1,000種あれば、旱魃や害虫の被害が生じてもどれかは生き残る。

　ところが近代農業は、短期的な経済効率を追求するため、どうしても単一種栽培になりがちである。その結果、何か起きると被害が大きくなる。その例として、19世紀末のアイルランドで起こったジャガイモの大凶作がある。アイルランドは土地が貧しく、気候も良くないので、ジャガイモぐらいしかできないそうだ。そのようなところで数少ない品種しか栽培していなかったため、冷害でジャガイモが壊滅した。そして、大量の餓死者が出た。このとき、大勢のアイルランド人がアメリカの大陸へ移民したという。単一栽培によって、民族が移動に追いやられたのである。

　近年の日本の例としては、1994年の「平成のコメ騒動」がある。それまで、日本政府はコメの輸入を認めていなかった。ところが、冷害でコメの収穫が大幅に減少し、スーパーマーケットの棚から国産のコメが消えてしまった。そして、緊急輸入されたタイ米やアメリカ米が並んだ。農家は、お金になる品種を選んで栽培する。コシヒカリやササニシキなどは、味は良いが、冷害に弱い。多少の冷害なら、水管理をうまくやれば全滅することはない。しかし、「3ちゃん農業」と呼ばれる今の日本農業では、多くが兼業農家であり、昼間は役所や会社に勤めて、土曜・日曜に農作業をしている。そのため、農作業に十分な時間が割けず、微妙な水加減ができなかった。そうしたこともあって、日本のコメが一斉に倒れてしまった。当時の日本は金持ちだったので、コメがいくら高くても外米を買い付ければよかった。パンやうどんも食べられたので、日本人

が飢え死にすることもなかった。けれども、そのような単一種栽培に伴う危険やリスクを全世界が負っていることを忘れてならない。

3　生物多様性の喪失

　環境悪化に伴って、生物種の絶滅が進行している。それでは、いったいどのくらいの種が絶滅しているのだろうか。実は、はっきりとした答えはない。そもそも地球上にどれくらいの生物種が存在するのかということすら分かっていないのだ。ヒトにはホモサピエンス、トキにはニッポニアニッポンという学名がついているが、学名が命名された種は、およそ140万と言われている。実は学名のしっかりしたデーターベースはなく、これも推定値でしかない。したがって、これですべてとはとうてい言えそうもない。

　地球上に生息する種の数は、1,000万とも3,000万とも言われている。1億いると言う人もいる。そのうちの140万種だけに学名がついているにすぎないのである。人間は生物のせいぜい10分の1しか知らない。

　一例を挙げると、昆虫学者がパナマの熱帯雨林で同じ種の木を19本選び、そこに生息する甲虫の種数を調査したことがある。選んだ木の周辺にシートを敷き、下から殺虫剤を吹き上げて、落下した甲虫を集めて種を同定した。すると、950種類もの甲虫が見つかったが、そのうちの8割が新種だったそうだ。パナマの1種類の木に棲んでいる甲虫の2割にしか学名がつけられていなかったのである。熱帯のパナマに生育する木の種類は多い。他の木には別の甲虫が多数生息している。甲虫以外にも、蝶や蜂など、様々な昆虫がいる。だから、地球上には3,000万種がいるとしても、おかしくはないと考えられる。熱帯林だけで数千万種の昆虫が生息していると考える研究者もいる。

　では、どれだけ絶滅しているのか。これも推定するしかないが、ある控えめな推定がなされている。ここでは、熱帯林の減少だけで、どれだけ種が絶滅しているかを推定する。生息地の面積Aとそこに生息する生物種の数Sとの間には、$S=CA^z$という関係があることが経験的に知られている。Zは生物のグループに

関係する値で、0.15から0.35の間にある。Cは定数である。世界の熱帯林は年間1％以上の速度で減少しているので、減少速度を1％とする。そこにいる生物を1,000万種とし、Zを最小の0.15として、この式を計算すると、1年間に1万5,000種の生物が減少していることになる。1日に直すと約40種、30分にほぼ1種が熱帯林で絶滅しているということだ。どのような生物が絶滅しているかは分からない。大部分は小さな虫や細菌かもしれないが、このぐらいの勢いで、生物は減っていると考えられる。この値をまったく見当違いだと言う人もいる。本当かどうか確かめようもないが、控えめな推定値と考えてよいだろう。

　人間がいなくても、生物はいつか絶滅する。恐竜も絶滅した。三葉虫もアンモナイトももういない。種の平均的な寿命は100万年程度と言われている。100万年で1種絶滅するのであれば、1,000万種が生息する熱帯林では、人間が何もしなくても1年間で10種は絶滅していることになる。一方で、これよりもっと速いスピードで新しい生物種が進化によって誕生しているだろう。そうして、熱帯林に生息する種の数は、全体としては増加しているはずである。ところが現実には、このような自然条件下における種の誕生や絶滅の速度とは比べものにならないほど速いスピードで、人間活動の影響によって生物種が減少しているらしい。

　将来、人間に利益をもたらす可能性がある未知の生物種や、農業の生産性維持に欠かせない農業品種の野生種が絶滅の危機にある。もしかすると、がんの特効薬になる植物があったかもしれないのに、私たちはそれに気がつかないまま失っているのかもしれない。だから、生物種はすべからく保全しないといけないというのが生物多様性保全の理屈である。保全と保護とは違う。「保全」は英語ではコンサベーション（conservation）、「保護」はプロテクション（protection）である。保護とは守ることであり、利用は考えていない。保護という言葉は生物多様性を議論するときには、あまり出てこない。一方、保全という言葉には持続的に利用するという意味合いが含まれている。草木に一切手をつけずにおくのは保護であるが、それから何か有用な物質が得られるのなら、それを持続的に使おうというのが保全である。

4 日本の生物多様性

(1) 日本の生物多様性の特徴

　地球環境ガバナンスとは直接関係ないかもしれないが、自国の生物多様性の状況を知っておくことも、環境を学ぶ以上、大切なことである。自国を知らずに、他国の状況を議論することは危険であるとも言えよう。日本は開発が進んだ国だから、生物はあまり多くないと思っている人も多いのではないか。しかし、日本は面積に比較して、生物多様性の豊かな国なのである。

　日本は、地理的に南北に広がり、気候分布の幅が広い。海底から富士山頂まで垂直方向の地形的変化も大きい。その結果、多様な気象条件や地理条件を見ることができる。さらに、雨が多いので、川が土地を強く浸食し、複雑な地形が形作られている。そのうえ、火山があるので、火山岩と堆積岩が混在し、複雑な土壌条件が形成されている。そして、昔から人間が集約的に土地を利用している。こうして、自然条件が異なる小さな生態系が多数できあがり、これらがモザイクのように国土を形成している。それぞれの生態系の面積は狭いが、多様である。その結果、多くの生物種が日本に生息している。

　日本のもう1つの特徴は、島国であることである。島には固有種が多い。固有種とは、その地域にしか生息していない生物のことである。日本にしかいない生物を日本の固有種といい、琵琶湖にしかいない生物を琵琶湖の固有種という。陸続きの国では動物は国境を越えて移動するため固有種が少ないが、日本は島国で孤立しているので、固有種が多い。

　さらに日本には豊かな森がある。日本人がマレーシアに観光旅行に行くと、森よりも海辺のリゾートに行く。そこでシュノーケリングをして、サンゴ礁を見る。わざわざジャングルに入って行く日本人はそう多くない。ところが、ヨーロッパ、とりわけ北欧からマレーシア観光に来た人たちは好んで森に行くそうだ。この違いは、日本人の環境意識が低いから生まれたのではない。確かにマレーシアの森は豊かだが、日本の森も豊かなので、普段から豊かな森を見慣れている日本人には、マレーシアの森もそれほど魅力的には見えないのだ。一

表1 東アジアとヨーロッパの動植物種数

	面積 (万km²)	森林率	哺乳類		両生類		高等植物	
			種類	固有種	種類	固有種	種類	固有種
日本	37	68%	188	22%	61	74%	5,565	36%
インドネシア	182	60%	457	49%	285	40%	29,375	60%
中国	933	14%	400	21%	290	54%	32,200	56%
韓国	10	80%	49	0%	14	0%	2,898	8%
イギリス	24	8%	50	0%	7	0%	1,623	1%
フィンランド	30	67%	60	0%	5	0%	1,102	n.a.
フランス	55	27%	93	0%	32	0%	4,630	3%
ドイツ	35	31%	76	0%	20	0%	2,362	0%

出所：World Resources 2000-2001

方、ヨーロッパの森林は単調である。特に北欧の森は、樹種も少ない。だから、ヨーロッパの人たちには、うっそうと茂り、大木につる植物が絡んでいる森は非常にエキゾチックに見える。だから、マレーシアではヨーロッパ人は森に行き、日本人は海に行くのだそうだ。

表1は、東アジアとヨーロッパの動植物種数を比較したものである。種数は、国土面積が広いほど、国の緯度が下がるほど多くなる。だから、インドネシアや中国は日本よりずっと種類が多い。しかし、韓国やフランス、イギリス、ドイツと比べると、日本がずっと多い。フランスは日本よりも面積が広いが、哺乳類はフランスが93種なのに対して、日本には188種いる。両生類は、フランスには32種しかいないが、日本には61種いる。イギリスには7種しかいないし、固有種は1種もいない。日本は、両生類の74%が固有種である。このように日本は非常に豊かで珍しい生態系を持っていることを認識しておく必要がある。日本で固有種が特に多いのは、沖縄と小笠原である。小笠原諸島は絶海の孤島なので、そこで生物は独自の進化を遂げ、独特で豊かな生態系がつくられている。

（2）日本の生物多様性における3つの危機

このように日本には世界に誇れる生態系があるが、同時に、各地で3つの危機に直面している（環境省 2002）。第1の危機は、人間活動に直接起因する生息地の劣化や乱獲である。トキの絶滅もこれが原因である。昔、トキは日本中の水田で見られたが、農薬の散布によってえさになるタニシがいなくなった

め、個体数を大きく減らした。生息地の分断も動物には脅威になる。広い森が残っていても、真中に道路が1本通ってしまえば、そこに棲んでいる動物にとっては、森が半分になったのと同じになる。生息地は連結していなければ、意味が大きく減じる。

乱獲も深刻な問題である。希少動植物を専門に売買する業者もいるので、乱獲で危機に瀕している生物種は多い。例えば、カタクリは花が綺麗なので乱獲され、絶滅の危機にある。高山植物は逃げることができないから非常に危うい。埼玉県では、高く取引される珍しい淡水魚が乱獲されている。最近、市役所や県庁は、珍しい動植物を確認しても、生息地が具体的にどこにあるかを公表しないことが多い。公表した途端に採りに行く人がいるからである。テレビニュースでも、撮影場所がどこだか分からないようにして放映する。人に採りに来させないための工夫をしなければならないという、悲しい状況になっている。

第2の危機は、自然に対する人間の働きかけが弱まったことである。日本は、農耕によって築き上げられた国であるが、人間による自然の管理が弱まったためで、荒廃する自然が増えつつある。例えば、里地里山が荒廃している。里山というのは、著者の世代から上の世代に属する日本人の多くが、ふるさとの風景として思い浮かべる風景である。段々畑に水田、小川、雑木林。そのような里山の風景は、人が長い間自然に働きかけ、維持してきた景観である。雑木林も人間が柴刈りをするから、雑木林でいられるのであり、芝刈りをやめてしまったらヤブが成長して中に入れなくなる。こうした人間が管理してきた自然の中で、私たちになじみ深い野生生物が生息してきた。

ところが過疎化、少子化、高齢化が進み、農業だけでは生活ができなくなって離農が進む中で、里山を管理する人手がなくなってきた。その結果、メダカ、タガメ、トノサマガエルなど、少し前には身近に見られた生き物が絶滅の危機に瀕している。農業が衰退する一方で、構造改善事業でコンクリート張りの農業用水路が造られ、水田から小川への移動ができなくなったことも原因になっている。日本の絶滅危惧種の5割は里地里山の生物である。農薬のせいだけにできない、経済・社会的に根深い問題である。

第3の危機は、移入種である。琵琶湖ではブラックバスとブルーギルが大問題になっている。琵琶湖で網にかかる魚の半分以上は、そのどちらかになって

しまった。在来のニゴロブナやアユなどの淡水魚は急速に減っている。皇居のお堀では、生息する魚の90％がブルーギルだったという調査もある。すべて、人間が放流した魚である。本来の生息地では天敵や競争相手などによって個体数を抑えられてきた生物が、敵がいない新しい生息環境に侵入して、そこの環境にうまく適合できると増殖に歯止めが効かなくなり、数が無制限に増える。そして、在来の動植物を危機に落としいれるのである。

　ブラックバスやブルーギルは釣りのために放流される。釣り人は、キャッチ・アンド・リリースが環境に優しいと勝手に解釈して、釣った魚を再放流する。釣りがブームになって外来魚は減るどころか、放流で生息地を急速に広げている。本当に環境に優しい釣りは、「釣ったら、食べる」ことだ。現在、滋賀県では「キャッチ・アンド・イート運動」を行っている。ブラックバスは美味しく、刺身にして食べたら味はタイとほとんど変わらない。琵琶湖博物館では、ブラックバスの天ぷらが食べられる。滋賀県は乏しい財政の中から県費を投じてブラックバスとブルーギルの駆除作戦を行い、2003年4月から釣り上げた外来魚の再放流を条例で禁止した[1]。

5　国際的取り組みと生物多様性条約の成立

（1）生物多様性条約以前の多国間の取り組み

　生物多様性条約の成立前における自然保護に向けた国際的な取り組みを表2に示す。国際自然保護連合（IUCN）は戦後間もなく設立された。IUCN加盟国は、2人の代表を送るが、1人は自然保護を担当する政府の行政官、もう1人はNGOの代表である。日本の場合、環境省の担当官と自然保護協会などのNGOが代表となっている。日本政府からは環境省が分担金を払っているが、IUCNは国際機関ではなく国際的NGOとして見られることが多いようである。

　IUCN設立と同年に、国際捕鯨委員会（IWC）も創設された。IWCは、捕鯨国が鯨を持続的に利用するために、捕獲量を調整することを目的として設立され

た委員会であった。ところが、後に捕鯨をまったく行わない国が多数加盟し、いつの間にか加盟国の大多数が反捕鯨国になってしまった。今では、捕鯨の全面禁止が議題になっている。南太平洋はモラトリアム水域にされて捕鯨は行えない。2002年にIWC総会が山口県・下関で開催されたとき、ニュージーランドとオーストラリアがあまりに強硬に反捕鯨を主張するので、日本が、反捕鯨はIWCの設立趣旨とまったく異なるので、両国は委員会から脱退すべきだと発言する一幕もあったようだ。

IWCがクジラの生息数を科学的に調査してみたところ、反捕鯨国の期待に反し、少なくともミンククジラは持続的に捕鯨可能であるとの結論が出た。むしろ、適正数を捕獲しないと、イワシなどを食べ過ぎてしまい漁業に影響が及ぶ懸念すらある。反捕鯨国は、科学論では主張が通りそうもないことが明らかになると、それを棚上げにして感情論で反捕鯨を主張する。その結果、IWCでは議論がいつもかみ合わず、困ったことになっている（土井 1992）。強硬な反捕鯨国であるアメリカの政府代表を長く務めたある人物も、引退後に書いたエッセイの中では、反捕鯨国の主張はおかしいと書いている。インド人は牛を食べないが、われわれに牛を食べるなとは言わない。なぜアメリカ人は日本人にクジラを食べるなと言えるのだろうかと（Frank 1992）。

1971年には、湿地を国際的に保全することを目的としたラムサール条約が採択された。国境を越えて湿地を渡る鳥を守るためには湿地を持つ国々が協力しなければいけないという考えから作られた条約である。愛鳥家たちがイランのラムサールという町に集まり、理想を語り合いながら作成されたため、実際の運用に関する詳細な事項はあまり考慮されずにでき上がったようだ。そのため、

表2　生物多様性条約以前からの多国間の取り組み

1948	国際自然保護連合（IUPN）設立（後にIUCNに改称） 国際捕鯨委員会（IWC）設立
1971	「特に水鳥の生息地として国際的に重要な湿地に関する条約」 （ラムサール条約）採択
1972	「世界の文化的及び自然的遺産の保護に関する条約」 （世界遺産条約）採択
1973	「絶滅の恐れのある野生動植物の種の国際取引に関する条約」 （ワシントン条約）採択

条約自体はわずか12条からなる簡単なものである。具体的な運用事項や基準などは、3年に1度開催される締約国会議で勧告という形で逐次、決定されている。この方式が、結果的にうまく機能したようである。ラムサール条約は各国政府が受け入れやすい形となって運用され、締約国数を増やしながら現在に至っている。日本には、ラムサール条約に基づいて登録された湿地が現在13カ所ある。1990年代初頭に著者が環境庁でこの条約を担当したとき、日本に登録湿地が3カ所しかなかったのを考えると、かなり早い進歩と言えよう[2]。

翌1972年には、自然遺産と文化遺産を保護することを目的とした世界遺産条約が採択された。ラムサール条約の場合は締約国政府が国内の湿地を独自に登録できるが、遺産条約の場合、条約締約国で構成される世界遺産委員会が現地調査を行い、価値を認められないと登録されない。日本が条約に加入したのは1992年になってからで、最初の自然遺産として登録されたのは、鹿児島県の屋久島と青森県と秋田県の境にある白神山地の2カ所である。日本最初の文化遺産は姫路城であり、その後、京都、奈良、鎌倉などの地域が文化遺産として登録されている。広島の原爆ドームもアメリカの反対があったが登録された。

1973年にはワシントン条約が採択された。この条約は、絶滅の恐れのある動植物やそれを利用した製品の国際取引を規制する。例えば、トラは条約の附属書に登録されているため、中国や香港で売られているトラの骨を使った漢方薬を日本に持ち込もうとすると税関で没収される。フラミンゴの羽を使った置物や、野生のワニやヘビのハンドバック、象牙製品も、これに該当するので海外から国内に持ち込むことはできない。野生生物に対する日本国内の需要は、相変わらず高く、禁止されている動植物の密輸が後を断たない。

(2) 生物多様性条約の成立

この他にも移動性の動物を保護するためのボン条約など、1980年代までにいくつかの自然保護関連の条約が整備されてきた。そのような中で、なぜわざわざ生物多様性条約が作られたのだろうか。おそらく、1992年のリオ・サミットに向けて、新たに自然保護に関する条約を作りたいと国際自然保護連合（IUCN）や国連環境計画（UNEP）が考えたのではないだろうか。

1990年、著者は環境庁の担当官であり、条約の骨子を検討する専門家会合に

2度出席した。そのときには、会合の事務局はラムサール条約やワシントン条約などの既存の条約を包括するアンブレラ条約を作りたいと説明していた。そして、当初の条約案には、生物多様性の高い地域を各国政府がそれぞれ指定し、そこを各国が正しく保全するというメカニズムが提案されていた。しかし、その後の交渉の中で、地域指定の話はどこかへ消えてしまった。筆者が専門家会合の席に初めて着いたとき、こんなに大変な条約は92年までには決してできないだろうと思った。各国の主張があまりにも異なり、利害の対立が大きかったからである。ところが、1992年には条約が採択されてしまった。妥協に妥協を重ね、いろいろな事項が入ったり抜けたりはしたが、実際にでき上がってしまったのである。

リオ・サミットでは、生物多様性条約に157カ国の代表が署名し、翌1993年12月には30カ国が批准して条約は発効した。それから2年ごとに締約国会議が開かれている。2001年11月現在、182カ国が批准している。ただし、アメリカは入っていない。つまり、世界のほとんどの国が批准しているのにアメリカだけが入っていない状況にある。京都議定書の離脱もそうであるが、アメリカは自国の主張を他国に押し付けようとする一方で、国際ルールには従おうとしない。アメリカがこの条約を批准しない公式の理由は、後述する遺伝子の権利に関する規定が自国の産業に不利益を与えるためということである。知的所有権が保護されないことを理由としているのである。アメリカは、この他にもいくつもの重要な多国間環境条約に加入していない[3]。環境問題に対して心あるアメリカ人は、こうしたアメリカの一国主義に非常に不満を持っている。

(3) 生物多様性条約の概要

生物多様性条約の目的(第1条)は、「生物多様性の保全」と「その構成要素の持続可能な利用」である。すなわち、人間による生物多様性の利用が大前提であり、生態系に手をつけずに保護しようということではない。生物は人間の生存にとって不可欠の資源であるから、それを持続的に利用しようとすることが目的なのである。

第1条には、「遺伝資源の利用から生じる利益の公正かつ衡平な配分」がうたわれている。農業作物の野生種や未利用の価値ある遺伝資源から得られた利益

を国家間で配分することもこの条約の目的である。これは容易なことではない。例えば日本の製薬会社がフィリピンの森林に入り、土の中に生息している微生物を採取し、それを利用して抗生物質を作ったとする。実際に私たちが使っている抗生物質にはそのようなものが多くある。この場合、利益を得るのは日本の製薬会社だけであり、フィリピンには何の利益ももたらされない。製薬会社にすれば、自分の資金で研究開発をして作った新薬を販売し、それによって得た利益であるから、フィリピンに分け前を供与する理由はない。しかし、開発途上国は、「フィリピンで採取した生物から得た利益なら、当然、フィリピンにも応分の配分がなされるべきである」と主張している。この問題を具体的にどのように取り扱うかは、今のところ棚上げになっているが、条約作成時からの論争点である。

　野生種を利用して得た利益を、どこまで原産国の権利として認めるかは、相当に深刻な問題である。前述したように、サツマイモは南米からフィリピンを経て日本に渡ってきた。だから、遺伝子資源の利用の配分ということを厳密に考えるならば、日本の農家はサツマイモを売って得た利益の一部を、南米に支払わなければならなくなる。2 kgで1,000円のコメの価格のうちの何%かは、イネの原産国であるスリランカやインドにいくことになるのだろうか。この問題は、そのような困難な議論に至ってしまう。

　議論が始まった当初、条約案の前文には、生物多様性は「人類の共有財産」であるとする表現があった。しかし、中南米諸国は、生物多様性は人類共有の財産ではなく、それが存在する国に帰属すると主張した。最終的に共有の財産という言葉は削除され、第15条では、天然資源の「主権的権利」が各国に認められている。

　次に、条約は「保全と持続可能な利用のための一般的措置」（第6条）として、各国に生物多様性国家戦略の策定を求めている。条約には加入してもこうした国家戦略まではなかなか作ろうとしない国が多い中で、日本は真面目に作成し、定期的な見直しも行っている[4]。日本では環境省が中心となって国家戦略案を作成し、これをインターネットに掲載して国民の意見求めて修正し、最終版を作成して条約事務局に提出している。

　第6条は「保全および持続可能な利用のための一般的措置」を規定し、第7

条は締約国が保全上重要な地域や種を選定してモニタリングすることを規定している。どのような地域が保全上重要であるかに関しては、附属書Ⅰが規定している。

　アメリカが特に問題視したのは第15条の「遺伝資源の取得の機会」と第16条の「技術の取得の機会および移転」である。前者は、遺伝資源の主権的権利をそれが存在する国の政府に認めている。後者は開発途上国に対するバイオテクノロジー技術などの移転促進をうたっている。アメリカは、これらの規定が米国企業の知的所有権を損なうとして、強く反対している。

　第20条は資金面についての規定である。環境に関するあらゆる国際条約交渉の場で開発途上国は、条約履行に伴う増加コストを満たすために、先進国は新規かつ追加的資金を供給するべきであると主張する。本条は、これに対応するために設けられたものである。そうして、世界銀行が中心となった地球環境ファシリティー（GEF）というメカニズムが第20条のために設けられている。

　第19条が規定するバイオテクノロジーにより改変された生物の安全性については、後述するカルタヘナ議定書が定められている。

（4）附属書Ⅰ

　附属書Ⅰからも、生物多様性保全は人類の存続のために行われるという条約の基本的性格を読み取ることができる。附属書は、特に重要とされる「生態系および生息地」として、多様性が高いところ、固有種が生息しているところ、国境を越えて移動する種が生息しているところに加えて、人間社会にとって価値あるところを挙げている。

　さらに、重要な「種および個体群」として挙げられているものを見ると、人間による利用を重視しているという性格が一層明瞭に現れる。すなわち、「脅威にさらされているもの」以外は、「経済的価値を有するもの」、「社会的、科学的又は文化的に重要なもの」、「研究にとって重要なもの」など、すべて人間にとっての価値である。人間に関係ない種や個体群は、守らなくてもよいとまでは言わないが、危機に瀕しない限りあまりこの条約では意識されない。

　遺伝子のレベルでも種や個体群と同様であり、「社会的、科学的または経済的」に価値あるものが重要であるとされている。

（5）カルタヘナ議定書

　生物多様性条約に基づいた最初の議定書であるカルタヘナ議定書が、採択されるまでの国際交渉は非常に難航し、採択されたのは2000年のことである。1992年に気候変動枠組み条約と生物多様性条約が成立して以来、前者の議定書は交渉進展が遅いと言われながらも、5年後の1997年には京都議定書として採択された。一方、生物多様性では最初の議定書採択まで8年の歳月が費やされた。その交渉はあまりに難航したため、一時は合意できないまま見送られるかもしれないとまで危ぶまれた。交渉はいったん中断したが、2000年1月に再開され、ようやく採択された。しかし、2001年11月現在、締約国はまだ7カ国にすぎない。ほとんどの国は未加入であり、日本も未加入である[5]。

　これほど交渉が難航したのは、カルタヘナ議定書が遺伝子組み換え生物の輸出入を規定するものだったからである。議定書は、生きている遺伝子組み換え生物の越境異動に先立ち、輸入国がこの生物による生物多様性への影響を評価して、輸入の可否を判断する制度の枠組みを定めている。例えば、日本が外国から遺伝子組み換え大豆を輸入して、国内で栽培しようとする。ところが、その大豆は非常に繁殖力が強く、自然界に放出されるとたちまち広がって、日本の生態系が著しい影響を受ける可能性が高いことが明らかになったとしよう。その場合、カルタヘナ議定書は、日本政府が輸入制限を行うことを認めている。

　この措置は自由貿易の原則に反している。各国、とりわけ農産物の輸出国がこの議定書を受け入れるのかどうか、判断はかなり難しい。また、生きている遺伝子組み換え生物と言うが、大豆だと、種子として植えるものなのか、豆腐の原料として使用されるものなのか区別が難しい。豆腐の原料として輸入されても、輸送の途中で袋からこぼれ落ちて発芽したらどうするのか。議定書は、そのような細かいことには言及していない。カルタヘナ議定書の運用に関わる問題や、これと1995年に成立したばかりの世界貿易機関（WTO）との関係は、今後の交渉にゆだねられている。

6　地球環境ガバナンスから見た問題点

　生物多様性は地球環境問題であると言われる。しかし、この問題を地球環境ガバナンスの観点から整理しようとすると、何が問題になるのか、なり得るのかが分からない。これこそが、地球環境問題としての生物多様性がはらむ最大の問題かもしれない。最初に問いかけたように、「では、トキが絶滅して何が悪いのか」と問われたときに、誰もが本当に納得できる答えがあるのだろうか。絶滅がなぜ悪いのかについて、明確な答えがまだないことが問題なのである。トキの全滅は良くないのかもしれないが、税金をかけてまでトキを守る必要があるのか。これこそが、気候変動への取り組みに比べて、生物多様性保全への取り組みが遅れている理由ではないだろうか。

　この問いに答えるには、科学的知識はあまりにも少なく、不確実である。気候変動でも不確実性は高いものの、海水面が上がる、雨量が増減する、台風が増えるなど、人類にとって都合の悪そうなことが将来起こりそうだということは言える。しかし、トキが死んで何が悪いのか。そのような問題に対して、どれだけの国家が国際条約としてまともに取り組もうとするのであろうか。問題の本質が分からないから、どこからどのように取り組んでよいのかも分からない。遺伝子組み換えの議論は、本当に生物多様性の問題として取り扱うべきなのか。日本がサツマイモの利用料金をペルーに払うべきか否かという議論をここですべきなのか。そもそも、生物多様性という問題はそのような次元で論じるべきことなのか。もっと違う話があるのではないか。しかし、それが何かは分らない。

　本当に地球環境問題なのかどうかも明らかでない。水鳥は国境を越えて渡っていくから、湿地保全の問題は国際環境問題だろう。違法に採取された象牙やトラの骨が外国から日本に渡ってくることも、地球環境問題かもしれない。しかし、生物多様性そのものが本当に地球環境問題なのか。諫早湾の埋め立ては地球環境問題ではなく、長崎県の問題ではないのか。生物多様性保全のために、本当に条約が必要なのかという疑問は残ったままではないのか。

　最後は、著者が生物多様性条約の専門家会合に出席したときのエピソードで

しめくくりたい。専門家会合では出席者が異口同音に絶滅は良くないと発言していた。そのとき、オブザーバー席から世界保健機関（WHO）の職員が発言を求めた。「われわれは、これまで天然痘撲滅のために全力を注いできた。そうして、天然痘ウィルスを絶滅させた。マラリアを媒介する蚊やエイズも絶滅させたい。まさか、あなたたちは衛生害虫や病原体であっても絶滅から救うべきだ、守るべきだと言うのではないでしょうね。」天然痘ウィルスもマラリアを媒介する蚊も生物である。人間は、それらの根絶（絶滅）を目指している。それは人間にとって、生物多様性にとって、良いことなのか、悪いことなのか。

注
1）滋賀県は「琵琶湖のレジャー利用の適正化に関する条例」を定め、釣った魚の再放流を禁じた。釣り具や釣り船業界、釣り愛好家たちは、これに対して強く反対し、県が外来魚の駆除を行うことは税金の不当な支出であるとして監査請求を求めたり、キャッチ・アンド・リリースの規制が条例では行えないことの確認を裁判所に求めたりしている。
2）東京に一番近いラムサール条約登録湿地は、東京湾岸の谷津干潟である。国有地であったために奇跡的に埋め立てを免れた50haの狭い干潟で、四方はマンションや高速道路に取り囲まれている。湾内の海水は管路を通って干潟に出入りしている。京成線の津田沼駅から徒歩で行けるところにあり、立派な野鳥観察館ができている。
3）157カ国が署名し、137カ国が締約国となっている国連海洋法条約に、アメリカは署名すらしていない（2001年12月現在）。また、有害廃棄物の越境移動を規制するバーゼル条約には133カ国が加入しているが、OECD諸国の中でアメリカだけが加入していない（2000年3月現在）。
4）182カ国の締約国のうち、2001年12月現在、政府が国家戦略を策定して条約事務局に提出した国は48カ国にすぎない。
5）日本政府は最近、カルタヘナ議定書批准の準備を開始したところである。

参考文献
イボンヌ・バスキン著、藤倉良訳『生物多様性の意味』ダイヤモンド社、2001年。（原著は、Yvonne Baskin, *The Work of Nature*. Island Press, 1997.）
ウォルター・V・リード、ケントン・R・ミラー著、藤倉良訳『生物の保護はなぜ必要か』ダイヤモンド社、1994年。（原著は、Walter V. Reid and Kenton R. Miller, *Keeping Options Alive*, World Resources Institute, 1989.）

エドワード・ウイルソン著、大貫昌子・牧野俊一訳『生命の多様性Ⅱ』岩波書店、1995年。
　（原著は、Edward O. Wilson, *The Diversity of Life*, Harvard University Press, 1992.）
環境省自然環境局編『いのちは創れない』環境省自然保護局、2002年。
環境省編『新・生物多様性国家戦略』ぎょうせい、2002年。
土井全二郎『最近捕鯨白書』丸善ライブラリー、1992年。
速水佑次郎『開発経済学』創文社、1995年。
Frank, R. "The paradox of the American View on Utilization of Marine Mammals." *ISANA*, No. 6, (May 1992), pp.11-13.

参考URL
生物多様性条約　http://www.biodiv.org
国際自然保護連合（IUCN）　http://www.iucn.org
国際捕鯨委員会（IWC）　http://www.iwcoffice.org
ワシントン条約（CITES）　http://www.cites.org
ラムサール条約　http://www.ramsar.org
世界遺産条約　http://whc.unesco.org
環境省生物多様性センター　http://www.biodic.go.jp

研究課題
（1）　生物多様性の保全は必要か。必要だとすれば、それはなぜか。
（2）　遺伝子の多様性、種の多様性、生態系の多様性には、どのような関係があるのか。
（3）　1992年に開催されたワシントン条約締約国会議で、トルバUNEP事務局長（当時）は次のように発言した。「『豊かな国の政府やNGOは、第3世界の人々の食生活を満たすことより、第3世界を自然史博物館とすることの方により高い関心を抱いている』という不平の声が、多くの途上国から聞かれる。」この発言について、どう考えるべきか。
（4）　生物多様性条約カルタヘナ議定書と世界貿易機関（WTO）との関係はどうあるべきか。

第9章 地球環境と持続可能な森林管理

藤原　敬

1　はじめに

　著者は林野庁に勤務し、30年間ほど林業関係の行政に携わってきた。その間、国有林の管理などわが国の森林林業行政に携わったほか、林産物貿易の一番のパートナーであるアメリカとの国際貿易協議を担当し、また国際協力事業団に出向して途上国の林業開発を担当もした。林野庁の国際関係実務を通じて世界中30数カ国の森林や植林現場を回った経験を踏まえて、地球環境と森林管理の課題について論じたい。

　本章では、3つの観点から考察する。第1に、人と森林の関わりの歴史について概観する。地球環境問題として森林が重要テーマとなっているが、こうした認識が生まれたのはここ20年ぐらいのことであり、それ以前に人と森林の関わりの非常に長い歴史がある。それは、地球環境というより生活環境としての森林に関わってきた長い歴史である。注意が必要なのは、そのことが地球環境としての森林を取り扱うときの制約となる可能性があることである。人と森林の歴史が形成してきた各国内での様々な法的文化的規範が、外国から制約されることによって、国際レジーム形成の障害になり得るという問題である。

　第2の点は、地球の森林の状態と地球環境問題についてである。最近の国際的な資源調査の結果により、熱帯林を中心とした森林荒廃の現状を明らかにするとともに、その問題の性格が地球環境問題であることについて2つの点から論じる。すなわち、①グローバルコモンズとしての森林と、②循環社会の中での林産物の役割についてである。前者に関しては、生物多様性や地球温暖化にも関わることであり、地球環境をめぐる課題として幅広く議論され本書の他の

章でも論じられているところであるが、後者についてはあまり議論されていない点である。循環社会におけるエコマテリアルとしての林産物の役割については、これから大変重要となってくると著者は考えている。

　第3点目は、国際的な森林の管理体制作りへの取り組みと、それが将来の持続可能な国際社会形成に果たす役割について論ずる。リオ・サミットを機に、気候変動枠組み条約と生物多様性条約が成立したにもかかわらず、なぜ森林条約は成立せずに拘束力のない森林原則声明作成にとどまったのか。なぜ森林レジーム形成の国際的取り組みは他の環境レジームと比較して進展していないのか。森林の管理は、途上国と先進国、都市と農村、現世代と次世代など調整の難しい問題が多い。しかし、この課題が国際的にきちんと対処できるようになれば、マルチステークホルダー参加による森林管理のあり方が、持続可能な社会形成の1つのモデルとして他の問題解決にも大いに参考になると著者は考えている。

2　人と森林の関わりとその歴史

(1) 国民の森林への期待

　総理府（現在、内閣府）が1980年から1999年にかけて4回にわたって行ってきた「森林と生活」に関する世論調査の結果から、日本国民の森林への期待とその変化を見てみよう。次頁の図1は森林への期待についての選択肢の中から3つ選択する設問に対する回答を多い順に並べたものである。

　国民の期待で一番多いのは災害の防止、次いで水資源の確保で、この2つがここ数年安定的に上位を占めている。このことは、100年以上前の1897年（明治30年）に制定されたわが国で初めての森林法に規定された保安林制度がこの2つの項目を最初に掲げていることからも、長い歴史を持つものであることが分かる。例えば、終戦直後の瀬戸内海沿岸の山林は戦時期における過剰伐採によってはげ山状を呈していた。戦後、保安林制度と公的資金を利用した復旧が行われ、現在では瀬戸内海沿岸の山腹は緑に覆われている。戦後の広島県下にお

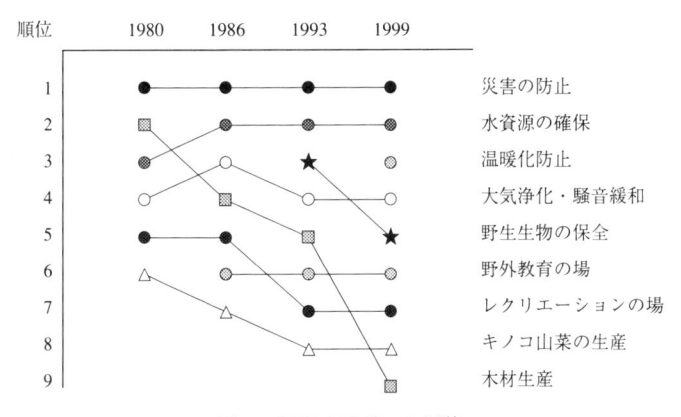

順位	1980	1986	1993	1999	
1	●	●	●	●	災害の防止
2	▨	◉	◉	◉	水資源の確保
3	▨	○	★	◎	温暖化防止
4	○	▨	○	○	大気浄化・騒音緩和
5	●	●	▨	★	野生生物の保全
6	△	◎	◎	○	野外教育の場
7			△	○	レクリエーションの場
8			△	△	キノコ山菜の生産
9				▨	木材生産

図1 国民の森林への期待

出所：森林と生活に関する世論調査（総理府）

いて山地災害で死亡した被災者は1,800人余りに上るが、その人数を時系列的に見ると、1945年の枕崎台風による被災者が突出している1940年代に7割いるほか、50年代と60年代にはそれぞれ200人前後が被災している。戦争直後から1969年までの25年間で91％を占めており、その後の30年間は9％となっている。森林の復旧とともに山崩れなども減り、被災者数の減少に結びついたことを物語っている。

図1について、もう1つ注目すべき点は1993年以降の調査で野生生物の保全が、1999年の調査で温暖化防止が森林の役割に関する設問項目として追加され、これらの年には上記2項目がいきなり第3位となっている点である。1980年代の調査ではこれらの項目が入っていないのは、当時の政策担当者があまり意識していなかったためである。1992年リオ・サミット時の気候変動枠組み条約の中にはすでに温室効果ガスの大部分を占める二酸化炭素の吸収源として森林の役割が規定されているが、本格的に森林の役割がこの条約で位置づけられたのは1997年の京都議定書であるので、90年代後半以降に温暖化防止の文脈で森林が新しい手段として広く認識されるようになった。

重要なことにもかかわらず森林と人との関わりでこの世論調査では表れてこないのが、森林所有者の期待である。森林所有者としては、通常、木材の生産などの経済的収益を期待して森林を所有しているが、森林に期待する経済的収益の中で森林の用途以外に転用した場合の見返りが潜在的に重要な位置を占め

ていることを無視することはできない。例えば、森林を伐採してゴルフ場やスキー場を建設したり、地球レベルでいえば食料生産のために農地や牧草地として転用する需要は大きいものがある。

　以上のように、森林への期待は一般受益者と所有者の立場が複雑に絡まっておりその調整のための枠組みができているが、近年その上に、新たに地球規模の問題が発生してきたといえる。以下にその関係を整理してみる。

（2）森林機能の波及範囲と管理手法

　こうした森林の役割を地元の集落、川の流域、国、地球という波及範囲の軸と、管理手法の軸によって整理したのが図2である。集落の農業資材や生活資材を提供するための森林は入会地や共有林として管理される。災害防止や水資源確保の機能は流域をその広がりとしており、流域の自治体や国が関与して水源基金や国有林、保安林などの制度により利害調整がなされる。開発用地の提供という役割については国レベルの開発計画によって調整が行われる。ここ20年ほどの間に地球温暖化防止や生物多様性の保全など、地球規模の環境問題の文脈で森林の役割が認識されると、これまでの森林をめぐる秩序とは異なる秩序を形成する国際協定が必要となったのである。

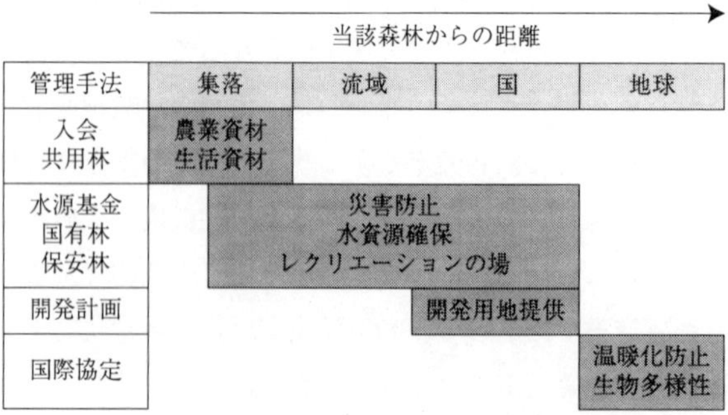

図2　森林機能の波及範囲と管理手法
（著者作成）

3 森林の状況と地球環境問題

(1) 世界の森林の現況

　表1は、国連食糧農業機関（FAO）による西暦2000年における森林資源調査の概要を示したものである[1]。地球上の陸地面積（南極大陸を除く）130億haのうち森林の面積は39億ha（陸地面積の約30％）で、熱帯林、亜熱帯林、温帯林、北方林（タイガ）などからなる。

　日本は66％が森林に覆われているので、世界平均の2倍ということになる。世界では天然林が多く、人が植えて育てた人工林は全体のわずか4〜5％を占めるにすぎないのに、日本では人工林が40％を占め、このことが日本の森林の特徴となっている。

　FAOの同じ調査により森林の動態を見てみると、世界では10年間でちょうど1億haの森林がなくなっており、年間平均940万haの森林が消滅していることになる。地域によって差があり、南米やアフリカで減少率が高い。世界全体の減少率は、0.2％である。これを熱帯地域とそれ以外に分けてみると、熱帯林の減少率が高く、非熱帯林は増加している。このことは、森林問題の矛盾が熱帯地域に集中的に表れていることを示している。

　森林の減少だけが森林の問題ではないが、世界が100坪の土地だとすると、森林は約30坪となる[2]。その中に熱帯林は14坪あるが、1年間で60cm四方、ちょ

表1　世界の森林の現況　　　　　　面積単位：百万ha

	土地面積A	森林全体 面積B	B／A	シェア	天然林	人工林
アフリカ	2978	650	22	17	642	8
アジア	3085	548	18	14	432	116
欧州	2260	1039	46	27	1007	32
北中米	2137	549	26	14	532	18
オセアニア	849	198	23	5	194	3
南米	1755	886	51	23	875	10
合計	13064	3869	30	100	3682	187
日本（再掲）	37	25	66		13	10

出典：FAO, *Forest Resources Assessment 2000*

うど座布団1枚くらいの熱帯林がなくなっている。このままのスピードでいくと100年後には熱帯林がすべてなくなることになる。

(2) 地球環境問題としての森林の認識

このような森林の状況を何とかしなければならないという認識が広がって、森林は地球環境問題として認識されるようになった。生活環境の問題だった森林が地球環境問題として意識されるには2つの要因があると考えられる。1つは、地球規模で森林の動態が把握されることである。もう1つは、動態把握で問題になった事案がある地域や国の人たちだけの生活環境問題としてだけではなく、地域・国境を越えた利害関係を有するものと認識されるようになることである。以上の2つの主な要因によって、森林問題が地球環境問題として意識されるようになったのである。

最初の地球規模での森林の動態把握として、1980年代初期に2つの報告書が出された。1つは、アメリカ政府の『西暦2000年の地球』（1980年）、もう1つは国連食糧農業機関（FAO）と国連環境計画（UNEP）との合同による『熱帯林評価報告書』（1981年）である[3]。それまでは、個別に特定の森林が減少していることは感じていても、地球全体として森林の状態がどう変化しているのかよく分からなかった。

森林の動態把握が困難である理由はいくつかあるが、まず森林の所在が都市地域から遠く離れた地域に偏在・分散していることが挙げられる。農業や工業など巨大投資が困難な遠隔地に森林が所在・残存しており、そうした地域の森林については投資対象として資金を投下して実態を調査しようという動機が欠如していた。遠隔地には政府の管理の及ばないところがあり、そうしたところへの民間の投資はリスクが高く、政府が調査することも困難なのである。

また、そもそも乾燥地におけるサバンナのように森林とは何かを定義するのは非常に難しい場合がある。例えば、サハラ砂漠の南部のように南下するにしたがって次第に雨量が増えるような地域では砂漠から草原、草原からまばらな樹林地、さらには密生した樹林地へと段階的に変異していて、森林と呼べるのがどこまでなのかについて線引きをすることは重要な問題である。そうした地勢を上空から見たとき、樹冠の占有面積10％の土地を森林と定義しようと初め

て具体的に提起した『熱帯林評価報告書』は非常に重要である。さらに、ヤシのような木本性の農産物が結構あるが、これを人工林と判定するかどうかといったことも難しい。これまでは各国が各々の行政上の定義をしていればよかったのだが、地球環境問題となると各国の定義に統一性がないと国際協力が難しくなる。

　森林の動態把握が困難なもう1つの要因は、動態把握の調査が長期間を要することである。開発されて土地利用形態が変化するという場合はともかく、木本植物は長期間かけて生長し遷移を示すものであり、10年〜20年経過しないと、正確な動態を把握できない面がある。

（3）生物多様性の保全と森林

　森林問題が熱帯地域に偏っていることもあって、これが本当に地球環境問題であるのかということを詰めておく必要がある。とりわけ、生物多様性の保全と地球温暖化防止の関連で森林の問題をレビューしておきたい。前述したように陸地の30％が森林で14％が熱帯林であるが、熱帯林の半分（陸地の7％）が熱帯雨林と呼ばれるジャングルである。熱帯でも乾燥していたり、あるいは雨季と乾季がはっきりしないところにある熱帯林も7％ある。現在種が同定され文献に記載されている現存生物種は140万種あると言われているが、記載されていない生物種を含めてどれくらい多様な生物種がいるかについては、500〜5,000万種あるという推計がある。その生物種の半数が熱帯雨林に存在するという推計もあれば、未記載の90％の甲虫類が熱帯雨林に存在するという推計もある（鷲谷・矢原1996, 44〜48頁）。したがって、生物多様性の保全の観点からすると、7％の熱帯雨林の役割が非常に大きく、熱帯雨林がどんどん減少していくことに伴って、人類にとって未知の重要な生物種を失っている可能性が大きい。

（4）地球温暖化問題と森林

　地球温暖化問題との関連では、炭素循環における森林の役割が重要である。気候変動に関する政府間パネル（IPCC）によると、大気中に7,500億tの二酸化炭素が存在すると言われているが、大気中の二酸化炭素は陸上生態系、海洋、地下資源など地球上に存在する炭素との間で循環している[4]。地球に固定され

た炭素の中では、海洋、そのなかでも特に、海洋中層・深層に大気の50倍に当たる最も多くの量が貯留されている。だがこの部分は、人間がなかなかコントロールできない部分である。人間の管理の及ぶものの1つは地下資源で、化石資源の燃焼などを通して年間55億tの二酸化炭素を大気中に排出している。もう1つは大気の3倍くらいの炭素がある陸上生態系の部分だが、呼吸で600億t排出、光合成で613億t吸収、土地利用変化で差し引き11億tの二酸化炭素を大気中に排出している。陸上生態系の中では土壌と有機堆積物で1兆5,800億t、植物で6,100億t貯留されているが、この中で森林が占める割合は前者の52％と後者の89％であり、この部分をどうコントロールするかが森林の管理と地球温暖化とが繋がる重要な部分である。

（5）エネルギー問題と循環社会における森林

　生物多様性の保全と地球温暖化対策としての森林の役割だけでなく、今後必ず重要となってくるのが循環社会実現のための林産物の役割である。現在（2002年時点）の地球上には62億人の人口がいるが、30億人だったのは1960年、つまり40年間で倍増している[5]。国連の推計によると2050年には90億人に達する見込み[6]だが、地球上のエネルギー消費は石油換算ベースで毎年約82億t（1995年時点）だが[7]、途上国が発展し、現在の先進国と同じだけの1人あたりエネルギー消費となったと想定すると4.5倍の370億tが必要となる。原油の埋蔵量は1,000億tから2,000億tと推計されているので数年で消費し尽くすことになり、どう考えてもやっていけない。再生エネルギーの供給量に十分な見通しが得られない中で持続可能な社会を実現するためには、1人あたりのエネルギー消費量をいかにスリムにしていくことが課題である。

　そのためには人口政策や生活スタイルを大幅に変革しないといけない。リオ宣言第8原則では「持続可能でない生産および消費の様式を減らし、除去し、かつ適切な人口政策をすべきである」ことがうたわれている。他方、日本の環境基本法は「事業者の責務」の項目で「環境負荷の低減に資する原材料、役務を利用するよう努めなければならない」（第8条3項）と規定している。この「環境負荷の低減に資する原材料」として木材が注目されているのである。様々な材料を1m³あたり製造する際の消費エネルギーを原油換算で比較してみると、

アルミニウムは原油28kℓ、鉄材は原油7kℓ必要なのに対して、木材は36ℓ、つまり700対1、200対1という状況である[8]。このように環境に負荷をかけないという意味で、木材は非常に重要な特性を持っている。アルミニウムや鉄材やガラスなどは成型する場合には、熱を加えて柔らかくして行うのだが、木材だけは常温加工ができるということに起因する特性である。

同じ木材でも、輸入材と地域材の消費エネルギーを比較すると、製造過程のエネルギー消費はほとんど変わらないが、輸送過程の消費エネルギーを考慮すると、日本への輸入材の場合、欧州材、チリ材、ニュージーランド材、北米材、ロシア材、国産材（地域材）の順でエネルギー消費が高くなる。国産材が原油換算で36ℓなのに対して、欧州材は220ℓ相当のエネルギーが必要となるという指摘もされている[9]。

今日の日本では薪を燃料とすることはほとんど見られなくなった。現在の日本のエネルギーの8割は石油、石炭、天然ガスでまかなわれているが、日本が先進国になったから木材を燃料としなくなったのかというと、そうではない。例えば、スウェーデンでも化石燃料の依存度は5割ほどあるが、18％は木材燃料に依存しているのである[10]。他の先進国と比較しても、日本の木材燃料依存度は統計にとれないほど少なくなっているのだが、再生可能なバイオマス（生物資源）・エネルギーとして木材を再評価することが重要である。将来のエネルギー源をどのように調達していくかを考えるにあたって、100年で化石燃料の使用を3分の1に減少させ、かつ、全体のエネルギー消費は増大させるという場合、どのようなシナリオが描けるかが示された。原子力への依存を増やすシナリオもあるが、原子力を増やさないシナリオとして、IPCCは6割ぐらいのギャップを埋めるにはバイオマスエネルギーを促進させるシナリオを描いた[11]。

加藤三郎によると、循環社会とは「社会の永続性を確保するため、あらゆる活動に伴い消費するモノやエネルギーにかかる資源を、繰り返しまたは様々な形で利用し、廃棄するモノを最小限にするシステムを有する社会」である（加藤 1998, 17頁）。つまり、自然エネルギーを使い、再生可能な資源を採り入れ、それを循環させるという3つの要素が重要である。これら3つの要素の観点から木材を考えると、第1に、自然エネルギーの中で木材は当面最も効率的なエネルギー供給源として非常に重要である。これは前述したIPCCによるバイオマ

スエネルギーのシナリオが示すところである。第2に、木材は数少ない再生可能な資源でもあり、ここでも重要である。第3に、これも前述したように木材は生産流通段階でも省エネ資材であり、循環社会の中での3つの要素として木材が占める役割が非常に大きい。このように森林というのはエコマテリアルとしての林産物の製造装置という、人類全体の共通利害関係を持つ対象物として位置づけられると考える。

4 国際的な森林レジームの形成への取り組み

(1) 1980年代の取り組み

地球環境問題として森林が重要であるにもかかわらず、なぜ森林の国際レジーム形成が進展しないのだろうか。1980年代からの推移を政府が果たした役割と民間が果たした役割に着目して整理したのが図3である。まず、80年代初頭に熱帯林の急速な減少についての調査報告書を作ったのがアメリカ政府やFAOなどの国際機関であった。政府は非常に重要な役割を果たしたが、それに対して80年代には何が実行されたかというと、途上国に対する緊急な援助計画をた

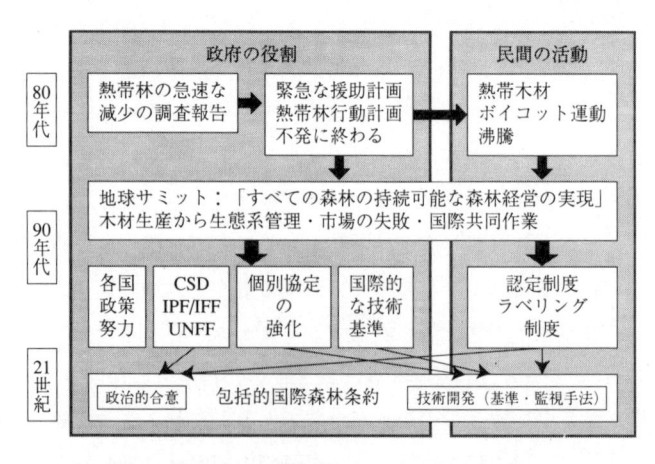

図3 国際的な森林管理レジーム形成の取り組み

(著者作成)

て、各国、FAO、UNDP、世界銀行などが一緒になって大々的な熱帯林行動計画を策定した。全世界120カ国ある熱帯林保有国のうち、75カ国について熱帯林行動計画を策定した。各国ごとにその地域で森林を再生するためのプログラムを作り、そこに世界銀行をはじめとした援助機関や援助国によるラウンドテーブルを作って、各国・各機関が自らの考えに沿って援助を拠出した。

ところが、1990年に再びFAOが行った熱帯林資源調査により、熱帯林の減少速度が加速しているという結果が明らかになり、熱帯林行動計画は失敗に終わったと評価させるに至った。熱帯林行動計画が失敗した理由については、いろいろ分析されているが、①具体的数値目標とそれに伴うタイムフレームがなかったこと、②実行の責任は各国政府に任され、地球環境として全体の実質的な責任を持つところがなかったということなどが指摘されている[12]。1990年に行われた熱帯林行動計画独立評価の報告書において国際森林条約が提唱されたが、80年代の壮大な計画を実施する中で、実行責任などの問題を経験してみて、初めて法的拘束力のある森林条約の必要性が認識されたのである。

もう1つ注目しなければならないのは民間の活動である。各国政府に任せていては森林の減少を食い止めることはできないという意識が高まり、先進国において熱帯木材のボイコット運動が沸騰した。これはその後の事態に大きな影響をもたらした出来事であったが、徹底的に批判を浴びることになった。1つは、先進国に多い温帯林の木材をボイコットの対象とせずに、なぜ熱帯木材だけを対象とするのかという批判であった。もう1つの批判は、ボイコットは木材の価値を否定することであり、熱帯林から他の用途への転用を誘発するというものである。どちらも説得力のある批判だった。

(2) 1990年代の取り組み

1980年代の取り組みの経験を踏まえて、1992年リオ・サミットに向けてのコンセンサスは持続可能な森林経営の実現となっていく。これは、森林条約を作ろうという大きな運動となったが、それは途上国の反対で実現しなかった。リオ・サミットでは、森林原則声明という拘束力のないソフトな規範が示されたが、それは積極的に評価するといくつかの重要なコンセンサスをもたらした。1つは、コントロールすべきは熱帯林だけではなく「すべての森林」であるという

ことで、これが非常に重要な到達点になった。すべての森林の持続可能な経営を実現しなければならないということが森林原則声明の重要なコンセプトである。2つ目は、単に木材生産を管理するのではなく、生態系として森林を管理すべきこと、3つ目はさらに、森林の問題は市場に任せておくと十分な管理ができないので、そこで国際共同作業が必要となることなどが示されたのである。

図3に示したように、リオ・サミット以降の動向については、政府ベースでは4つの動きが見られた。第1は、各国が政策努力をしていること。横浜に本部がある国際熱帯木材機関（ITTO）が33カ国の動向調査をしたところ、1986年以降に森林政策を改正したところが28カ国あった。各国が森林政策の確立に努力をしているということである。（ただし、それが現場レベルの森林管理に直結しているわけではないという問題があるが。）第2に、リオ・サミットのフォローアップをする流れとして、持続可能な開発委員会（CSD）、森林に関する政府間パネル（IPF）、森林に関する政府間フォーラム（IFF）、国連森林フォーラム（UNFF）など一連の会議があった。残念ながらレジーム強化という面では進展はほとんどないが、このプロセスを終わらせることはできない。また、森林条約ではない個別協定の中で森林のことがだいぶ取り上げられるようになったことが重要である。京都議定書・生物多様性条約・砂漠化防止条約等の中で森林の管理が強化された。さらに、持続可能な森林経営という新たな概念を定義することが必要となり、判断基準を策定する作業が進められた。

このように森林条約を形成するうえでの前提となるいくつかの重要な政府の取り組みや作業が行われたのだが、残念ながら森林条約レジーム形成に近づいているとはいえない状況である。むしろ、この10年間でのステップとして重要なのは、政府間の取り組みよりも民間の活動の流れである。これはいわゆる先進国における消費者のパワーが、80年代に見られたボイコット運動の反省のうえに立ち、「悪い」プロセスで伐採された熱帯林木材のボイコットではなく、「良い」プロセスで生産された木材の消費を促進させようという非常に前向きの運動となって現れている。これが最近のマスコミでも報道されているように、ある基準に基づいて生産されている森林を第3者によって認証して、その森林から出た木材にラベリングをするという制度である。日本でも日曜大工など自分で木材を購入して、自分で何かを作ったり、あるいは家をメンテナンスした

りすることが多くなってきたが、アメリカやヨーロッパでは家を自分で造る人が多い。その意味で、これらの制度が森林経営の質の向上に重要な影響を与えている。

最終的には包括的な森林条約やレジームが形成されなければならない。そのためには政治的合意や持続可能な森林経営の判断基準の整備、モニタリングの手法についての技術開発が必要であるが、これらの政府・国際機関や民間での取り組み自体が、将来の森林条約の概要作りをしている側面があるのではないかと著者は考えている。

そのような中で森林条約をめぐる各アクターの動きにもリオ・サミット以降に変化が見られる。リオ・サミット直前には、森林条約について開発を重視する途上国はほぼ全部が反対し、環境を重視する先進国および環境NGOが賛成するという構図だった。サミット後では途上国の中でもアジア諸国は条約反対のトーンを下げ、森林条約の推進力となっていた環境NGOと米国が反対に回った。環境NGOは、現状の中でいい加減な森林条約を作って有効な条約はできないと判断しているもので、米国の場合は自国の森林管理をめぐる利害関係に関するものと推測される[13]。このように、各アクターの動向だけを見ると条約化への障害は高いと言わざるを得ない。

しかし、既存の関連条約の中で森林の機能に触れられた条約は多い。前述したように、包括的な生物多様性条約（CBD）と気候変動枠組み条約（FCCC）では、生物多様性の保全と二酸化炭素の吸収という重要な森林の機能が扱われている。このほかにもラムサール条約、国際熱帯木材協定（ITTA）、世界貿易機関（WTO）、ワシントン条約（CITES）、砂漠化防止条約（CCD）、国際労働機関

表2　森林に関する条約と森林の機能

森林の機能 MP基準番号	関連条約		相互関係		包含の程度
	包括的	部分的	Gap	Overlap	
生物多様性1,3	CBD	Ramsar	No	Some	ほぼ完全
生産力2		ITTA, WTO, CITES...	No?	Yes	重複・部分的
水土保全4		CCD, Ramsar	Yes	No	注目されず
CO_2 5	CCC		No	No	ほぼ包含
社会的機能6		CCD, ILO...	Yes	No	部分的

B.M.G.S.Ruis, "No forest convention but ten tree treaties," UNASYLVA, 2002より作成

(ILO) など部分的に関連する条約は多い[14]。

これらの条約が森林の持続可能な管理の国際的な推進に寄与している面は大きい。ただし、森林の機能はきわめて多面的・総合的なものであり、これらの条約がカバーしていない、例えば熱帯林以外の貿易問題など重要な要素があること、また、それぞれの条約が取り扱っている方向が矛盾する場合もあり、調整が必要となってくる可能性があることなど、包括的な森林条約の必要性が否定されることにはならない[15]。

（3）国際森林レジームの特徴と可能性の展望

国際森林レジームの可能性を展望する参考とするために、森林レジームの特徴を気候変動枠組み条約のレジームと比較してみたい。両者には共通する点と異なる点とがあるが、共通点の第1は、どちらも開発の基本的な条件を制約することである。森林条約は、途上国の開発用地の供給を規制し、気候変動条約は安価な化石燃料の消費を規制する。監視コストがかかる点も共通である。特定の発生源を監視する場合と比べ、森林は人口密度の低いところに広範に存在し、また温室効果ガスの発生源も多岐にわたるため監視コストがかかる。特に森林管理については森林状況の科学的判断に経験が要求され、様々な利害関係に調整を要する森林管理の実施に必要な、インテリジェンスのあるモラルの高い人材を首都から離れた地域に配置しなければならないという、人づくり上の高いハードルがある。

森林レジームが気候変動レジームと異なるのは、途上国を除外したレジームが意味をなすかという点である。アメリカの京都議定書離脱の理由は、途上国の責任が十分でないという理由だった。ただし、温室効果ガス排出の大部分は先進国であるので、とりあえずは途上国を除外してまず先進国が責任を果たし、そのうえで途上国が入ってくるという、共通だが差異のある責任原則にある程度論理的正当性がある。しかし、森林条約の場合は、熱帯林のほとんどを抱える途上国を除外することはまったく意味をなさないのである。もう1つの違いは、ターゲットの明確度である。気候変動枠組み条約では、温室効果ガスについては二酸化炭素換算トンというクリアな基準が開発された。しかし国際条約としての森林関連条約ではそれが十分に開発されていない。

以上のような森林レジームの特徴を踏まえて、今後の国際森林レジームの課題と可能性を展望すると、まず森林レジーム形成のハードルとして、次世代の利益と現在の途上国の開発権の調整という核心的課題への取り組みが必要である。また、各国内での複雑な利害関係者の調整も重要である。このため、国際的にも国内的にも利害を調整しモニタリングを行うための質の高いネットワークの形成が極めて重要な課題である。

　ハードルは高いが、森林レジーム展開の契機となるような動きを捉えることも重要である。1つは、緑の消費者の登場は、重要な契機となるだろう。①1990年代の初頭に国際熱帯木材機関が「西暦2000年までに持続可能な木材のみを貿易の対象とする」という野心的な目標（西暦2000年目標）を掲げたこと[16]、②インドネシアやロシアなど有力な産地国が自国内での違法伐採の実態を認めていること[17]、③国際的な森林経営の認証が大きな動きになってきたこと[18]など、すべて先進国の消費者の関心を意識した動きである。もう1つの森林管理の国際化の契機は、既存の国際レジームの発展だろう。気候変動枠組み条約や生物多様性条約における森林の取り扱いが中心となるが、他にも関連する多国間環境協定が多い。さらに重要なのは、WTOの新ラウンド交渉における環境と貿易の議論の中で、林産物貿易に関する動きが持続可能な森林経営のカギとなる可能性がある。そうした森林レジーム形成の契機となるような動向の中で、日本の果たす役割は大きい。日本は森林経営をめぐる農村と都市の調整についても経験を持っている。また、とりわけ日本はアメリカの次に熱帯林を輸入している国として責任もある。森林は環境と持続可能な開発のガヴァナンスのメルクマールであることを認識して、我々は国際社会における役割を果たしていくべきである。

注

1) FAO, *Forest Resources Assessment 2000*, Rome: FAO, 2001, pp. 33-42.
2) 瀬川至朗『毎日新聞』「発信箱」2002年5月6日を参照。
3) Jian-Paul Lanly, *Tropical Forest Resources Assessment*, FAO, 1992.
4) IPCC第2次報告書第1作業部会報告書、IPCC, *Climate Change 1994: Radiative Forcing of Climate Change and An Evaluation of the IPCC IS92 Emission Scenarios* 1995, p. 21.

5） U.S. Bureau of the Census, International Data Baseより。
6） UN Population Department "World Population Prospects: The 1998 Revision," Vol. I, Comprehensive Tablesによると2050年時点の世界の人口は89億900万人（中位推計）と推計されている。
7） 日本エネルギー経済研究所　エネルギー計量分析センター編『エネルギー・経済統計要覧』、1999年、世界の1次エネルギー消費。
8） 大熊幹章「地球温暖化防止行動としての木材利用の促進」『木材工業』46巻3号（1991年）における単位メガジュールを著者が原油換算したもの。ここでの木材は、人口乾燥素材の場合。
9） 藤原敬「循環社会と輸入木材の輸送過程消費エネルギー」『木材工業』55巻6号、2000年。
10） スウェーデン国家工業技術開発局『エネルギー経済統計要覧』。
11） IPCC第2次評価報告書第2作業部会報告書IPCC Energy supply and mitigation options. In *Climate Change 1995: Impacts, adaptation and mitigation of climate change*, IPCC Working Group II Report, Chapter 19, Cambridge University Press, 1996, pp.588-647.
12） Ola Ullsten, Salleh Mohd, and Montague Yudelman, "Tropical Forestry Action Plan-Report of the Independent Review," 1990.
13） 1997年国際的な環境NGOは共同して森林条約に対する反対声明を行った。Friends of the Earth International, Greenpeace International, World Wide Fund for Nature (WWF) International, et al., "International Citizen Declaration against a Global Convention," 1997.
14） B.M.G.S. Ruis, "No forest convention but ten tree treaties," UNASYLVA, 2002.
15） 気候変動枠組み条約が要求する効率的な炭素の吸収と、生物多様性条約が要求する多様な森林の状態は、相反する面を持っている。
16） 国際熱帯木材機関第26回理事会決議、The Year 2000 Objective [Decision 10 (XXVI), 1999.
17） G8森林行動プログラム『(仮訳) 実施進捗状況報告書（ロシア）』、2000年、国際熱帯木材機関第32回理事会でのインドネシア林業大臣の演説，2002年。
18） FAO、『世界森林白書2001年報告』FAO協会、2002年、34頁。

参考文献

赤堀聡之「地球温暖化問題と炭素吸収源としての森林の展望」『森林科学』2001年10月、51～57頁。
加藤三郎『「循環社会」の創造条件』日刊工業新聞社、1998年。
日本学術会議『地球環境・人間生活にかかわる農業および森林の多面的な機能の評価について（答申）』2001年。

鷲谷いづみ・矢原徹一『保全生態学入門』文一総合出版、1996年。

参考URL
国連森林フォーラム（UNFF）　　http://www.un.org/esa/sustdev/forests.htm
国際熱帯木材機関（ITTO）　　http://www.itto.or.jp/
森林管理協議会（FSC）　　http://www.fscoax.org/
国連食糧農業機関（FAO）林業局　　http://www.fao.org/forestry/
林野庁　http://www.rinya.maff.go.jp/
森林総合研究所　http://ss.ffpri.affrc.go.jp/index-j.html
「持続可能な森林経営の勉強部屋」　　http://homepage2.nifty.com/fujiwara_studyroom/

研究課題
（1）　各国の主権下にある森林が国際的管理の下におかれる必要があるとすれば、その根拠は何か。
（2）　リオ・サミットにおいて気候変動枠組み条約と生物多様性条約が締結されたのに対して、なぜ森林条約は締結されずに森林原則声明とされたのか。
（3）　いくつかの多国間環境協定において森林がどのように扱われているか。なぜそのように扱われるようになったのか。
（4）　世界貿易機関（WTO）の新ラウンド交渉において、林産物がどのように扱われているのか。また、どのように扱われるべきであるのか。

第10章　有害物質をめぐる国際的取り組み
―― ストックホルム条約を中心に ――

中下　裕子

１　有害物質汚染の危機

（１）合成化学物質の功罪

　20世紀は、化学の世紀であった。2回の世界大戦中に軍事技術として研究が進められた化学技術は、第2次世界大戦後、化学工業として未曾有の発展を遂げた。医薬品・食品添加物から、農薬類、住宅資材、衣類、化粧品、洗剤、食器、日用品、さらには容器包装に至るまで、今や私たちの身の回りには、合成化学物質が溢れている。

　これらの化学物質は、確かに数々の利便性・快適性・省力性をもたらしている。しかし、その一方で、人や生態系に有害なものもあることが指摘されるようになった。わが国では、有機水銀による水俣病事件や、PCB（ダイオキシン類）によるカネミ油症事件などの公害事件が発生し、数々の痛ましい犠牲者を生んだのであった。

　また、最近では、所沢など焼却場からの大量のダイオキシン類の発生が大きな社会問題となった。ダイオキシン類には、一般毒性のほか、発がん性・催奇形性・生殖毒性・免疫毒性がある。また環境中でなかなか分解されにくく、生物の体内に蓄積しやすい性質がある。このため、その汚染は、食物連鎖を通じて地球規模に広がり、最終的にその頂点である人間の体内に最も高濃度に蓄積される。さらに、その汚染は、胎盤・母乳を介して胎児・乳児にも引き継がれ、その発達に重大な不可逆的影響をもたらすことが指摘されているのである。

　こうした有害性や特質から、ダイオキシン類は「史上最悪の化学物質」といわれるが、実は、ダイオキシン類は人間が意図的に作り出した物質ではない。

ゴミの焼却過程などから非意図的に生成されているのである。私たちが日常的に排出しているゴミの焼却が、このような史上最悪の毒物を発生させているとは、驚きである。これは、ある意味で、大量生産・大量消費・大量廃棄型の社会を作り上げてしまった私たち人類に対する警鐘ではないだろうか。

（2）有害性（毒性）とは？

化学物質には有用性という正の面とともに、有害性（毒性）という負の側面があることを述べたが、では、有害性（毒性）にはどのようなものがあるのだろうか。

化学物質の毒性には、様々な種類・分類がある。その主なものを挙げてみよう。

まず、悪影響を与える対象によって、人体毒性と生態毒性に分類される。人間の健康に悪影響を与えるのが人体毒性であり、野生生物など生態系に悪影響を与えるのが生態毒性である。

次に、毒性には、急性毒性と慢性毒性とがある。急性毒性とは、例えばサリンや青酸カリのように曝露されるとすぐに影響があらわれる毒性のことである。これに対し、慢性毒性というのは、長期にわたって有害物質が蓄積されることによってあらわれる影響をさす。前述のダイオキシン類をはじめ、DDT、PCBなどの残留性有機汚染物質（POPs）では、急性毒性ではなく、むしろ慢性毒性の方が問題なのである。以前、所沢の野菜のダイオキシン汚染が大きな社会問題になった際、農水大臣らがテレビカメラの前でホウレン草を食べて見せて安全性をアピールしていたことがあった。しかし、ダイオキシンの毒性で懸念されているのは急性毒性ではなく、長期的な慢性毒性なのであるから、これは的外れなパフォーマンスといわざるを得ない。一時的摂取で直ちに影響が表れないとしても、それは決して長期的影響がないことまで示すものではないことは明らかである。それをさも安全であるかのようにアピールすることは、あまりにも国民を愚弄する行為ではないだろうか。

それから、一般毒性と特殊毒性という分類がある。一般毒性とは、肝機能障害、呼吸障害などの人の健康に対する一般的な悪影響をいう。これに対して特殊毒性というのは、例えば生殖毒性、催奇形性、免疫毒性、発がん性など特殊な悪影響が生じるものをいう。

（3）環境ホルモン汚染の警告

　さらに、最近、コルボーンらの著書『奪われし未来』が刊行され、内分泌攪乱作用という新たな毒性概念が提起されている。ある種の化学物質が、生体のホルモン受容体に結合することにより、あたかもホルモンと同様の働きをしたり、ホルモンの本来の作用を阻害したりしているというのである。その影響の現れとして、①イボニシ、バイ貝のインポセックス（雄性形質誘導および生殖不全症候群）、②コイの雌雄同体化、③フロリダのアポプカ湖のワニのオスの生殖器の短小化、個体数減少、④メリケンアジサシの生殖率の減少、⑤アザラシ、イルカの大量死などが報告されている[1]。

　環境ホルモン物質と呼ばれている、内分泌攪乱作用を有すると疑われる化学物質は、現在のところ65物質挙げられている。そのうち約3分の2が除草剤や殺虫剤などの農薬類である。日本では既に使用禁止とされた農薬もあるが、まだ使用されている農薬も含まれている。プラスチックの可塑剤として使用される材料や界面活性剤の原料として使われている物質もある。船底塗料や漁網の防腐剤として使用されたものもある。非意図的生成物であるダイオキシン類も含まれる。

　人間への影響としては、精子数の減少、精巣重量の減少、停留精巣・尿道下裂の増加、精巣がん・前立腺がんの増加、子宮内膜症の増加、膣がん・子宮がん・乳がんの増加などのほか、アレルギー性疾患の増加や多動性学習障害の増加なども環境ホルモンの影響ではないかと疑われているが、いずれも疑いの段階で、科学的解明にまでは至っていない。しかし、人間の場合は人体実験ができるわけではないので、科学的証明は容易ではない。このため、これまでも水俣病事件・カネミ油症事件などでは、人体被害が発生してはじめて、因果関係が科学的に証明され、それからようやく対策が講じられるという、後追いの対応にならざるを得なかったのである。

　環境ホルモン汚染には、従来の化学物質汚染とは異なる特徴がある。まず、汚染原因物質が単独ではなく、多種多様であることである。おそらく、複合的に影響し合っていることも考えられる。第2に、作用量の微量性である。遺伝子を傷つける量よりもっとずっと少ない量でも、ホルモン作用に影響を与えてしまうのである。そうなると、従来の安全基準の考え方では対応できない。

第3に、曝露とその影響発現との間に数年〜数十年の時間差があることである。胎児期の曝露の影響が、思春期になって生殖機能への影響や膣がんとなって現れることもある。したがって、事柄の性質上、短期間のうちに因果関係を科学的に解明することは不可能といわざるを得ない。
　さらに、影響の重大性である。汚染は食物連鎖を介して地球規模に広がるのみならず、胎盤・母乳を通じて世代を超えて移行する。環境ホルモン汚染は、ある意味で、人類を含めて生物の種の存続の危機を招来していると言っても過言ではないのである。

（4）危機にいかに対処するか――「予防原則」の重要性

　こうした有害物質汚染の危機に対処するには、従来の対策手法では限界がある。従来の化学物質対策は、有害性またはその恐れが科学的に証明されてはじめて規制を加える、というものである。しかし、現在、市場に出回っている化学物質の数は、数万〜10万ともいわれる。その中で毒性データがそろっているものは極めて少数である。わが国の場合、約2万種、数にして約5万の既存化学物質中、毒性試験の実施により人の健康への安全性点検が行われたものは僅か191物質にすぎない[2]。それも、内分泌撹乱作用や生態毒性の観点からのチェックは含まれていないのである。
　さらに、複合的影響となると、ほとんど何も分かっていないと言っても過言ではない。つまり、人類は、正体不明のままで、大量の人工化学物質を作り出し、環境中にバラ撒いてしまったのである。このような状況の中では、科学的証明主義に限界があることは明らかであろう。言うまでもないが、有害性の科学的証明がなされていないことは必ずしも無害を意味するものではない。単に人間の無知を示しているにすぎないのである。
　振り返ってみると、人類は、化学物質に対してあまりにも無知であったといわざるを得ない。例えば、DDTは、発明当時「奇跡の物質」と賞賛され、発見者ミューラーはノーベル賞まで授与されたのである。フロンも同様である。発明当時「夢の物質」ともてはやされ、発明者ミッジリーにはプレーストリー賞が授与された。ところが、後になって、夢の物質どころが、人や生態系に悪影響を及ぼしたり、オゾン層を破壊して地球生態系を危うくさせる、とんでもな

い物質であることが判明したのであった。

　有害性が判明してから製造・使用を中止したとしても、すでに環境中に放出された有害物質はなかなかなくならない。それらを回収し無害化処理をするには莫大な費用と時間がかかるうえ、それでも完全にゼロにすることは困難なのである。

　科学技術は確かに人類にとって有用である。しかし、決して万全ではない。限界があることは明らかである。今、人類に求められているのは、自らの「無知」を自覚し、その反省の上に立って、今一度、科学技術や政策のあり方を抜本的に問い直すことである。今こそ、ソクラテスの言う「無知の知」を発揮するときである。

　数万～10万もの化学物質の毒性チェックには、今のペースのままなら数百年を要するであろう。安全性点検のスピードアップを図る必要があるが、それでも限界がある。取り返しのつかない事態が生じる前に、人類は、「無知の知」を発揮しなければならない。つまり、悪影響が疑われるものは、たとえ科学的不確実性が残っているとしても、すみやかに対策を実施して、被害発生を未然に防止するということである。こうした「予防原則」に立って、夥しい数の化学物質の舵取りを行うことが求められているのである。

（5）NGOの役割

　こうした予防原則の適用にあたっては、NGOが重要な役割を担っている。科学的証明主義の限界を考えると、化学物質規制は、科学者だけで決定できる問題ではない。むしろ、化学物質の利便性を享受している国民自身が、「たとえ便利・快適であっても、将来世代や野生生物に有害性が疑われるものは使うのはやめよう」という意思決定を行うべきではないだろうか。そういう意味で、これからの化学物質政策は、一部の専門家と産業界・行政とが科学的知見に基づいて決定するのではなく、科学的知見を参考にしつつも、国民自身が、自らのライフスタイルの変革をも辞さない覚悟で決定していくことが求められているのである。

　そうした社会的合意形成の要となるのがNGOである。リオ宣言第10原則には、「環境問題は、それぞれのレベルで、関心のあるすべての市民が参加することに

より最も適切に扱われる。国内レベルでは、各個人が有害物質や地域社会における活動の情報を含め、公共機関が有している環境関連情報を入手し、そして、意思決定過程に参加する機会を有しなくてはならない」と定められている。こうした市民参画を実際に可能にするには、NGOの情報収集・提供活動や啓蒙活動が不可欠である。

さらに、「アジェンダ21」では、独立の章（第27章）を設けてNGOの役割強化が提案されている。また、第19章の有害化学物質の適正管理の章においても、行政・産業界・学者・NGOが同一のテーブルについて議論しあい、意思決定していくべきことが各国政府に提案されている。

政策の立案・策定・実施・事後評価などあらゆるプロセスに市民・NGOが主体的に参画することが、より少ない費用で効果的な環境政策を実施する最良の方法であるということは、今や国際社会の常識となっているが、化学物質の分野においては、既述のような予防原則の適用という面からも、市民・NGOの参画が強く求められているのである。

2　有害物質をめぐる国際的取り組み

こうした有害物質汚染は、一国内にとどまらず、人為的運搬、気流・海流による移動、さらには食物連鎖を介して、地球規模に広がっている。このため化学物質管理の国際的取り組みの重要性が認識されるようになり、様々な取り組みが始められている。以下、その主要な動きを紹介する。

（1）バーゼル条約

まず、最初に、有害物質を含有する廃棄物の移動による汚染の拡散という問題が取り上げられた。1989年、「有害廃棄物の越境移動およびその処分の管理に関するバーゼル条約」が採択された。その後、1995年には、先進国から途上国への有害廃棄物の輸出を禁止する修正条項が追加された。これにより、国内の廃棄物処分に困った先進国が、輸出という手段で有害廃棄物を途上国に持ち込

むことが許されなくなった。

(2)「アジェンダ21」

　1992年のリオ・サミットで採択された行動計画「アジェンダ21」においては、「海洋環境の保護」(第17章)のほか、「有害化学物質の環境上適正な管理」(第19章)の章が設けられ、有害化学物質汚染の問題が地球環境問題の1つとして認識されるようになった。第19章では、以下の6つのプログラム分野ごとに目標、行動および実施手段が示されている。ここでは、化学物質管理のための枠組みの設定やリスク情報の公開・交換などが中心で、製造使用禁止などの具体的対策にまでは言及されていなかった。

　A：化学リスクの国際的なアセスメントの拡大および推進
　B：化学物質の分類と表示の調和
　C：有害化学物質および化学的リスクに関する情報交換
　D：リスク低減計画の策定
　E：化学物質の管理に関する国レベルでの対処能力の強化
　F：有害および危険な製品の不法な国際取引の防止

(3) IFCS

　「アジェンダ21」第19章のフォローアップを行うため、「化学物質の安全性に関する政府間フォーラム」(IFCS)が1994年に設立され、ほぼ毎年、世界各国が集まって、会議が開催されている。

(4) IOMC

　IFCSを事務的に支えて活動を推進するため、化学物質対策に関連する7つの国際機関—OECD（経済協力開発機構）、UNEP（国連環境計画）、WHO（世界保健機関）、FAO（国連食糧農業機関）、ILO（国際労働機関）、UNIDO（国連工業開発機関）、およびUNITAR（国連訓練調査研究所）の事務局が参加して、健全な化学物質管理のための機関間プロジェクト（IOMC）が設立され、各国際機関の活動を調整しつつ、重要なプロジェクトの推進が図られている。

（5）ロッテルダム条約（PIC条約）

1998年、「特定有害化学物質と農薬の国際取引における事前通知・承認の手続き（PIC）に関するロッテルダム条約」が採択された。これは、各国が国内法で禁止または規制している化学物質・農薬の輸出に際して、事前に輸入国に通知し、その承認を得ること、および情報の公開を求めるものである。

（6）ストックホルム条約（POPs条約）

2001年5月、残留性有機汚染物質に関するストックホルム条約が採択された。DDT、PCB、ダイオキシン類などのPOPsの製造使用・輸出入を原則的に禁止し、在庫・廃棄物の適正処理を求めるものである。予防的アプローチの重要性が明記され、「国際環境法規制として重要な一里塚になる」（ワールドウォッチ研究所 2002, 129頁）ものと評価されている（条約の経過・内容については後述）。

（7）AFS条約

2001年10月、船舶用の防汚剤による海洋環境および人の健康への悪影響を削減または廃絶することを目的として、「船舶についての有害な防汚方法の管理に関する国際条約」（AFS条約）が採択された。トリブチルスズ（TBT）を含む有機スズ化合物を含有する船舶用防汚塗料を当面の対象とし、2003年以降すべての船舶への塗布の禁止を求めている[3]。日本では、14物質のTBT化合物が化学物質審査規制法（化審法）の「第2種特定化学物質」に指定されており、その製造・輸入は行われていない。

3 ストックホルム条約の制定経過

（1）POPs汚染の特徴

POPsとは、①人や生態系に対する毒性、②難分解性、③生物蓄積性、④長距離移動性を有する化学物質をいう。POPsは、蒸発・降下を繰り返して移動し

(いわゆる「バッタ効果」)、最終的には極地方の海洋に降下する。このためPOPs汚染は地球規模で広がり、人間や生態系に重大な脅威をもたらしている。特に、極地の海洋汚染は深刻で、クジラ、アザラシなどの野生生物や、魚介類を常食とするイヌイットなどの先住民族の体内に、POPsが高濃度に蓄積されるという事態を招いている。イヌイットの人々の方が、先進国に住む私たちよりも、高い濃度でPOPsに汚染されていることが指摘されている。彼ら自身は、POPsの製造や環境中への排出とは何ら関係ない、自然と共生した生活を送っているにもかかわらず、である。先進国の責任は重大である。

(2) 条約の策定経過

POPsのこのような性質から、POPsの廃絶・削減のためには、国内的取り組みだけでは不十分であり、国際的枠組みでの対策が求められていたが、1997年2月に開催されたUNEPの管理理事会で条約化が決定された。

その後、1998年6月に、カナダのモントリオールで第1回目の政府間交渉会議 (INC) が開催されて以来、合計5回に及ぶ交渉会議が重ねられた。2000年12月、ヨハネスブルクで開かれたINC5において、ようやく条約案についての各国の合意が成立し、2001年5月のストックホルムで開催された外交会議において正式に採択されたものである。

(3) NGOの取り組み

条約の策定過程ではNGOも活発な活動を展開した。条約化交渉が始まるとともに、「POPs廃絶国際ネットワーク」(IPEN) という国際的なネットワーク組織が結成された。IPENには、50カ国を超える国々から約270の団体が加盟しており、条約の内容を実効性あるものにするために、様々なロビー活動を展開した。

日本からも、「ダイオキシン・環境ホルモン対策国民会議」が中心となって結成された「POPs廃絶日本ネットワーク」(略称JPEN) がIPENに加盟し、INC4、INC5にも参加してIPENのメンバーらと共に活動するとともに、国内でもシンポジウムの開催や日本政府への提言などの活動を行った[4]。

（4）条約化交渉における争点

条約化交渉の過程では、主として以下のような点で意見の対立があった。

① DDTについて、マラリア対策での製造・使用を認めるか。
② 使用中のPCBの廃止年限をどうするか。
③ 非意図的物質に対する対策はどうするか。
④ どのような場合に製造・使用・輸出入の原則禁止の例外を認めるか。
⑤ 新たなPOPsの追加基準・手続きをどうするか。
⑥ 予防原則を明記するか。
⑦ 技術・資金援助の特別のメカニズムを設けるか。

4 ストックホルム条約の概要

条約は30カ条およびAからFまでの附属書からなる。以下、その主な内容を紹介する。

（1）目的（第1条）

リオ宣言第15原則に掲げられた予防的アプローチに留意し、POPsに対して、人の健康の保護および環境の保全を図ることを目的としている。「予防的アプローチ」に留意することが明記されたことは重要である。

（2）対象物質

当初は表1の12物質が対象とされている。しかし、規制物質の追加が予定されており、条約にはそのための基準と手続きも定められている。12物質の毒性、主な用途、日本での規制状況も表1に示す。

表1　対象12物質の毒性、主な用途、日本での規制状況

物質名	毒性	用途	附属書	日本での規制状況
アルドリン	発がん性 発育異常	殺虫剤	A	1975年　農薬登録失効 1981年　「第1種特定化学物質」指定（化審法）
ディルドリン	発がん性 妊娠異常	殺虫剤 衛生害虫駆除 木材の防虫加工 羊毛の防虫加工	A	1973年　農薬登録失効 1978年　羊毛製品防虫加工における使用規制（家庭用品規制法） 1981年　「第1種特定化学物質」指定（化審法）
エンドリン	肝臓障害	殺虫剤 殺鼠剤	A	1973年　殺鼠剤として登録失効 1975年　殺虫剤として登録失効 1981年　「第1種特定化学物質」指定（化審法）
クロルデン	発がん性 発育異常	殺虫剤 シロアリ駆除剤 木材処理剤	A	1968年　農薬登録失効 1986年　「第1種特定化学物質」指定（化審法）
ヘプタクロル	発がん性 発育異常	殺虫剤 シロアリ駆除剤	A	1972年　農薬登録失効 1986年　「第1種特定化学物質」指定（化審法）
トキサフェン	発がん性 発育異常	殺虫剤	A	2002年　「第1種特定化学物質」指定（化審法）
マイレックス	発がん性 精巣障害	殺虫剤 難燃剤	A	同　　上
ヘキサクロロベンゼン	発育異常	PCPの合成原料 非意図的生成物質	A・C	1979年　「第1種特定化学物質」指定（化審法）
PCB	生殖毒性 発がん性	トランス・コンデンサー 感圧紙 非意図的生成物質	A・C	1972年　製造中止 1974年　「第1種特定化学物質」指定（化審法） 2001年　PCB廃棄物適正処理特別措置法
DDT	内分泌異常 発がん性	殺虫剤 衛生害虫駆除	B	1971年　農薬登録失効 1981年　「第1種特定化学物質」指定（化審法）
ダイオキシン類	生殖毒性 発がん性	焼却炉などからの非意図的生成物質	C	1999年　ダイオキシン類対策特別措置法
ジベンゾフラン類	生殖毒性 発がん性	同上	C	同　　上

（3）各国が講ずべき対策（第3条～第7条）

1）製造、使用、輸出入の原則禁止（第3条、附属書A）

　　アルドリン、ディルドリン、エンドリン、クロルデン、ヘプタクロル、ヘキサクロロベンゼン、マイレックス、トキサフェン、PCBの9物質については、その製造、使用、輸出入を原則的に禁止する法的および行政措置をとる

第10章　有害物質をめぐる国際的取り組み ―― ストックホルム条約を中心に ――　*211*

ことが求められている。ただし、使用中のPCB含有機器の継続使用など個別の適用除外や、試験研究目的の適用除外等の一般的適用除外規定が設けられている。

　PCBについては、2025年までに使用停止、2028年までに適正処理を完了するという暫定的目標年次が定められ、5年ごとにその進展状況に関する報告書を締約国会議に提出することとされている。

2）製造、使用の制限

　DDTについては、締約国の申し出により、マラリア対策のための製造、使用が認められる。ただし、WHOの勧告・ガイドラインの遵守義務や、使用量・使用状況の報告義務、3年ごとの見直しなどの条件が付けられている。

3）非意図的生成物質の排出の削減（第5条、附属書C）

　ダイオキシン類、フラン類、PCB、ヘキサクロロベンゼンの4つの非意図的物質については、究極的な廃絶を目指して継続的に排出削減措置をとることが定められた。削減措置の内容としては、2年以内に行動計画を策定すること、代替の原料や生産工程を促進すること、利用可能な最良の技術（BAT: Best Available Techniques）や環境のための最良の慣行（BEP: Best Environment Practices）の利用を促進することなどが定められている。

4）POPsを含むストックパイル・廃棄物の適正管理および処理（第6条）

　POPsを含有するストックパイル・廃棄物については、それらを特定し、環境上適正に管理し、処理することとされている。POPsによって汚染された土地の特定のための戦略作成の努力義務も規定された。

5）国内実施計画の策定・提出（第7条）

　締約国は、2年以内に実施計画を作成して締約国会議に提出しなければならない。また、この計画は、定期的に点検、更新されなければならない。

（4）新規POPsの追加手続（第8条）

　新たに附属書A、BまたはCに追加すべき物質についての手続きについても定められ、予防的アプローチに立脚して進められるべきであることが明記されている。

（5）条約の発効

条約は50カ国の批准によって効力を生じる。

5　条約批准にともなう日本の課題

条約批准にともなって、国内でも対策が講じられている。以下、その取り組みの現状を紹介するとともに、その課題を指摘する。

（1）意図的物質の製造・使用規制について

わが国では、輸入実績のないトキサフェン、マイレックスを除き、すでに化学物質審査規制法（化審法）や農薬取締法（農取法）に基づき製造・使用、輸出入が規制されている。先般、条約批准にあたり、トキサフェン、マイレックスについても、化審法の「第1種特定化学物質」への指定が行われた。

条約では、POPsの特性を有する新規化学物質について、附属書D1のスクリーニング基準を考慮した事前審査が求められているが、わが国の化審法には生態毒性の観点からの事前審査制度がなく、法改正を含む法的整備が早急に求められる。

（2）非意図的物質の排出削減について

ダイオキシン類、フラン類についてはダイオキシン類対策特別措置法の対象物質として規制が行われており、排出インベントリーの作成・削減計画の策定も行われている。

しかし、現行のダイオキシン対策は大型焼却炉への転換という出口対策が中心である。大型焼却炉はそもそもゴミ減量に逆行するうえ、エネルギー消費・CO_2排出・コストの面でも望ましいとはいえない。さらに、ダイオキシンの排出は抑制されても、重金属やNOxの排出量は増大するおそれがあり、別の未知の非意図的物質の発生も懸念される。したがって、今後は、条約の要請でもある、代替の原料や生産工程への転換やプラスチックの分別といった上流対策に

力点を置いた対策の実施が求められる。

また、非意図的物質としてのヘキサクロロベンゼン、PCBについて、発生源の究明、排出インベントリーの作成、削減計画の策定などが必要である。

（3）PCB対策について

わが国では、PCBは1972年に製造中止となり、74年には化審法の「第1種特定化学物質」に指定された。しかし、使用中のものは継続使用が認められたため、現在でも相当数のPCB含有機器が継続使用状態にある。しかし、すでに製造後30余年を経過していることから、老朽化による破損事故等の発生の危険性が指摘されている。現に、小・中学校ではPCBを含有した照明器具の破損により、PCBが児童・生徒の頭部に直接降りかかるという事故が発生した。文部科学省はPCB含有照明器具の交換に着手したが、こうした老朽化した施設や器具は学校ばかりでなく、病院や公的施設、あるいは民間のビルにもあると思われる。早急に使用状況を点検し、ラベル表示により適正管理を強化するとともに、廃絶に向けた計画を策定し、高濃度含有機器や老朽化したものから使用停止を進める必要がある。

PCB廃棄物については、これまで適正処理がほとんど進んでおらず、保管状態も杜撰で紛失・不明が後を断たない実情にある。2001年、PCB廃棄物適正処理特別措置法が制定されたが、同法の対象はPCB廃棄物のみで、使用中のものは対象外となっている。しかしながら、使用段階から、廃棄物としての保管段階、さらには適正処理に至るまで、PCBを一元的に管理するシステムを構築する必要がある。また、情報公開の徹底とリスクコミュニケーションの推進、住民参加の保障が求められる。

（4）POPs農薬類の適正処理について

農林水産省では、BHC、DDT、アルドリン、ディルドリン、エンドリンの埋設農薬の実態調査に着手し、昨年12月にその結果を公表した。それによれば、埋設場所が特定されたものは全国174カ所、総量約3,680tに及んでいる。しかし、埋設場所は公表されておらず、情報公開すべきである。

これらの無害化処理技術については、現在検討段階である。個別農家のスト

ックパイルも現在調査中である。これらの回収・適正処理を早期に行う必要があることはもちろんだが、失効農薬の回収措置・適正処理を規定するよう農取法を改正することが望まれる。

6 おわりに

　リオ・サミットから10年を経た2002年8月、ヨハネスブルグで環境サミットが開催された。その会期中の8月30日、日本政府はストックホルム条約に加入した。前述のとおり条約の発効には50カ国の批准が必要であるが、2002年9月4日現在、日本を含めて21カ国が加入している。
　ヨハネスブルグ・サミットで採択された「持続可能な開発に関する世界首脳会議のための実施計画」では、2003年までにロッテルダム条約が、2004年までにストックホルム条約が、それぞれ発効できるように各国が取り組みを強化することが明記された。さらに、2020年までに、化学物質による人の健康・環境にもたらす悪影響を最小化する生産・消費スタイルを達成することを目指すことが確認された。
　ストックホルム条約の対象物質は12物質にすぎず、総数数万～10万といわれる化学物質の中であまりにも少数である。もちろん、これら12物質を確実に廃絶・削減すべきは当然だが、それだけで化学物質汚染の危機が回避できるわけではないことは明らかであろう。汚染の危機を回避するためには、「無知の知」を発揮して、今一度化学物質と人間の関わりを見直す必要がある。すなわち、安全性の保証のないままに化学物質を使うのではなく、人や生態系への安全性がチェックされたものだけを使うようにする方向に、化学物質規制のあり方を転換させる必要がある。
　また、化学物質を用いた商品のライフサイクル全体にわたるリスク管理・削減に取り組む必要がある。そのためには、廃棄物段階にまで製品の生産者の責任を拡大する（拡大生産者責任の考え方）とともに、商品に含まれる化学物質のリスクに関する情報が消費者に分かりやすい形で提供され、消費者が商品選

択を通じてリスク削減を図れるようにしなければならない。そのためには、表示制度や情報開示システムの整備が求められる。

さらに、POPsをはじめ汚染物質の処理については、途上国には技術力、資金力ともないのが実情である。そもそも、途上国にあるPOPsは、先進国が発明、製造して、途上国に輸出したものである。アフリカでは20万tを超える量の農薬が放棄されており、その3分の1がPOPs農薬であるといわれている（ワールドウォッチ研究所2002,158頁）。これらの多くは、援助の名の下に先進国から持ち込まれたものである。その意味で、途上国の負の遺産の処理に対しては、先進国にも連帯責任があると言うべきである。日本も途上国に対して積極的に技術・資金援助を行う必要がある。

こうした対策を進めるには、私たち国民自身も、化学物質管理についてもっと関心を持ち、科学的知識の獲得に努めなければならない。目先の利便性・快適性と引き換えに、将来世代や生態系に悪影響を与えてもよいのかを自問し、賢明な選択を行うべきである。そして、持続可能なライフスタイルへの変革に主体的に取り組まなければならない。

このような国際的取り組みから私たちが学ぶべきは、私たち一人ひとりが、将来世代の子ども達と物言えぬ野生生物を守るために、グローバルな認識を持って、自らの生活のあり方を問い直し、行動を起こすことの大切さではないだろうか。

注
1） 環境庁『外因性内分泌撹乱化学物質問題への環境庁の対応方針について～環境ホルモン戦略計画SPEED'98』より。
2） 環境省・中央環境審議会環境保健部会化学物質審査規制制度小委員会配布資料より。
3） TBT化合物には、内分泌撹乱作用もあり、世界各地で巻貝のインポセックスが報告されている。
4） JPENには、35の団体と37人の個人が加入していた。

参考文献
Carson, Rachel. *Silent Spring*. Houghton Mifflin, 1962.（邦語訳は、レイチェル・カーソン『沈黙の春』新潮社、1974年。）

Colborn, Theo, Dianne Dumanoski, and John Peterson Myers. *Our Stolen Future*. Penguin USA, 1996.

(邦語訳は、シーア・コルボーン、ダイアン・ダマノスキ、ジョン・ピーターソン・マイヤーズ『奪われし未来』翔泳社、2001年。)
井口泰泉『環境ホルモンを考える』岩波書店、1998年。
クリストファー・フレイヴィン編『ワールドウォッチ研究所　地球白書2002－03』家の光協会、2002年。

参考URL

バーゼル条約　http://www.basel.int
ロッテルダム条約　http://www.pic.int
ストックホルム条約　http://www.chem.unep.ch/sc/
IPEN　http://www.ipen.org
ダイオキシン・環境ホルモン対策国民会議　http://www.kokumin-kaigi.org

研究課題

（1）　バーゼル条約に加えて、ロッテルダム条約やアムステルダム条約が締結されるようになったのはなぜか。
（2）　有害物質に関する多国間協定において、予防原則はどの程度適用されているか。
（3）　「アジェンダ21」と「ヨハネスブルグ実施計画」における有害化学物質の扱いには、どのような相違点があるのか。

第11章 「人類の共同財産原則」とオーシャン・ガバナンス

布施　勉

1　海洋の物理的構造と生態学的役割：今なぜ海が必要か

　3億6,100km^{2}にわたる海洋は、海面、海中、海底、その地下からなり、地球表面積の71％を占めている（Independent World Commission on the Oceans 1998）[1]。したがって、われわれの惑星は「地球」と呼ばれるよりも、「海球」あるいは「水球」と呼ばれるのがふさわしい。地球が青く見えるのは、大気と海があるからである。他にこのような水の星は、まだ見つかっていない。このような珍しい惑星に生まれたわれわれも「稀少動物」と言えるかもしれない。

　北半球において海洋の占める割合は60.7％、南半球では80.9％である。海洋の中で一番広いのは、太平洋で海洋全体の50％を占める。次が大西洋で29.4％、その次がインド洋で20.6％という順になっている。広大な太平洋に面する日本は、大変恵まれた国である。国連海洋法条約交渉会議では、排他的経済水域の設定が決まり、その結果日本は巨大な国となった。約200ある世界の国々の中で、日本は排他的に使用できる海洋の広さにおいて世界のトップ10に入る。もはや小さな島国ではなく、大海洋国家であると言える。したがって、日本人は海洋の存在意義について、しっかりと認識しておくべきである。

　海洋は広いだけでなく深い。平均深度は3,733m、最大深度は1万1,022mもある。そこにたっぷりと水がたまっているが、火山活動も存在する。地球上の火山活動の90％は海底火山によるものであるが、それによってできたのが海底山脈である。一番大きい「中央海嶺」と呼ばれる海底山脈は、長さ6万4,000km、平均幅2,000kmもある。その長さは、アンデス山脈、ロッキー山脈、ヒマラヤ山

脈を合わせたものの4倍にもなる。

　これらの海底山脈の火山活動はマントルの漂流を引き起こし、海洋底は現在でも拡大しているとされる。プレートテクトニクス理論によれば、太平洋も広がっている。太平洋プレートとユーラシア・プレートに挟まれた場所に位置する日本は、プレートの沈み込み部分にあり、その反発のために海洋性地震が頻発する。日本は、海洋から大きな恵みを受けると同時に地震の被害も受けているのである。

　地球上に存在する水の約97%は海水で、陸上の水は1.9%にすぎない。地下水は0.5%、河川や湖沼は0.02%しかないので、いかに少ない水でわれわれは生きているのかということが分かる。地球にはこれだけ水があるのに、淡水は少ないことから水問題は大きな課題となっているので、海水をどう淡水化するかという技術が注目されている。日本は海水淡水化プラントに関する技術先進国であるが、まだコストが高い。このコストを下げるのが最大の課題である。海水淡水化に使う浸透膜の研究開発は、人類の未来にとって極めて重要な技術の1つと言える。

　海洋のもう1つの重要な役割は熱循環である。水の温度を1℃上げるための熱量は、同量の空気を1℃上げるのに要する熱量の3,200倍であると言われている。このように海洋が熱を吸収するので、地球の気候は比較的温暖で快適なものとなっている。このような海洋の機能がなければ、昼夜の寒暖差が激しくなってしまうだろう。また、特定の海洋が吸収する熱量が大きくなり、その結果大きな熱対流が生じていることが分かってきた。それが表層海流と深層海流となる。表層海流は、北太平洋のアリューシャン沖から湧き出てインド洋を経て、北大西洋グリーンランド沖に潜り込んでいる。逆に、それが深層海流となり、北大西洋グリーンランド沖からインド洋を経て、最終的には北太平洋アリューシャン沖に出るという大循環が存在する。この循環に伴って、黒潮などの亜流も生まれる。このような大きな地球環境の循環が崩れると、エルニーニョのような異常現象も生まれてくる。

　もう1つの視点から見ると、海洋は地球上の多くの生物が生息する場所であることが分かる。海洋には生物学分類の「門」のレベルで43門の生物が存在するが、陸上には28門の生物しか存在していない。国連環境計画（UNEP）によ

ると、地球上の現存動物33門のうち、32門が海洋で確認されており、そのうち15門は海洋だけに存在する。

最近の研究によれば、海中の熱水孔付近は113℃にもなり、超高温菌高熱性生物の存在が確認されている。これまでの常識では、生物は酸素を必要とするとされていたが、これらの微生物の存在によってその常識が覆された。そもそも酸素は植物の光合成によって生成された化学物であるが、かつて原始的植物の過剰な繁茂により、排気ガスとしての酸素が地球上に充満することになった。その結果、死滅した生物が化石化し、現在の化石燃料となっている。新しく発見された酸素を必要としない生物は、光合成ではなく化学合成によってエネルギーを得ており、陸上の生物とはDNAの構造がまったく異なる新しいタイプの生物として捉えられている。このことから、一番大きな生物学分類である「界」のレベルで古代生物界（アルカエ）と呼ばれる第3の界の存在が議論されている。

このように海洋の構造や生態系は、まだほとんど未知の分野なのであるが、われわれは未知の海洋と共存し、その海洋を絶対的価値として共有することによって、人類社会の存続を考えるべきである。人類の祖先である生物は海から陸に上がってきたという意味で、人類も海洋生物の延長として見ることができるからである。

2　国際社会の基本構造の動揺

（1）国家間合意の機能不全とグローバル・イシュー

現在、「国際社会」、つまり「インターナショナル・ソサイアティ」と呼ばれているものは、正確には「国家間社会」を意味する。国家という法人が構成する社会が国際社会で、そこには「世界」とか「地球」という視点は直接入ってこない。したがって、国際法は国家間法であり、主権国家の権利や義務を扱うもので、個人の問題は個々の国家を通じて扱うべきものとされてきた。

しかし、最近になってそのような伝統的国際社会の構造が急速に変わりつつある。個人やNGOや人類といった存在が国際法主体としても注目されつつある。

その理由の1つは、国家間社会では解決できない様々なグローバル・イシューが発生しているからである。国際連合が認めている3つの大きな問題群は、すべてグローバル・イシューで、安全保障、南北問題および地球環境に関する問題群である。安全保障問題についていえば、テロに対処することが集団安全保障を前提とする国連の安全保障体制が想定していない問題であることは明白である。第2は、南北問題として象徴的に捉えられる富の偏在問題である。世界人口の30％を占めるにすぎない先進諸国が工業生産の90％以上を独占するという極端な富の偏在が存在する。世界の人々の5人に1人は1日1ドル以下で生活すると言われる貧困が存在しているのである。したがって、ヨハネスブルグ・サミットでも貧困撲滅が最重要課題の1つとなった。そして最後に、地球環境問題がある。海洋汚染も含めた地球環境問題に関して、国際会議も数多く開催されてはいるが、地球環境保全の進展が図られているとは言い難い。その最大の要因は、国連にはほとんど法的権限がないという現実にある。国連はあくまで「国家間機関」であり、国家の枠組みを超えたものではなく、原則として法的強制力を持たないことは言うまでもなく、国際協力体制の形成と維持を図る機関以上のものではない。ここにグローバル・イシューの解決に取り組むための最大の欠陥が存在している。

（2）近代国家の「ほころび現象」

このような欠陥は、領土を基礎にした近代国家の「ほころび現象」の結果、さらに拡大しつつある。200〜300年前に西欧に成立した近代領域主権国家は、もともと封建領主たちが資本主義経済の発達に対応して自分たちの領地の支配形態を「国家」という形に作り直して、その土地を「領土」という形に改めたものであるにすぎない。したがって、国家が国家として成立する第1の基本要件は領土の存在である。どんなに小さな領土でも領土を持った国家として承認されれば、主権国家として対等に話し合える。パレスチナ問題が大きな問題となっているが、パレスチナが国家として認められていないのは、領土を持っていないからである。

ところが、グローバル化が進んだ今日、土地は決定的に重要なものではなくなって、単に商品化してしまっている。テロも国際的取引も環境問題も、領土

概念だけで管理することができなくなってしまった。国家は領土というものを基本として成立しているわけだから、領土が現在のグローバルな資本主義の管理に適さなくなれば、国家の徴税能力が低下し、国家財政も急速に赤字になる。その結果として、国家は様々な権力を失いつつある。

3 国際共同事業を実施するために必要な枠組み

　このように近代領域主権国家の管理能力は、もはや十分には機能しなくなっている。国家の管理能力が衰退していることから、国際社会の基本構造も動揺している。したがって、現在の多くのグローバル・イシューは国家間交渉の合意だけでは解決できないものになった。サミットをいくらやっても本質的な解決に結びついておらず、サミットもセレモニー化していると批判される。結局、伝統的な枠組みの中で物事を考えているだけでは、おそらく人類総体としての存続はおぼつかない。そこで海洋問題を契機にして、これまでとは異なる生き方を探求し始めた。それが、国際社会がここ30〜40年間やってきたことである。

　国際的に新しい事業を起こしていくためには、理想を叫んでいるだけではだめである。どんな理想を掲げても実現しなければ意味がない。そのためには3つの基本的な道具・枠組みが必要である。これらは、国内事業についても同じであるが、国際共同事業を実施するための三種の神器的なものである。

　第1に、権利や義務を定めた法的枠組みが必要である。海洋の場合、それが1982年に成立した国連海洋法条約である。第2に、法的枠組みを前提にどうやってそれを実現するか、政策的合意を作る必要がある。海洋問題の政策的枠組みは、1992年のリオ・サミットの際に採択された「アジェンダ21」の第17章に書いてある。第3に、この政策的枠組みをどういう順序で、どうやって具体的に実施していくかという実施計画が必要となる。海洋問題の場合それがまだ不十分である。しかし、それを作ろうとわれわれは努力した。その成果が国際海洋年であった1998年に海洋問題世界委員会（IWCO）報告書として国連総会へ勧告として提出されたが、正式な実施計画として承認されなかった。ちなみに

海洋問題世界委員会は、国連海洋法条約の批准が進み始めた1995年に東京の国連大学で第1回設立総会を開催した国際的なNGOである。

以下、これらの3つの枠組みに沿って、考察してみよう。

4　法的枠組みとしての国連海洋法条約

（1）国際海洋法思想の変質とパルドー主義

　なぜ国連海洋法条約が締結されたのか。この条約によってどう国際海洋法思想が変わったのか。これらに答えるには、1967年の国連総会におけるマルタのパルドー（Arvid Pardo, 1914-1999）国連大使の演説から始まる「海洋法物語」を理解しなければなるまい。パルドー演説を契機に第3次国連海洋法会議の開催が決まった。その後、1982年の国連海洋法条約の成立まで延々と議論が続いたわけだが、「現代海洋法の父」と呼ばれるパルドーは、近代国家の「ほころび現象」、つまり国際社会の機能不全が生じる中で、どうやって人類総体が生き残っていくかを考えていた。やがて100億にもなると予想される人類の一部だけが生き残ることができるようなシステムは、最終的には人類総体の滅亡につながる。どうやって、この地球で100億もの人間が21世紀を生き抜いていくことができるのかを考えなければ、最終的には人間社会そのものが崩壊するとパルドーは考えた。

　1967年11月1日のパルドー演説では、海を利用して人類の生き残りを図ろうという考え方が示されたのである[2]。この日こそ人類の歴史を変えた日だと著者は考えている。この歴史的な演説は、詩的な表現を織り交ぜながら、海洋のガバナンスの必要性を訴えている[3]。そして、人間が海洋、とりわけ深海底に侵入して、マンガン団塊という海洋の富を収奪しようとしていることは、生命の終わりの始まりになるかもしれないとパルドーは警告した。その背景には、沿岸国が海の管轄権を独占しようとしていた事実がある。地球上に存在する主要な自然資源を特定の国家のものにしないで、人類全体が所有できないか。そういうことを可能にするのは海しかないとパルドーは考え、海洋を「人類の共

同財産」と規定すべきだと主張した。この「人類の共同財産原則」は、その後多少の修正はあったが、国連海洋法条約の中で認められた結果、「人類」という法主体が人類史上初めて出現した。それまで「人類」という言葉は小説や日常会話で使われても、その法主体性が認められたことはなかったのである。

　この「人類の共同財産原則」をさらに実体的なものに発展させたのが2002年2月に急逝されたエリザベス・マン・ボルゲーゼ (Elisabeth Mann Borgese, 1918-2002) であった。彼女は、ドイツの文豪トマス・マンの娘であるが、母親がユダヤ人であったためにナチスに迫害されて、スイスに亡命した。その後、アメリカに渡りイタリアから亡命してきたボルゲーゼ教授と出会い結婚し、シカゴ大学で研究を続けた。そこで、世界連邦主義に出会う。この運動は、国家に代わって「世界連邦」が新たに出現した核兵器という魔物を管理しようとするもので、彼女は世界連邦のための憲法草案の研究をする。その後、偶然にパルドーに出会い、「人類の共同財産」概念の形成に関わり、国連海洋法条約の締結につながることになった。海洋そのものに「人類の共同財産」という法的地位を与え、そのことによって「人類社会」の基本的枠組みを作り出して人類総体の存続を図ろうとするこのような考え方を著者は「パルドー主義」と呼んでいるが、その根底にはエリザベス・マン・ボルゲーゼの人生を貫く「人間への愛」と言うべき確固たる信念が存在したのである。

(2) 国連海洋法条約の基本構造とその3本柱

　パルドー主義を基本に据えた国連海洋法条約は、それ以前の条約の構造をはるかに超えるものになった。それ以前の条約は、締約国がそれぞれ様々な論議を展開して合意に至った単なる合意文書である。これらの合意文書は、それぞれの国が異なった権利を主張して、その主張をどう調整していくかという点から合意したものであり、それが条約の本質なのである。権利を持っているのは国家であり、国家という権利者がどう行動するのか、権利者である国家間の調整問題が国際政治学や国際法の課題であった。この場合、権利が重要であって、義務の方は権利に付随して生じる二次的問題であるにすぎない。つまり、伝統的国際法の体系は国家の権利をめぐる紛争解決システムなのであり、国際海洋法を含む国際法は、「権利の体系」として成立してきた。これに対して、パルド

```
┌──────────────┐    ┌──────────┐      ┌──────────────┐
│海は誰のものでもない│ ➡ │ 国家の権利 │ ⋯⋯ │海洋法＝権利の体系│
└──────────────┘    └──────────┘      └──────────────┘
        ⇩                ⇩                    ⇩
┌──────────────┐    ┌──────────┐      ┌──────────────┐
│ 海は人類のもの  │ ➡ │ 国家の義務 │ ⋯⋯ │海洋法＝義務の体系│
└──────────────┘    └──────────┘      └──────────────┘
```

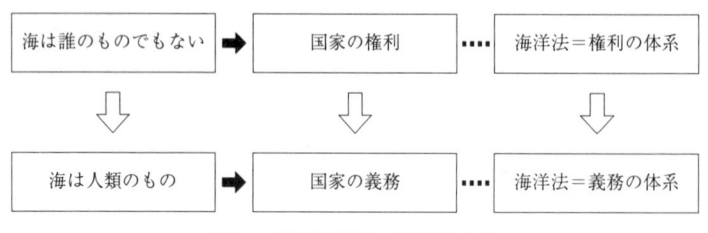

図1　国際海洋法の思想的変化

ー主義に基づく新しい考え方では、海洋は人類のものであるから、権利者は人類となる。それでは国家の役割は何かということだが、国家は人類という権利者の権利を実現していくために義務を負う主体であるということになる。国連海洋法条約の基本構造は国家にとっては「義務の体系」に変質したのである。

　このような変化をどう考えるかについては、国際法学者の間にも多様な意見があり、現在でも統一見解は存在していない。しかし、国連海洋法条約は基本的にパルドー主義を承認しており、海洋を「人類のもの」と規定している。ただし、厳密にはパルドーの考えからは少し後退しており、直接「人類のもの」とされているのは「深海海底とその資源」である。しかし、海洋環境の保護の問題を審議した第3次国連海洋法会議の第3委員会は、海洋環境そのものが人類のものだという発想に立って審議を続け、条約の前文に「海洋の諸問題は、相互に密接な関連を有し、かつ全体として検討される必要がある」とする文言を入れ、「海洋は1つ」という認識を確立することに成功した。そう考えると、国連海洋法条約では、「海そのものが人類のものだ。だから権利は人類にある。したがってその人類の海を管理して行く義務が国家にはある」という論理的構造転換が確かに起こっていると言えるのである。

　さて、国連海洋法条約は、国家の義務について3つの柱を軸とする新しい海洋法秩序の構築を想定している。第1の柱は、海洋の平和を維持する義務である。地球表面の71％が海であることから、この海洋スペースにおいて平和が維持されなければならないということは明らかである。第2は、海洋資源を合理的に開発して南北問題の解決を図る義務である。実は、これこそが第3次国連海洋法会議の最重要課題であった。つまり、海洋資源を「人類の共同財産」とすることで、人類の名のもとに国際的に管理・開発を進め、行き詰まっている

南北問題を抜本的に解決しようとしたのである。第3の柱は、海洋環境を保護する義務である。国連海洋法条約以前の段階では、海洋汚染問題はすべて、海洋開発起因汚染とか、船舶起因汚染、投棄起因汚染といった個別問題への対応であった。国連海洋法条約になって初めて、あらゆる海洋汚染問題を同じ次元で海洋エコシステムの保護という観点から統合的に考えていく「総合的アプローチ」が採用されることになった。この3つの義務を軸とする新しい海洋法秩序の構築をパルドーは提案したのであった。

こうした国連海洋法条約の基本構造は、これまでの安全保障概念を転換させた。従来の安全保障概念は、国家が単独あるいは共同で防衛し、戦争を起こさないようにするという考え方であった。しかし、海洋をはじめとする地球環境が破壊し尽くされれば人類は滅亡する、これをどうやって食い止めるのかという意味で「環境安全保障」という概念が出てくる。また、戦争がない状態でも絶対的貧困によって死亡していく人々がいる現状とどうやって闘っていくのかという意味では「経済安全保障」や「人間の安全保障」という概念が使われるようになった。さらには、これらをすべて包括して「総合安全保障」という概念が成立するのである。大気汚染や水問題を別々に考えていくのではなく、すべてを統合的に考えていく総合的アプローチを国連海洋法条約の前文で明文化させたことは、ボルゲーゼの大きな功績だったと言ってよい。

国内社会と国際社会という二重構造で人間社会を捉えるのが従来思考の枠組みである。その考え方に従えば、主権国家が最高の権力で、それを上回る権力は存在しない。しかし、そうした従来の二重構造に「人類」という法的主体が入ってきたことによって「国内社会」と「国家間社会」に「人類社会」を加えた三重構造になったと著者は考えている。これを英語で表現すれば、「ダブルデッキ（double-deck）・ストラクチャー」から「トリプルデッキ（triple-deck）・ストラクチャー」への変換ということになる。1970年代当時は「宇宙船地球号」という言葉が流行っていたので、著者はデッキという船にまつわる言葉を使って新しい用語を作り出し、人間社会の三重構造論を展開したのであった。

（3） オーシャン・ガバナンスと海洋の総合管理

このように国連海洋法条約の基本構造の中心には、「人類の共同財産原則」が

厳然と存在している。この「人類の共同財産原則」に基づく責任を履行していくための「海洋の総合管理」を「オーシャン・ガバナンス」と言っているが、この言葉もわれわれ海洋法学者グループが作り出した傑作の1つである。それまでは海洋管理と言えば、「オーシャン・マネジメント」という言葉が使われていたが、マネジメントでは人類のために管理するというニュアンスが十分表現できていないと考え、ガバナンスではどうかとの提案があった。ガバンという言葉にはもともと舵取りをするという意味があるが、腐敗権力を追放するために陶片追放の制度があった古代ローマでは市民社会サイドの統治をガバナンスと呼んでいたという。パルドーがこれに賛同し、人類の海の総合管理は、ローマ的民主政のガバナンスに近いから「オーシャン・ガバナンス」と呼ぼうということになった。ちょうどその頃、ローマ法王の演説があって地上の平和（Pacem in Terrace）を求める声明が出されたが、地球表面の29％しかない地上の平和を唱えるだけでなく、71％を占める海洋の平和（Pacem in Maribus）こそが考えられなければならないとボルゲーゼが言い出して、これがわれわれの国際海洋法学会の通称となった。こうした経緯が示すように、オーシャン・ガバナンスは縦型の権力構造を前提にして上から一方的に管理するのではなく、横につながった人々のネットワークによって海洋を双方向的かつ平和的に管理していくという枠組みである。

　この考えをボルゲーゼは詳しく理論化していく。国連海洋法条約は、この原則を履行していくうえで、国家はどのような義務を負うのかということを細かく規定しているのである。さらに、ボルゲーゼは、「人類の共同財産原則」には単なる「財産の共有」だけではなくて、「管理権限の共有」を含まなければ本当の意味でのオーシャン・ガバナンスは実現できないと考えていた。海は人類のものだというだけではなくて、これを人類がどう管理していくのか、「管理権限の共有」問題こそが重要な課題になってくるのである。その結果、国連海洋法条約によって初めて、国際法上の「協力の原則」が成立したとボルゲーゼは言っている（Borgese 1998）。

　このような論理構造が分かると、国連海洋法条約に関する各用語の意味が明確に理解できる。例えば、56条には「排他的経済水域」に対する沿岸国の「主権的権利」という概念がある。つまり、日本の排他的経済水域は日本のもので

はない。日本がその水域に領有権を持つためには主権が及ばなければならない。ところが200カイリ排他的経済水域には主権ではなく主権的権利が認められるにすぎない。領土的所有権を排除して、沿岸国の排他的な経済的利用権だけが与えられているのである。所有権は日本ではなく人類にある。日本はその利用権を人類社会から信託されているにすぎない。

海洋環境の保護についても、「国家の義務」が最初に出てくる（192条）。これも権利者は人類だからこそ国家に義務があるのである。まさにこの条約は義務の体系なのである。

それから、入港国主義（218条）というのがある。船舶には、旗国の領土の一部が流れ着いたという考え方を基本とする旗国主義が適用され、外国船舶に対する沿岸国の管轄権は制限されている。しかし、船舶が海洋環境を汚染した場合には、その汚染船が入港した国が環境汚染の実態を調査し、汚染の事実が判明した場合には裁判にかける権利があるという「入港国主義」が初めて採用されることになった。

また、これまでの国際裁判所は強制管轄権を持たず、紛争当事国は合意に基づき管轄権に関する協定を結んで、裁判所の門をくぐらなければならなかった。この点が国内裁判所と大きく違うところであった。しかし、ハンブルグに創設された国際海洋法裁判所（ITLOS）は、強制管轄権を持っている。相手の合意なしに、国連海洋法条約締結国に対して訴訟を起こすことができる。こうしたことが可能になるのも、この条約が海洋に関する「人類の権利」と「国家の義務」を規定しているからにほかならない。

5　政策的枠組みとしての「アジェンダ21」

（1）「アジェンダ21」第17章

国家間交渉による政策合意である「アジェンダ21」は、リオ・サミットで採択された。国連から委託されてわれわれ国際海洋法学者グループも原案作成に協力したが、その第17章には「海洋・海域および沿岸域の保護とその合理的利

用と開発」について書かれている。ここでのポイントは、「統合沿岸域管理(ICZM)」と「持続可能な開発」である。

　とりわけ「持続可能な開発」が中心的概念となっているが、これは、そもそも科学的概念なのか、それとも政治的概念なのかという論争がある。この概念が登場する背景には、1972年のストックホルム国連人間環境会議での混乱があった。この会議は人類が初めて開催した本格的な国際環境会議であったが、ここで先進国と途上国が激しく対立してしまった。先進国が環境問題を重視するのに対して、途上国は開発を重視するというこの対立構造は、今日でも基本的に変わっていない。このためストックホルム会議での人間環境宣言には、まったく違うことが両論併記されていると言ってよい。リオ・サミットでも同じような南北対立が予想されたために何とか政治的に解決する必要があった。そこで生まれたのが「持続可能な開発」概念である。したがって、環境保全の枠組みの中での開発を推進するというこの概念は、科学的な概念だという意見もあるが、むしろ先進国と途上国の妥協の産物として政治的な意味合いが極めて強い。

（2）沿岸国の義務と機構整備

　「アジェンダ21」の第17章5では、「沿岸国は、自国の管轄下にある沿岸域および海洋環境の総合管理と持続可能な開発を自らの義務とする」という目標を掲げている。また、統合沿岸域管理と持続可能な開発のための適切な調整機構を整備する行動をとることを考えるべきであるとしている。こうした機構整備には、学界、民間セクター、NGO、そして地方自治体との協議を含むべきであるとも述べている。とりわけ、中央と地方との垂直的な調整機能を強化することが重要であろう。例えば、韓国の場合、こうした機構整備の一環として、中央政府レベルでは、統合沿岸域管理法に基づいた「国家統合沿岸域管理委員会」が設置され、そこで統合沿岸域管理政策が策定されている。同様に地方レベルでも、「地域統合沿岸域管理委員会」が設置され、地域統合沿岸域管理政策がとられている。こうした努力がどれだけ効果があるのかはまだ分からないが、機構整備については海洋国家日本としても早急に取り組むべき課題である。

6　実施計画と海洋問題世界委員会報告書

　「アジェンダ21」をどう履行していくのかがヨハネスブルグ・サミットの課題であったのだが、残念ながら、20年前の先進国と途上国の対立構造が残っており、具体的な実施計画は進捗しなかった。

　海洋問題世界委員会（IWCO）が1998年に国連総会に提出した報告書『海洋、それは人類の未来』では、海洋における平和と安全の推進、衡平性の追求、科学技術、価値評価、市民参加、オーシャン・ガバナンスの6つの主要な問題点について実施計画案の検討が行われている。

　とりわけ同報告書の中で注目されるのは、海洋の生態学的サービスの価値を考慮に入れた新しい管理制度や方法論を開発する必要性が強調されていることである。そのためには、海洋経済学、環境経済学、環境会計学などの新しい学問の創造と推進が不可欠となる。

　また、海洋問題世界委員会の報告書が採択された1998年8月31日に同時に採択された「リスボン宣言」においては、「制限主権」という新しい法概念が提示され、国家主権概念そのものに権利の限界が内在しているということが明らかにされている。このことは、人類社会概念下で海洋問題を考える場合の国家義務の本質を明らかにしたものであり、「人類の共同財産原則」から必然的に導かれる結論であると言える。

7　オーシャン・ガバナンスのための国際的取り組み

　1982年の国連海洋法条約の採択以来、その法的枠組みが明確となったオーシャン・ガバナンスを実施に移すための国連機関としては、現在特定の目的を有する限定的な機関が存在しているにすぎない。それらは、深海海底の開発に関する「国際海底機構」、海洋紛争の解決のための「国際海洋裁判所」、あるいは大陸棚の外延の確定に関する「国連大陸棚委員会」であるが、オーシャン・ガ

バランスを総体的に検討し実施していく機関は存在していない。海洋問題世界委員会は、すでに述べた報告書の中で「国連海洋問題会議」の開催を呼びかけ、「世界海洋監視機構」の設置と、民間部門を含むすべての市民的海洋アセスメントを実施するための常設的な「世界海洋フォーラム」の設立を提案しているが、今のところ実現していない。

（1）　UNESCO/IOCとUNEP/GPA・LBA

　オーシャン・ガバナンスのための国連専門機関による取り組みの主なものとしては、ユネスコと国連環境計画（UNEP）によるものがある。科学的側面からこの問題に取り組んでいるのがユネスコである。ユネスコ政府間海洋学委員会（UNESCO/IOC）は、海洋汚染の90％が陸上起因汚染であることから、陸上でどのような対策をとるかが海洋汚染防止の主要な課題だと考えてきた。しかし、陸上は沿岸国の主権問題が絡んでいるので、従来国際的にはほとんど手がつけられてこなかった。ここに至って「こんなことでは海洋が死滅する」という認識が世界レベルで急速に高まり、いよいよ国連機関が、この問題の解決のために一歩踏み出すことになった。1999年9月に中国の杭州で、UNESCO／IOCが主催した沿岸大都市の統合沿岸域管理に関する初めてのワークショップが開かれたのは、このような国連の政策変更を前提とするものであった。

　また、陸上起因汚染問題に直接的に取り組んでいくため、国連環境計画は、UNEP/GPA-LBAという国際プロジェクトを開始している。これはUNEPが行う地球レベルのプログラムで、GPAとはGlobal Programme of Actionsの頭文字であり、海洋環境の保護に関する世界戦略を立てようとしている。LBAとはLand-Based Activitiesを意味し、陸上で行われる人間活動で海洋環境に大きな悪影響を及ぼしている活動を、国際レベルで規制を加えていこうとしている。その戦略の中心にUNEPが座り、UNEP憲章まで変えて、今後10年ぐらいは全力でこの問題に取り組んでいくようである。1999年にはUNEP/GPA-LBAのためのコーディネーション・オフィスが設立された。

（2）　UNICPO

　リオ・サミット以来、国連総会によって設立された「国連持続可能な開発委

員会」(CSD) がリオ・サミット以降のフォローアップを実施している。オーシャン・ガバナンスについては、1998年の第7回国連持続可能な開発委員会において、注目すべき進展が見られた。常設機関の創設とまではいかないものの、国連総会において海洋問題に関するより実質的な審議を促進するためのある種のたたき台を作るために、非公式ではあるが常設的な委員会を国連総会の権限の下に設置することが決定されたのである。このようにして生まれたのが「国連海洋問題非公式交渉プロセス」(UNICPO) である。毎年開催される国連総会の最初の1週間がこの会議に割り当てられることになり、2000年5月に第1回会合が開催された。この会議は、非公式なものと言っても、その報告書に基づいて海洋問題に関する審議がなされ総会決議が採択されることから、重要な存在になると思われる。

(3) ヨハネスブルグ・サミット

このようにゆっくりと一歩一歩進んではいるが、はたしてこのようなスピードで地球環境問題や貧困問題を解決できるのか疑問であり、心もとない限りである。リオ・サミットで約束した「アジェンダ21」の課題をどうやって実施していくのかについて、再度ヨハネスブルグ・サミットで話し合うことになった。ヨハネスブルグ・サミットに向けた「海洋と沿岸に関する調整会議」は2001年11月にパリのユネスコ本部で開催されたが、この会議には、36にもおよぶ提案文書が提出され、それぞれ以下の9つの作業グループ (WG) に分かれて会議が進められた。

WG1：国際的諸協定の内容調整問題
WG2：資金支援問題
WG3：海洋環境のアセスメントと管理
WG4：海洋生物の多様性と海洋保護区
WG5：統合海洋・沿岸域管理
WG6：持続可能な漁業と養殖
WG7：地域的な小島嶼に関する諸問題
WG8：能力育成措置

WG9：新たに生じた問題とガバナンスの改善問題

　これらの作業グループの課題が、ヨハネスブルグ・サミットで討論される海洋問題に関する具体的議題となったが、これらのうち、統合海洋・沿岸域管理が最重要課題の1つであったことに注目していただきたい。世界人口の約65％にも及ぶ人々が沿岸大都市に居住し、地球の最も豊かでかつ傷つきやすい沿岸海域のエコシステムを徹底的に破壊しているという現実を考えるとき、「沿岸大都市の再設計」問題が、最大かつ緊急の人類的課題となることは間違いない。

8　海洋と人類の未来

　「海洋」を切り口として人類の未来を考えると、人類としてのわれわれのあるべき姿が、くっきりと浮かび上がってくる。地上にはカスピ海付近の石油資源などまだいくつかの資源が残されてはいるが、これらもやがては枯渇してしまうだろう。地上の資源を枯渇させてきた開発の矛先は、やがては様々な資源がほぼ手付かずのままの状態で存在している海に向かう。地球に残された最後の自然環境である海洋で、これまで陸上でやってきた誤りを繰り返したら、人類は必ず滅亡する。国連海洋法条約の基本構造を支えている新しい国際海洋法の思想に基づいて、伝統的国際社会概念を超えた「人類社会」を構築し、海と共存しない限り、人類は総体として生き残ることはできまい。
　オーシャン・ガバナンスを合理的に実施していくためには、2つの側面からアプローチすべきであることを強調したい。第1は、事実の側面から接近することである。地球環境の基本システムがおかしくなっている事実にもっと注意を払うべきである。エルニーニョ現象や気候変動といった生態系の基本システムがおかしくなっている状況は危機的だと言わざるを得ない。一刻を争ってこの問題に対処しなければならないが、それにはまず自然科学的な事実を的確に把握する必要がある。第2は、社会科学的側面からの接近である。国際社会構造が様々な分野で破綻しているときに、それを乗り越えるものとして、実定法

となっている「人類の共同財産原則」を、他の分野でもどう取り入れていくかが課題となる。つまり、ダブルデッキ・ストラクチャーから「トリプルデッキ・ストラクチャー」へどう転換していくのかは、自然科学ではなく社会科学が答えを出すべき問題なのである。これができれば、人類の未来に可能性が残されているが、できなければ人類存亡の危機となるだろう。

環境と開発の調和に関する論争に表れているように、現在の国際問題は非常に危機的なところにきている。21世紀に人類は総体として生存し続けることができるかという難問に対する確かな展望を持って若い世代には努力してほしい。

注

1) 本章の海洋に関する基礎事実のデータは、海洋問題世界委員会報告書所収の付属文書Aを参照した。World Commission on the Oceans, *The Ocean, Our Future*（Cambridge University Press, 1998）。邦訳は、川上壮一郎・布施勉監訳『海洋、それは人類の未来』（成文堂、2001年）。

2) United Nations General Assembly, Twenty-Second Session A/C.1/PV.1515, 1 November 1967. パルドー演説の抄訳は、布施勉「国際海洋法の基礎理論としてのパルドー主義」『高岡法科大学紀要』第2号、1991年、93～118頁を参照。

3) 「暗黒の大洋は、生命の子宮でありました。この海洋に守られて、生命は生まれたのです。われわれは、現在でも、われわれの肉体の中に、つまり血液の中に、またわれわれの涙の塩辛さの中に、遠い過去の印を持ちつづけているのです。陸上における現在の支配者である人間は、このような過去の道程を逆にたどって、深海へと帰りつつあります。深海への人間の侵入は、人間あるいはこの地球上でわれわれが知っている生命そのものの終焉の始まりを画するものとなるかも知れません。しかし、また、これはすべての人々にとって、平和でかつ発展的に発展する未来のために確固たる基礎を築くまたとない機会ともなり得ましょう。」（1967年国連総会でのパルドー演説から抜粋）

参考文献

海洋問題世界委員会、川上壮一郎・布施勉監訳『海洋、それは人類の未来』成文堂、2001年。
地球環境法研究会『地球環境条約集 第3版』中央法規、1999年。
Borgese, Elisabeth Mann. *The Oceanic Circle*. Tokyo: United Nations University Press, 1998.
Independent World Commission on the Oceans. *The Ocean, Our Future*. Cambridge University Press, 1998.

参考URL

国連海洋法条約　http://www.un.org/Depts/los
海洋問題世界委員会　http://www.waterland.net/iwco/
国際海洋法学会　http://www.ioinst.org

研究課題

（1）　国連海洋法条約をめぐる国際交渉は、なぜ長期化したのか。
（2）　「アジェンダ21」に示された統合沿岸域管理のための調整機構の整備状況について、日本と他の沿岸国とではどのような差異が見られるか。また、なぜその差異は生まれるのか。
（3）　「アジェンダ21」とヨハネスブルグ・サミットで採択された「実施計画」に示された海洋問題についての取り扱いを比較せよ。
（4）　「人類の共同財産原則」は、他の多国間環境協定にどのような影響を与えているか。

第12章　淡水資源のガバナンス

塚元　重光

1　世界の水と日本

　第3回世界水フォーラムが2003年3月に日本で開催されることもあり、本章では、まず世界の水問題と日本の状況を概観する。次に、マルデルプラタ会議からリオ・サミットを経て、ヨハネスブルグ・サミットまでの水問題に対する国際的取り組みを評価し、第3回世界水フォーラムに向けた課題を展望する。世界の水は、今どんな状況に置かれているのか。比較的日本は水には恵まれていると言われるが、本当にそうなのか。水問題について認識することは少ないかもしれないが、世界や日本の水の現状を正しく知っておくことが必要である。

　まず地球上の水、使える水がどれくらいあるのか。約14億km³に及ぶ水が地球上にあるが、使える水はこの中のわずか1％にも満たない。全水量に対する川の水はわずか0.0001％、地下水は0.72％である。多くは海水であり、南極や北極の氷もあるがこれは基本的には使えないので、本当に使える水は1％に満たないのである。地球は「水の惑星」と言われるが、地表に生きる生命体の観点からすると水は必ずしも豊富ではないことが分かる。20世紀の急激な経済発展と人口増加により、とりわけ人間にとっては、その事実は切実である。21世紀は「水の世紀」とさえ呼ばれるようになった今日、明らかな水危機が訪れ、新たな試練を迎えようとしている。

（1）水不足、旱魃と枯渇

　世界の水の現状について認識しておくべきことは、まず渇水である。アフリカや中国の砂漠地帯を中心に、全世界で起きている。2000年にはインドやアフ

リカ東部で大旱魃があった。人や牛が飲み水にありつけなくなり、水がないために農業も行えず飢餓に苦しむ状況が発生した。

　また、川や湖の水を求めていくことになり、やがて枯渇が生じる。中国の黄河では、毎年河口から約700kmの地点の開封市あたりまで断流区間がある。東京から岡山くらいにかけての区間で一滴も水が流れなくなる時期があるのである。断流現象は1972年に最初に生じ、1997年には7カ月間も続いた。この事態を受けて、中国では上流での水の使用量を減らす各種の施策を実施し、2000年以降は黄河の断流はとりあえず解消している。

　中央アジアのアラル海では、上流地域での綿花栽培によって大量の水が消費されたため、この湖に流れ込むアムダリア川とシルダリア川の水量が減り、湖水面の低下が生じて湖が縮小した。1960年代の湖面と比較すると、1997年時点で約80kmも湖が後退している[1]。延長距離にすると、東京から静岡くらいまで湖が後退している。その結果、かつて漁業を中心に使用されていた船が露出した湖底に放置され、漁業もできなくなってしまった。同様に、アフリカのチャド湖でも水の枯渇による縮小が生じている。

　さらに近年では、少ない水をめぐって世界各地で様々な水争いが起きつつある。急激な人口増加や生活水準の向上は、今後も水需要の増大につながると予想され、ヨルダンの故フセイン国王は「将来の中東戦争は水をめぐって起きる」と予言した。また、1995年、世界銀行は『水危機に直面する地球』と題するレポートを発表し、「20世紀の戦争は石油が原因であったが、21世紀は水が原因で国際紛争が発生するだろう」として、水危機意識を世界に喚起した。しかし、これに対して、水関係の投資は減っている。日本でも田中康夫長野県知事が「脱ダム宣言」をしているが、近年の環境問題の高まり、立地条件の問題に伴うコスト高等の問題に比例して、大規模ダムを作るのが大変難しくなっているのが現状である。ダムへの投資は、世界的にも1980年代をピークに急激に減少している。その一方で、途上国を中心に水の需要は増えている。例えば、農業のための水、発電のための水、環境のための水、飲み水や生活のための水、家畜のための水など多くの用途の水が要求されている。さらに、途上国では人口が急増している。2025年には全世界の人口は80億人に達すると予測されており、実に現在の25％増の水需要が発生する。現在でも12億人が安全な水にアクセス

できないのに、これからますます人口が増えていくと本当にどうなるのかという将来に対する懸念が世界中に広がっている。

（2）洪水

　旱魃と渇水とは逆に、洪水被害も増えている。日本でも洪水の例はたくさんあるが、世界でも1999年のベネズエラや2000年のモザンビークなど至るところで大洪水が発生している。ヨーロッパではなかなか洪水は発生しないと言われていたが、気候変動の影響もあると思われる洪水が頻発している。災害別の被害者数の変化を見ると、洪水による被害者数が1980年代後半以降に急増して最も損害の大きい災害となっていることが分かる。1970年代はだいたい2,000～4,000万人で推移していたが、1990年代には年平均1億4,000万人近くの人々が洪水被害を受ける状況になっている[2]。とりわけ途上国を中心に、多くの貧困層が都市部の低地や沿岸部に住むようになり、貧しい人々がその洪水被害を直接受けるために近年被害者の数が極端に増えているのである。

（3）水質汚染

　水量の不足だけでなく水質の悪化も問題となっている。日本では地下水汚染も進行しており、飲料水の質に危機を覚えている。世界でも、化学薬品工業の事故や家庭用の残飯水が、河川や湖に流れ込んで汚染を進めている。2000年にはルーマニアやハンガリーを流れるティサ川で水質事故があった。

　特に、地下水の汚染は深刻である。科学者たちは、あらゆる大陸で農場、工場、都市の近くの帯水層が汚染されているのを次々に発見している。地下水は平均的な滞留時間が1,400年と長く、帯水層内の汚染物質は海に流し出されることも、新たな淡水が絶えず補給されて薄められることもなく、着実に蓄積していく。このように地下水については目に見えない危機が次第に姿を現すにつれ、ようやくその重大性が理解されはじめているものの、水文学者や公衆衛生の行政官でさえ世界各地で起きている地下水汚染の規模について漠然としたイメージしか持っていない。自国内の帯水層の置かれた状況を定期的に追跡調査している国はほとんどない。まして現時点では、地下水源とその汚染動向に関する地球規模の総括的なデータも存在しない。

汚染源は自然汚染、人工汚染ともに多くの物質にわたっている。バングラデシュでは国民の95％が飲料水として管井戸から地下水を汲み上げており、汚染された地下水によるヒ素中毒ですでに7,000人以上が死亡している。中国北部では約7,000万人、インド北西部では約3,000万人が、基準値を超える濃度のフッ化物を含む水を飲んでいる。フィリピンのマニラでは、過剰揚水によって地下水が50～80mも低下したため、海水が5kmも逆流して、同市の地下に広がるグアダループ帯水層に流入している。世界の多くの地域では耕地に使用される化学肥料や農薬も農業地帯下の地下水に浸み込んでいる。

（4）水と衛生

水不足や水質汚染に、どれだけ世界中の人々が苦しんでいるのか。2000年時点で約60億人と言われる世界人口のうち、約半数の30億人が下水設備がないなど不衛生な状態に置かれている。また、世界人口の約20％、12億人が安全な水を利用できない状況にある。日本にいれば、水道の蛇口をひねれば安全な水を飲むことが可能だが、12億人もの人々が十分な水にアクセスすることさえできないのである。安全な水を飲めない状態にあるため、不衛生な水を使っている。そのため、毎年500万～1,000万人の人々が、汚い水が原因で死亡していると言われる。

アフリカを中心として貧困問題に焦点があてられたヨハネスブルグ・サミットでは、貧困問題から水供給・衛生問題が議論され、安全な水にアクセスできない人々の数を2015年までに半減させるとの国連ミレニアム・サミットで決定された目標に加えて、新たに基本的な衛生施設にアクセスできない人の割合を半減することが「実施計画」に盛り込まれた。このように、基本的人権にもかかわる水供給・衛生問題への各国の関心が高くなっている。

（5）世界の水で成り立つ日本

世界の水問題は深刻な現状にあるが、日本ではあまり水問題が実感されていない。しかし、1人あたりの年平均降水量は、約5,100m^{3}と、世界平均の22,000m^{3}の4分の1程度にすぎない。このような中、日本もかなり大量の水を海外から輸入している。1990年代以降、海外からペットボトルのミネラルウォーターの

輸入が急増している。それだけでなく農産物、木材、繊維・紙などを輸入することによって、それらを作るために使用された海外の水を大量に「輸入」している。例えば、小麦やトウモロコシなどの麦類、綿花や綿製品、牛肉などの品目の日本の年間輸入量を作るためにどれだけの水が世界で使われているかというと、約440億m³の水を使っている。日本で１年間に使用されている水、すなわち水道水や水田農業に使っている水の総計が約870億m³であるので、この半分近くもの水量が海外からの製品に変わって輸入されている。これは日本人が毎日使用している生活用水に換算（１日あたりの日本人の生活用水使用量を323ℓとして計算）すると、約3.5億人分に相当する水量である。また、１日あたりの生活用水量が100ℓと言われる途上国の人々の生活用水に換算すると、約12億人分にも相当する。

したがって、日本の経済社会は海外からの水の輸入に頼って成り立っているとも言え、今後の経済社会の変化に応じて、世界の水問題がいつか日本経済にも大きな影響を与えてゆく可能性を認識しておく必要がある。

（６）水をめぐる対立

水不足の問題が世界各地で様々な対立を生んでいる。その１つがダムである。水不足を解消するためダムを推進する人々と、環境や先住民への影響を懸念する人々の間で、様々な意見対立が起きている。2000年３月にオランダのハーグで開催された第２回世界水フォーラムの開会式の冒頭では、このフォーラムがダム推進をしているのではないかと、スペインの環境NGOの人々が演壇の前にストリップで立ちはだかり「ダム建設反対」を唱えた。

ダム問題のほかにも、WTO問題とも絡んでグローバリゼーションをめぐり、水の自由化や民営化が大きな争点になっている。水道事業は政府や地方自治体が運営すべき公共のものというのがこれまでの前提だった。しかし、とりわけ途上国の政府や地方自治体には十分な財政基盤がなく、健全な水道事業を営むことができない。そうすると、やはり民間の力を借りて、あるいは民間部門が水道事業をやった方がいいのではないかとの理由で、途上国を中心に、世界銀行などが水道事業の民営化を進めている。ただし、民営化をすると当然採算性に合う形で事業を進めざるを得ず、料金の値上げ、盗水の防止や料金滞納者へ

の給水停止などの措置が行われ、水道料金を満足に払えない貧困層に直接影響を及ぼすこととなる。こうした問題に対して、人権NGOから批判を浴びている。水の自由化や民営化を推進するグループに対しては、グローバリゼーションに反対する環境NGOや労働組合なども反対の立場をとり、世界的に大きな議論を巻き起こしている。

　また、少ない水資源をめぐる地域間の競合も存在する。例えば、都市の水は人々の飲料水や生活用水となるが、近年の途上国における都市部の急激な人口増加に伴い、水供給が追いつかず貧困層を中心に極度の水不足を生じている。世界の貧困層の9割が居住すると言われる農村では生計のために農業用水が必要であるが、都市の水不足を補うために農村の水を都市に強制的に供給すべきという主張が展開され、途上国を中心に都市と農村の間に水をめぐる対立が存在する。

2　水に関する世界の動き

(1) マルデルプラタ会議

　表1に示したように、世界の水問題を解決するために国際社会の中でいくつかの取り組みが進んでいる。水をとりまく種々の問題の解決に向けて、国際的な共通認識のもとに取り組むべきとの気運の高まりを背景として、1977年3月にアルゼンチンのマルデルプラタで国連水会議が開催された。これが水に関する国際的な動きの始まりである。

　この会議には116カ国および多数の関係機関が参加し、水問題の解決に資する国内および国際レベルでとるべき行動勧告の作成について討議がなされた。その結果は「マルデルプラタ行動計画」として採択され、1980年代において各国（特に開発途上国）および国際機関が水問題に関してとるべき政策のガイドラインとして重要な役割を果たしてきた。「マルデルプラタ行動計画」は次頁に示したような8項目で構成されており、それぞれの各項目につき各国や関係機関がとるべき施策等について取りまとめられている。

表1　水に関する世界の主な動き

1977	マルデルプラタ国連水会議
1992	ダブリン会議
1992	リオ・サミット
1996	世界水会議（WWC）発足
1996	世界水パートナーシップ（GWP）発足
1997	第1回世界水フォーラム
2000	第2回世界水フォーラム
2000	世界ダム委員会報告書
2002	世界淡水会議（ボン会議）
2002	ヨハネスブルグ・サミット
2003	第3回世界水フォーラム

① 水資源の評価
② 水の利用と効率性
③ 環境、保護および汚染防止
④ 政策、計画および管理
⑤ 自然災害
⑥ 国民への情報提供、教育訓練および調査
⑦ 地域協力
⑧ 国際協力

「マルデルプラタ行動計画」の実施状況のフォローアップは多くの分野で行われてきた。後述するダブリン会議やリオ・サミットにおける新たな行動計画はこれらの評価活動に基づいて形成された。

（2）国際水道と衛生の10カ年計画

「マルデルプラタ行動計画」を受けて、1980年11月の国連総会において1981～1990年の10年間を「国際水道と衛生の10カ年」とすることが決定された。これは「1990年までにすべての人々に清浄な水を」という1976年バンクーバーでの国連人間居住会議宣言を国連水会議を経て具体化したものである。

この計画の目的は、開発途上国において安全な水と良好な衛生環境が得られないために多くの乳幼児が死亡している状況や、生産性や収入が減少し、国の

発展に支障をきたしている状況の改善を図ることであった。計画には国際、国、地方の各レベルの役割、必要な投資額と資金源、目標達成のための方策等が盛り込まれており、国連開発計画（UNDP）と世界保健機関（WHO）が中心となり推進が図られてきた。

10カ年計画により、水道の普及率は44％から66％に、衛生サービスは46％から56％に増加した。しかし、引き続き状況の改善を図る必要があることから、10カ年計画での経験を踏まえた90年代の行動計画の検討が行われた。その結果は、1990年9月にインドのニューデリーで開催された「安全な水と衛生に関する世界会議」において総括されている。同会議では「少数の人々により多くよりも、すべての人に少しを」を標語としたニューデリー宣言が採択された。この宣言においては、以下の4項目の指針原則が示された。

① 水資源と廃水、廃棄物の総合的管理による環境の保全と健康の保護
② 総合的なアプローチによる、組織的改革（手続き、態度、行動の変化を伴った）およびすべてのレベルにおける女性の組織への十分な参加
③ 水と衛生に関する計画の実施および維持における地方組織の強化策を含めた、サービスの住民による管理
④ 既存の財産のより適切な管理と適正技術の広範な導入による財政面での安定の確保

ニューデリー宣言は、同年12月の国連総会で支持の決議がなされ、ダブリン会議での成果とともにリオ・サミットにおける「アジェンダ21」策定のベースの1つとなった。

(3) ダブリン会議

1992年1月26～31日にかけて、水問題に関わる24の国連機関を代表し、世界気象機関（WMO）および開催地のアイルランド政府が事務局となり、各国政府、国連の関係機関、NGO等が参加した「水と環境に関する国際会議」が開催された。

この会議では、以下の内容を中心に討議を行い、水と環境に関する報告書を

作成し、同年6月のリオ・サミットに向けて3月に開催された第4回準備会合で各国政府代表者に提出された。

① 水資源の評価および1990年代およびそれ以降に向けての主要な問題点の確認
② 種々の水資源関係プログラム間の連携強化および水資源管理の分野間協調の推進
③ 1990年代およびそれ以降の持続可能な開発戦略および行動計画の策定
④ 上記の問題、戦略、行動の各国での国家計画への反映

この会議は、各作業部会および全体討議において進められ、成果として会議レポートが作成され、ダブリン宣言が採択された。

（4）リオ・サミット

ダブリン会議を受けて1992年にリオ・サミットが開催された。淡水資源については、リオ・サミットで採択された「アジェンダ21」の第18章に、「淡水資源の質および供給の保護」という項目が設けられ、水資源の開発、管理および利用への統合的アプローチの適用について記載された。この基礎になったのが前述のダブリン宣言とその行動計画であった。

リオ・サミットでは、「アジェンダ21」のほか、リオ宣言として27の原則、森林原則声明が採択され、気候変動枠組み条約と生物多様性条約が大きく動き出した。リオ・サミット以降には砂漠化防止条約も成立した。このような問題について成立した条約の取り組みが国際社会のなかで強化されていったが、「アジェンダ21」第18章に触れられた水問題への取り組みはなかなか進展しなかった。その理由の1つは、渇水で苦しんでいる地域もあれば逆に洪水に苦しんでいる地域もあったりと、地域によって抱える水問題が一律でなく、グローバルな視点で同じ問題を捉えにくいことがある。また、指標に基づく総合的な対策・行動に結びつかない側面が挙げられる。さらに、地域によっても問題の捉え方が異なるため、なかなか1つのテーブルについて議論しづらいということも、取り組みが遅れている一因と考えられる。さらに、国際河川に代表され

るように、多くの場合、上下流国間の調整が必要であり、流域国間の政治や利害関係が複雑に絡み合い、第3者が容易に介入することが難しいこともその原因と考えられる。

　しかし、リオ・サミットでのパラダイム・シフト、すなわち大きく変化した3つの認識は水問題への取り組みや後に触れる世界水会議の設立等にも影響を与えていく。第1は、従来の「環境対策」は、事後対策中心だったが、事前の予防的アプローチの重要性が認識されるようになった。それに伴い、環境政策は「持続可能な開発」のための政策と捉えられ、対症療法的なアプローチから予防的かつ統合的アプローチへと政策の重点が移ってきた。第2に、以前は政府や国際機関など限られた関係者（scattered actors）だけで議論していたのが、多様な利害関係者（multi-stakeholders）、つまり途上国であれば水汲みの役割を担うことが多い女性や子供を代表する関係者がすべて入った議論をしようという枠組みが大きくできた。特にリオ・サミットでは、表2に示したように、産業界、地方自治体、NGO、女性、子供と若者、先住民、労働者、科学者、農民の9つの主要グループが特定された。水問題についても、従来からあった政府や国際機関の役割は当然あるが、とりわけNGO、女性、子供と若者、地方自治体、産業界が議論に関わり、後述する世界水会議の設立や水フォーラムの開催

表2　主な水関連の国際会議における主要なグループの関与

アジェンダ21（主たるグループの役割の強化）	WWF2	ボン会議	ヨハネスブルグサミット	WWF3
女性	○		○	○
子供及び青年	○		○	○
先住民			○	(○)
NGO（非政府組織）	○	○	○	○
地方公共団体	○	○	○	○
労働者・労働組合		○	○	○
産業界	○	○	○	○
科学的、技術的団体			○	○
農民		○	○	(○)
ジャーナリスト				○
立法者（国会議員）				○
閣僚級との対話（予定）				○

に繋がっていくこととなった。第3に、産業公害や自然保護など、個別セクターや個別問題のスポットを見るのではなく、グローバル・コモンズ、つまり地球全体について総合的に取り組む動きができた。気候変動の問題はまさに地球全体で議論しているが、水問題についてもグローバルに考えようとする認識が徐々に形成されてきたのである。

(5) ボン国際淡水会議

ボン国際淡水会議はドイツ政府の主催により2001年12月に開催された。ダブリン会議とリオ・サミットの関係と同様に、2002年8～9月に開催されたヨハネスブルグ・サミットに向けて、水問題の解決な必要な行動計画について議論した。118カ国、47国際機関、73のNGO代表等が参加し、「閣僚宣言」と「行動勧告」を取りまとめた。

閣僚宣言においては、国連ミレニアム・サミットで合意された国際的な開発目標、特に2015年までに極度の貧困状況で暮らす人々の割合を半減させ、飢餓に苦しみ安全な飲料水に到達あるいは入手することのできない人々の割合を半減させるという目標が言及され、また先進国がGNPの0.7％を政府開発援助に支出するという目標等も再確認された。行動勧告においては世界の水問題の解決に向けた具体的な行動について提言がなされた。水の効率を阻害したり環境に影響を与える補助金は削減し、最終的にはなくすべきであること等が盛り込まれているが、最終的な合意形成には至らなかった。

このボン会議では、マルチステークホルダー・ダイアローグ（MSD）が試験的に導入され、ヨハネスブルグ・サッミトで、NGOと政府関係者とが意見交換を行う手法として定着することとなる。実験的に行われたMSDにおいては、ドイツ政府が本会議で焦点にあてた安全な飲料水に到達あるいは入手することのできない人々の割合を半減させる目標を達成するために水道の管理を誰が実施するのがよいのかを中心議題に、労働組合、企業代表、NGO、地方自治体、農民による関係者による意見交換が行われ、参加者の関心を引いた。

(6) ヨハネスブルグ・サミット

ヨハネスブルグ・サミットの準備プロセスでは、水の問題についても様々な

準備活動が出てきた。インドネシアのバリで開催された第4回準備会合では、閣僚級大臣が集まって実施計画をまとめようと努力したが、途上国と先進国の対立の溝が埋まらず協議は非常に難航した。こうした中で、第3回世界水フォーラム事務局も水問題が重要課題であることをアピールする準備活動にいくつか取り組んだ。とりわけ、2002年2月にニューヨークで開催された第2回サミット準備会合の際に、第3回世界水フォーラム運営委員会の会長を務める橋本龍太郎元首相がアナン国連事務総長をはじめ、世界銀行総裁、国連開発環境計画総裁、ユネスコ事務局長、ユニセフ事務局長など様々な関係者に水問題と水フォーラムの重要性をヨハネスブルグ・サミットでも取り上げてもらうよう活動した。その後2002年5月、アナン国連事務総長によるヨハネスブルグ・サミットへの期待という初の主要方針演説の中で、具体的に成果をあげられる重要課題5分野として、水と衛生、エネルギー、健康、農業、生物多様性が挙げられた。ヨハネスブルグ・サミットでは、水問題が一番注目を集めると言われたのである。カナナスキスでの主要国首脳会議（G8）でも、水問題の重要性が謳われた。

　ヨハネスブルグ・サミット本番では、世界191カ国から104人の首脳および8,227人のNGOを含む2万1,000人以上が参加した。最終日の首脳級全体会合では、持続可能な開発を進めるための各国の指針となる包括的文書として「実施計画」および政治的意志を示す「持続可能な開発に関するヨハネスブルグ宣言」が採択された。水問題に関しては、10年前のリオ・サミットでは地球温暖化問題や生物多様性などの他の環境問題に比べてそれほど重要視されなかったが、ヨハネスブルグ・サミットでは他の分野ではあまり盛り込まれなかった数値や期限目標が明示されたことを含め、大きな成果が得られた。「実施計画」において合意された水問題関連の目標は以下の2つである。

① 2015年までに安全な飲料水を入手できない人の割合を半減させる
② 2015年までに基本的な衛生施設にアクセスできない人の割合を半減させる

　日本からは、小泉総理大臣も出席した他、サミット前に提示された「小泉構想」（持続可能な開発のための日本政府の具体的行動－地球規模の共有を目指し

てー）のもと政府、国会議員、地方自治体、関係諸団体やNGO等大勢が参加した。政府や国際機関、NGO等とのパートナーシップに基づく具体的行動計画（いわゆるタイプ2プロジェクト）も多数提案され、日本としての積極的な取り組みも示された。政府やNGOなどが共同で設置した「日本パビリオン」では、様々な展示の他に、日本の公害克服経験、アフリカ支援、水問題や森林問題への取り組み等につき連日セミナーが行われた。

　サミット最終日には、「実施計画」に示された目標を達成するための具体的な行動計画として、日米が共同で「きれいな水を人々へ」イニシアティブを発表した。このイニシアティブの中で、米国は「水・衛生へのアクセス改善」、「流域管理および適切な衛生事業の促進」、「水の生産性向上」のために、9.7億ドルの供与を約束し、一方日本は、過去5年間における様々な援助で4,000万人以上の人々に対して安全な水を提供してきた努力を継続することによって、「水資源開発および安全かつ安定的な水供給の重点的推進」、「適正な水資源管理のための能力向上支援」等への取り組みを約束した。さらに両国は、この水分野における二国間協力を拡大するとともに、他の国や機関にもこのイニシアティブへの参加を呼びかけることを確認している。

　また、ヨハネスブルグ・サミットの公式イベントとして「ウォーター・ドーム」が設置された。ウォーター・ドームは、"No Water, No Future"をテーマに、アフリカ水特別委員会が主催した。このイベントでは、21世紀の持続可能な開発には水問題の解決が不可欠であることを訴え、関係者の連携の強化を図ることを目的として行われた。開会式にはマンデラ南アフリカ共和国前大統領が出席した他、ブレア英首相、シラク仏大統領など多くの要人が訪れ、1万5,000人を超える来場者を数えた。開会式の基調講演に立ったマンデラ前大統領は、「大統領になって社会、政治、経済の中心に水があることを学んだ。その意味で私は完全な『水人間』である。ヨハネスブルグで決められることが守られているかどうか、京都で監視・追跡調査しなければならない」と水フォーラムへの期待を熱く語った。

　最終日には「ヨハネスブルグから京都・滋賀・大阪へ」をテーマとした閉会イベントが開催され、第3回世界水フォーラム運営委員会会長である橋本元首相、アブザイド世界水会議会長をはじめ、第2回世界水フォーラム議長を務めたオラ

ンダ皇太子オレンジ公、サリム・サリン水大使、マギー・カールソン世界水パートナーシップ会長、チュバイチュカ国連人間居住計画長官といった水に高い関心を有する政治的指導者の参加の下、ヨハネスブルグで生まれた水の連帯を第3回世界水フォーラムに向けて繋げていくことを多くの参加者と共有した。

3 世界水フォーラム

　1970年代以降環境問題に対する国際社会の関心が高まる中、マルデルプラタ会議以降様々な機会に淡水資源の確保と行動の必要性が国際社会に提示された。しかし、その後の国際社会の取り組みには、残念ながら盛り上がりは見られなかった。1990年代なかばには、頻発する干魃や砂漠化、世界各地で発生する大水害、水質の汚染など対する国際社会の取り組みが不十分とする認識が世界的に広がった。この頃から有限な水資源が誤って管理されているという認識も広がり、国連を中心とした取り組みだけでなく、世界の水問題の解決に向けて水関係のあらゆる分野の専門家、あらゆる水の利害関係者が共に活動する仕組みが求められるようになった。

　このような情勢の下で、世界の水問題の専門家、学会、国際機関が中心となって、水に関する国際シンクタンクを目指して、国際的なNGO組織、「世界水会議（World Water Council）」および水に関する具体的な行動を起こす「世界水パートナーシップ（Global Water Partnership）」がそれぞれ1996年に誕生した。世界水会議は、NGOでありながら、世界銀行、国連開発計画（UNDP）などの国際機関、あるいは国際かんがい排水委員会（ICID）、国際水文学会（IAHS）など国際的な学術協会も参加しており、21世紀の国際社会における水問題の解決に向けた議論を深め、その重要性を広く世界にアピールすることを目的として、世界水フォーラムが提唱された。

　世界水フォーラムは、3年ごとの3月22日の「国連水の日」を含む期間に行われることとされた。第1回水フォーラムは1997年3月にモロッコのマラケシュにおいて、また、第2回水フォーラムは2000年3月にオランダのハーグにお

いてそれぞれ開催された。第1回および第2回水フォーラムは、水問題に関する世界の関心を高め、前述したようにボン国際淡水会議、ヨハネスブルグ・サミットでの水分野の注目に貢献することとなった。

(1) 第1回世界水フォーラム

第1回世界水フォーラムでは、63カ国から約500人が出席し、「マラケシュ宣言」が採択され、来たるべきミレニアムにおける活動と責任を規定する長期的な「21世紀における世界の水と生命と環境に関するビジョン(世界水ビジョン)」を策定することが決定された。これを受け、世界水会議では、「世界水ビジョン」を策定するために1998年8月に「21世紀に向けた世界水委員会」を発足させ、世界の水関係機関の産・官・学の協力の下、1年半にわたり各種国際会議やインターネット等を通じた意見交換が行われた。

(2) 第2回世界水フォーラム

第2回世界水フォーラムには156カ国から5,700人に及ぶ人々が参加し、地域や分野に分かれた80に及ぶ会議が行われたほか、「世界水ビジョン」の発表および取りまとめが行われ、3つの基本認識(①水危機は存在する、②現状維持のシナリオは深刻なストレスを生む、③水危機は管理の危機である)に基づき、「水をすべての人類の課題に」というメッセージを世界に発信した。なお、世界水ビジョンにおいては、世界の水使用の約7割を使用する農業用水の問題に焦点が当てられ、今後とも増え続ける食糧生産に必要な水の管理を環境とも調和しながらいかに実施していくかに議論が集中した。

フォーラムと同時に開催されたオランダ政府主催による閣僚級国際会議(130カ国が参加、うち114カ国は閣僚級の水大臣が参加)では、「21世紀の水の安全保障に関するハーグ宣言」が採択され、「7つのチャレンジ」すなわち、①基本的ニーズの充足、②食糧供給の保障、③生態系の保護、④水資源の共同利用、⑤リスク管理、⑥水の価値評価、⑦賢明な水資源統治が示された。

また展示を中心とした世界水フェアも同時に開催され、一連のフォーラムの取り組みは、世界的に大きな反響を呼び、国連等でも歓迎された。

4　第3回世界水フォーラム

　第3回世界水フォーラムは、2003年3月16日から23日にかけて京都、滋賀、大阪の琵琶湖・淀川流域で開催される。これは、水問題を考えるとき、流域全体で考える視点が重要であり、京都、滋賀、大阪を選定することによって、琵琶湖・淀川流域全体で水問題をとらえ、考え、そして発信することができる利点を有しているからである。

　また第3回世界水フォーラムは、参加者が水に関する行動を導き出すフォーラム、政府が水に関する行動を導き出す閣僚級国際会議、水に関するフェア・フェスティバルからなる。それぞれの会議の予想規模は、分科会や本体会議が催されるフォーラムへの参加者が8,000人以上、閣僚級国際会議には約120人以上の水担当大臣が参加すると見込まれている。さらに、水に関するフェア・フェスティバルには、来場者15万人を目標に琵琶湖・淀川流域全体でのイベント開催を考えており、ヨハネスブルグ・サミットで約束された行動・活動をフォローアップする最初の大規模国際会議として国際的な注目を集めている。

（1）第3回世界水フォーラムの特長

　第3回世界水フォーラムはその基本的な理念として①オープンな会議、②参加する会議から、一人ひとりが創る会議へ、③議論から具体的な行動を実現する会議へ、の3つを掲げている。誰もが参加し、そして、単なる会議のための会議に終わることがないよう、国内外で開かれた議論を行うとともに、世界の水問題に対する知識や経験を共有化し、参加者それぞれが世界の水問題に対する具体的な行動を提示できる会議を開催し、世界の水問題の解決に寄与することを目指している。

　このため、第2回水フォーラムで生まれた水問題を解決しようとする大きな波を、第3回水フォーラムまでの3年間維持するとともに、様々な人々の参加のもとでフォーラムの議論が形成されるよう、参加型プロセスを考慮した工夫が施されている。具体的には、インターネット上の仮想会議室、「バーチャル・ウォーター・フォーラム」を設置し、より多くの人々の参加を得ながら水問題

の解決に向けた議論が行われているほか、水危機によって最も苦しめられているにもかかわらず、これまでほとんどその声を発する場を持ってこなかった世界の草の根レベルの人々の声を集め、データベース化して水フォーラムでの議論の基礎とする「"水の声"プロジェクト」を開始している。

　また、主催者自らがフォーラムの議論の流れを決定するのではなく、参加者の議論がフォーラムの議論を決定するというボトムアップのプロセスを重視している。具体的には、多くの国際会議では主催者自らが、会議での議論を誘導するためのバックグラウンド・ペーパー等を準備し、主題等を決定するが、第3回世界水フォーラムでは、理念に掲げている参加者すべてに開かれた会議で、参加者が自ら作り、そして具体的な行動を実現できるよう、参加者より希望のあるすべての分科会を受けつけ、そこからフォーラムの主要なテーマを導き出す試みが取られた。

（2）第3回世界水フォーラムの主要テーマ

　世界の水問題解決に向けて活動している様々なグループを中心に、議論の場を提供するフォーラムの分科会開催申し込みは、2002年10月末時点で、358分科会にも達している。これらは、現段階での世界レベルでの水に関する行動を見る上で、貴重な情報でもある。

　第3回世界水フォーラム事務局では、これらのグループのフォーラムへの参加意向や活動・議論の状況、バーチャル・ウォーター・フォーラムや水の声の状況などを評価し、関係者からの意見を広く求めて、世界の水に関わる問題の中で、何が今最も話題となっているのか、何が緊急を要する課題なのかを検討し、31の主要テーマおよび地域の水問題に焦点を当てた分科会を集める地域の日を5つ設定した。

　様々な分野、様々な立場で、地球規模レベルの問題から地域社会レベルの問題まで、また学術的あるいは技術的に専門性の高い議論から生活に密着した広く市民が共有する議論まで、多数の分科会が開催される。31の主要テーマに分類された分科会はフォーラムの柱となる重要な構成要素である。分科会の全体的な目的は、成功している行動から学び、今後行動していくための約束を促すことである。それぞれの分科会の成果は、「私たちのコミットメント」に取りま

とめられ、主要テーマ毎の「宣言文」は閣僚宣言の草案に反映される。

　地域の日については、アフリカの日、アメリカ諸国の日、アジア・太平洋の日、ヨーロッパの日、中近東・地中海の日では、それぞれの地域が抱える水問題に焦点を当て、その地域的な側面に注目することが世界規模での水問題の解決にとっていかに重要であるかということを訴える。

　3月19～20日には水資源管理に責任を有する政府等の高官による高官級会合が開催され、閣僚宣言の最終案に関する議論が行われる。また、高官級会合、フォーラム参加者と閣僚の対話を受け、世界の水担当大臣が、水問題解決に向けて議論を行う閣僚級国際会議が3月22～23日に開催され、閣僚宣言が採択される予定である。

　また、フォーラムの成果を閣僚級国際会議に反映させることを目的として、フォーラム参加者の代表と閣僚会議とが3月21日に集まり、意見を交換する。

　この他、京都、滋賀、大阪の各フェア会場を核として、歴史的遺産や自然の豊かな琵琶湖・淀川流域各地で、参加者や一般市民の交流、ネットワークづくりを目的に、水に関わる様々なテーマの展示会やイベントが開催される。インテックス大阪では、「水と都市と産業、そして未来——つくり出す水と未来」をテーマに、水に関する産業、技術を中心とした展示会「水のEXPO」が開催される。

5　おわりに

（1）第3回世界水フォーラムへの期待

　2003年3月に京都・滋賀・大阪で開催される世界水フォーラムは、国内外から8,000人を超える参加者、120人をこえる水担当大臣の参加が見込まれており、最大級の水に関する国際会議となる。またヨハネスブルグ・サミットで確認された多くの約束が、本当に実現されるのか、それらをフォローアップする最初の参加型会議ともなる。

　ダブリンでの「ダブリン宣言」（1992年）、リオでの「アジェンダ21」（1992年）、マラケシュでの「世界水ビジョン」作成の決定（1997年）、第2回世界水

フォーラムでの「世界水ビジョン」、「行動のための枠組み」とその閣僚級国際会議での「7つのチャレンジ」(2000年)、さらにはボンでの「ボンの鍵」(2001年)、そしてヨハネスブルグ・サミットでの「実施計画文書」、「約束文書」(2002年) は、数々の問題を明らかにし、水問題解決への意欲を高め、第3回世界水フォーラムでの行動を導くための道先案内となった。

　一方、これまでも多くの国際会議やワークショップが開催され、宣言、目標、約束が行われてきたが、必ずしも行動に結びついているものではなかったため、誰しもが会議のための会議ではなく、実際の行動を導き出す会議を望んでいる。

　この観点で、第3回世界水フォーラムは、第2回フォーラムの「世界水ビジョン」が求める水行動、ヨハネスブルグ・サミットで確認された数値目標や約束を具体化するための、行動志向型の議論をすることが必要であり、参加者すべてが自ら考え、行動を導き出すとのフォーラムの理念を理解し、自らが主役となり、真に世界の水問題解決に向けた行動を導き出すことが期待されている。

(2) 水問題の展望

　第3回世界水フォーラムの358にもおよぶ分科会、それを取りまとめた36の主要テーマを見ても分かるとおり、水問題は多岐にわたっている。また、この問題に取り組んでいる人々、そしてその行動も多様である。例えば、ヨハネスブルグ・サミットで数値目標化された安全な水へのアクセスおよび衛生に関するものは、未だに数10億という人々が安全な水の供給を受けていないという基本的な権利すら得られていないことに対して行動を求めたものである。しかしこれは、水問題の一側面、人間のための水に焦点を当てただけにすぎず、貧困・飢餓、食糧、気候変動、環境・生態系の保全、洪水などこの他にも水に関連する重要問題は存在し、淡水問題とは別の視点で、それぞれがヨハネスブルグ・サミットにおいても重要なテーマとなった。

　今回の第3回世界水フォーラムの主要テーマは、このような世界の水問題を全体的にカバーするものと言える。そして、世界の水問題の動向とそこから導き出される行動を概観することができる。第3回世界水フォーラムは、主要テーマからさらに重要な水問題は何かといった絞り込みを実施する場ではなく、これら主要テーマ間の情報と知見の共有化を図り、相互の連携を促し、行動の

効率化が目指される場となることを期待している。これらの取り組みが、われわれ日本人の目にも新鮮に映り、世界の水問題における日本の役割を理解し、その解決への行動参加の一助となれば幸いである。

注
1) 京都大学大学院アジア・アフリカ地域研究科資料より。
2) 『世界災害報告1999年版』より。

参考文献
国際赤十字・赤新月社連盟編『世界災害報告1999年版』日本赤十字社、1999年。
世界水ビジョン川と水委員会『世界水ビジョン』山海堂、2001年。
第3回世界水フォーラム事務局『世界の水と日本』水資源協会、2002年。

参考URL
第3回世界水フォーラム　http://www.worldwaterforum.org/jpn/
バーチャル水フォーラム　http://www.worldwaterforum.org/jpn/vwf.html
世界水会議　http://www.worldwatercouncil.org
世界水パートナーシップ　http://www.gwpforum.org/servlet/PSP

研究課題
（1）淡水資源に関する国際的な取り組みの特徴は何か。海洋をめぐるガバナンスと淡水資源をめぐるガバナンスでは、どちらがより困難であると考えられるか。
（2）水は民営化すべきか、それとも公共部門が担うべきか。あるいは官民パートナーシップでいくべきか。
（3）ヨハネスブルグ・サミットで形成された水関連のパートナーシップ・プロジェクトはどの程度うまく実施されているか。

終章　ヨハネスブルグからの展望

毛利　勝彦

1　「持続可能な開発ガバナンス」とヨハネスブルグ・サミット

(1) 複雑化する「グローバル・アパルトヘイト」

「グローバル・アパルトヘイトに侵された世界から抜け出して、持続可能な開発の目標を実現するための新しい何かを、南アフリカの地ヨハネスブルグから生み出されなければならない。」ヨハネスブルグ・サミットの議長を務めた南アフリカ共和国のムベキ大統領は、開会式演説で、拡大する貧困など「持続可能な開発」を阻害する様々な格差を「グローバル・アパルトヘイト」と形容した。南アフリカの人種隔離政策は、1991年に撤廃された。外からの禁輸措置が功を奏したのか、あるいは内からの長い闘争が結実したのか。おそらく両方なのだろう。「グローバル・アパルトヘイト」を終結するためには、国内レベルでもグローバル・レベルでも本当の意味でのグッド・ガバナンスが必要とされている。

先進諸国は、途上国への援助の条件として民主的な「グッド・ガバナンス」を要求したが、多くの途上国はそれに反発している。この典型的な南北対立がヨハネスブルグでも見られた。しかし、これまでの南北対立軸だけでは説明できない、様々な対立軸が生まれ、持続可能な開発の争点は複雑化している。この複雑性がヨハネスブルグ・サミットの成果文書にも表れている。終章では、ヨハネスブルグ・サミットにおける議論内容と策定プロセスにおけるいくつかの重要な対立軸を検証しながら、「持続可能な開発」概念と「ガバナンス」概念を批判的に再考する。

(2) 3つのPと3つのプロセス

　ヨハネスブルグ・サミットでは「人々、地球、繁栄（People, Planet, and Prosperity）」という3つのPが中心テーマとなった。これは、「持続可能な開発の3本柱」と呼ばれる社会的側面、環境的側面、経済的側面にそれぞれ対応する。これらの構成要素は、「アジェンダ21」でも見られたが、ヨハネスブルグ・サミットの成果文書においてより鮮明に表れている。この3本柱を統合的に実現するため、ヨハネスブルグ・サミットの準備プロセスでは、別の3つのPが指針となった。「政治的意思、具体的なステップ、パートナーシップ（Political will, Practical steps, and Partnerships）」である（松下 2002, 796頁）。この3Pは、ヨハネスブルグ・サミットの3つの成果文書であるヨハネスブルグ宣言、ヨハネスブルグ実施計画、パートナーシップ文書となって結実した。

　実施計画の策定内容は、交渉スタイルからも大きな影響を受けた。実施計画の策定過程においては、主に3つの交渉スタイルが使用された。第1は、国連会議における従来型の交渉セッティングである。本会議や作業部会では、ABC順に並んだ各国政府の席が設けられ、延々と各国政府の発言が続く。いくつかの争点については、非公開のコンタクト・グループが結成されるが、ここでも基本的に従来型の交渉スタイルが使われる。実施計画の策定過程でも、バリでの最終準備会合以降、テーマ別、セクション別の争点について、コンタクト・グループで事務レベル交渉が行われた。第2は、ウィーン方式と呼ばれる交渉セッティングが、実施計画全体について採用された。ウィーン方式とは、もともと生物多様性条約のカルタヘナ議定書案が暗礁に乗り上げたときにウィーン会合で採用された方式の踏襲である（Chee 2000）。ウィーン方式には、すべての政府に対する公開会議で、利害の一致する公式グループごとにその代表だけが発言し、議長の質問も積極的に交えて、透明性の高い、民主的で実質的な議論を推進しようとの意図がある[1]。

　しかし、ヨハネスブルグ・サミットではその意図が功を奏したとは言えない。EUやG77のように国連に公式認定されているグループは代表のみの発言となったが、EU以外の主要先進国はJUSCANZ（日本、アメリカ、カナダ、オーストラリア、ニュージーランド）と呼ばれる非公式扱いのフォーラムを形成していたため、それぞれ各国で発言が可能となった。このため、EU内やG77内の対立

軸は表面化しにくくなったと言われており、従来の南北対立やアメリカの単独主義が強調される結果となった[2]。とりわけG77の議長が石油輸出国機構（OPEC）加盟国であるベネズエラであったため、OPEC諸国の意見が途上国全体の発言として代表されてしまい、途上国グループ内の非産油国や小島嶼途上国（SIDS）の意見が表面化しなかった。これを打開すべく、閣僚級レベルの交渉でとられたのが、第3のヨハネスブルグ方式と呼ばれる交渉セッティングであった。ヨハネスブルグ方式では各国自由に発言できたため、新しい意見が表出された反面、利害対立が多様化し時間切れとなった。「実施計画」の交渉過程において、アメリカの単独主義、従来型の南北対立軸による難航、EUリーダーシップの突出感、新たな利害対立の露呈はこうした交渉スタイルの中で増幅されたのである。

　非国家主体の視点から今回のサミットのプロセスを見ると、3種類のイベントがあった。第1は、パラレル・イベントである。これは、政府間交渉が行われるメイン・イベントと比較的近い場所と日時において、NGOなどの非国家主体が独自に会議やワークショップや展示イベントなどを開催する並行行事である。1972年のストックホルム会議の際に、初めて多くのNGOが集まって並行会議の原型が形成され、リオ・サミットやヨハネスブルグ・サミットにも引き継がれた。第2は、サイド・イベントである。これは、国連が公式に認めたメイン・イベント会場の傍らで国際機関、政府、市民社会グループなどが会議やワークショップを持つものである。こうした形のサイド・イベントはリオ・サミット以来、引き継がれている。会場スペースや安全確保などの理由により、希望するすべてのイベントがサイド・イベントとして認められるわけではない。第3は、マルチステークホルダー・イベントである。これは、1998年の持続可能な開発委員会（CSD）以降に正式に取り入れられたもので、メイン・イベントの一環として市民社会などの主要グループが本会議場で意見表明をするもので、難航する政府間交渉を超える刺激になることが期待されている（Hemmati 2002, p.33）。今回のサミットでは、モントレー国連開発資金会議で採用された円卓会議という形のマルチステークホルダー対話の場も設定された。マルチステークホルダー対話においては、NGOを中心として環境側面や社会側面の重要性が指摘されたが、必ずしも実際の成果文書にこうしたマルチステークホルダー

対話の成果が反映されているわけではない。しかし、成果文書の1つに、初めて国連会議の成果としてパートナーシップ文書が作成された背景には、国家主体と非国家主体の形式的な対話機会が進展したことがある。

2 ヨハネスブルグ宣言

　政治宣言としてのヨハネスブルグ宣言が、持続可能な開発の3本柱の実現を目指す国際社会の強い政治的意思として表明されているとは考えにくい。各々の対象に関してどのような具体的目標を設定しているのかが明らかでないからである。議長国南ア政府が作成した69段落に及ぶ原案には「何もしなければグローバル・アパルトヘイトの危機に立たされる」などの表現があり、過去を想起させる「アパルトヘイト」という表現について各国政府から批判を浴びて削除された。その代わりに、サミット初日に5大陸から選ばれた世界の子どもたちのスピーチがあったことに触れ、未来志向の表現となった。しかし、全体としてはバリ会議で提示された「政治宣言の骨子案」と比較しても、ODAの国際数値目標が削除されるなど後退してしまった感がある[3]。また、直前の草案では言及されていた「地球憲章」についても削除された[4]。それでも一時は政治宣言の採択が危ぶまれたほどで、結果として実施計画のエッセンスを抜き出したような表現で採択された。

　ヨハネスブルグ宣言の裏には、いくつかの複雑化する対立軸が存在している。まず、持続可能な開発の3本柱である、経済開発、社会開発、環境保護が認識されているが、それぞれの側面において先進国対途上国の南北対立は根深く、それが世界的な脅威になっている。宣言では、「人間社会を分断する貧富格差と先進国と途上国の格差の拡大が世界の繁栄、安全保障、安定の脅威となっている」という表現がなされている。

　さらに、従来型の南北対立という軸だけでなく、グローバル化は新たな対立軸を追加した。グローバル化の恩恵と負担は不均等に配分されているため、先進国間でも途上国間でも対立軸が生まれている。先進国間の対立軸は、主にヨ

ーロッパとアメリカの間にあったが、後述するように、水や衛生、エネルギー、健康、農業、生物多様性をめぐる争点でもEU、アメリカ、日本間の対立が複雑に絡んだ。途上国間の対立軸は、気候変動から受ける影響が深刻であり対応策の資金源も限られている小島嶼途上国（SIDS）、産油国のような資源がないために開発が遅れている後発開発途上国（LDC）、債務返済が事実上不可能となっている重債務貧困国（HIPC）、生物多様性のホットスポットを多く抱えるメガダイバース諸国[5]、民主化を果たしたアフリカ諸国によって主導された「アフリカ開発のための新パートナーシップ（NEPAD）」などの異なった国内事情や地域特性によって、途上国間の利害が多様化した。

　国際機関間の対立軸もある。例えば、「リオ・サミットからヨハネスブルグ・サミットに至る過程で一連の国連会議が包括的なビジョンを示した」という表現の中で、「実施計画」の中に頻繁に出てくるモントレー合意とドーハ閣僚宣言が強調され、国連や多国間環境協定に対する新自由主義的なグローバル化を進める国際経済機関の優位性が印象づけられた。バリ会議で示された政治宣言の骨子案では、国連憲章や多国間環境協定について言及されていたが、実際の宣言では削除された。これは国連、WTO、IMF・世界銀行など政治、貿易、金融をめぐる国際レジーム間の優先順位をめぐるせめぎ合いでもあり、これらのレジーム間を統合的につなぐガバナンスが要請されていることの証拠でもある。

　また、主要なグループについては、女性、子どもと青年、先住民といった人間社会的側面によるグループは宣言の中で独立した項目で言及されているが、NGOや地方自治体については扱いのトーンが弱まった感がある。地方自治体は、主要グループの1つとして扱われているものの、実施計画でも政治宣言でも自治体のセクションの言及がないとして、諸国政府に対して修正するよう求めた[6]。しかし、地方自治体の取り組みの重要性について個別セクションを立てて言及されることはなかった。

　企業責任については、「企業責任や民間セクターの社会貢献問題について国連総会で検討する」という表現が草案にあったが、実際には「企業責任の強化の必要性がある」との緩やかな表現となった。国連レベルでの議論の機は熟していないとの先進国の主張が通った形である。

　以上のような複雑な対立軸が絡んでいたため、実施計画についての協議が難

航し、準備会議の予定を大幅に超過した。ニューヨーク国連本部での準備会合では、逼迫する国連財政の制約もあって、午後6時以降に国連会議場が使用できないという状態も生じており、難航する交渉をさらに遅らせた。ヨハネスブルグでは交渉が深夜まで続いたが、なお難航する実施計画交渉は、政治宣言の草案を高級事務レベルで調整する時間を奪った。予定より大幅に遅れて配布された宣言案には、最終日においても二転三転し、閉会式でムベキ大統領は「15分の休憩」を取ると中断した。実際には2時間以上の「休憩」の末にぎりぎりのところで政治宣言が採択されたのである。サミットでの政治宣言を真の意味での、首脳レベルの政治的意思として表明するためには、事務レベルの積み上げの最後に帰納法的に政治宣言を作成するのではなく、むしろ最初に規範や原則を政治宣言として首脳級で合意した後で、演繹的に実施計画を策定していくべきではないだろうか。

3　ヨハネスブルグ実施計画

（1）持続可能な開発の3本柱

　図1に示したように「アジェンダ21」と比較すると、「ヨハネスブルグ実施計画」では持続可能な開発の3本柱のうち社会的側面については、貧困撲滅と健康に焦点が絞られている[7]。貧困撲滅については、1日1米ドル未満の所得しか得られない絶対的貧困状態の人々の数を2015年までに半減するというミレニアム開発目標の再確認のほか、新たに貧困撲滅と社会・人間開発のための世界連帯基金の創設が合意された。具体的な形態については、国連総会で決定されることになったが、追加的な資金負担を警戒する先進諸国に妥協した結果、既存の国連資金との重複を避けることと、民間セクターや個人からの拠出を奨励することが明記され、多様な主体の自発的な拠出から賄われる点が強調された。しかし、一部のヨーロッパ諸国が先行導入しようとしている為替取引税については言及されていない。

　経済的側面については、消費・生産形態をめぐる諸課題が議論された。ここ

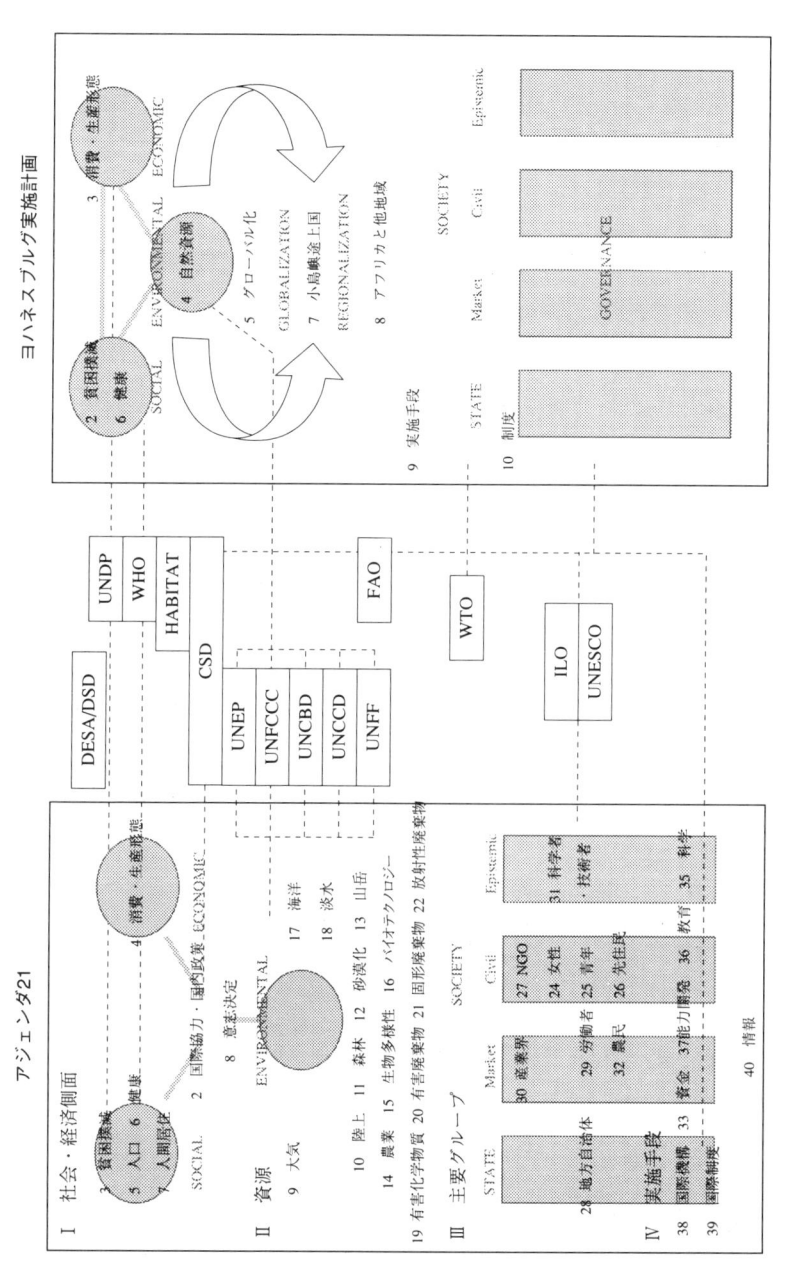

終章　ヨハネスブルグからの展望　261

図1　「アジェンダ21」と「ヨハネスブルグ実施計画」の比較

での争点の1つは、実施手段をめぐる議論で大きな問題となった「共通だが差異ある責任原則」に言及するかどうかであった。結果として、「この原則を含むリオ原則を考慮する」という表現となった。また、地域や各国レベルで持続可能な消費・生産への移行のための10年計画の作成を促進することが合意されたが、実際にライフサイクル分析などがどの程度使われるのかが曖昧である。社会・環境面での企業責任や説明責任については、ISOやGRI（グローバル報告イニシアティブ)[8]などの自主的な活動を奨励している。

　生産と消費のライフサイクルにおける重要課題となっている化学物質については、人体への健康や環境への悪影響を最小化する方向での使用や生産を2020年までに達成するという目標が合意された。その一環として、ロッテルダム条約やアムステルダム条約の批准と実施の促進や化学的安全性に関する国際フォーラム（IFCS）でのさらなる戦略的アプローチの開発が言及されている。化学物質の扱いに関連して、予防的アプローチに関するリオ原則（第15原則）の扱いが大きな争点となった。先進国間でも、予防原則をさらなる貿易障害として加えるべきでないとする消極的立場と、環境的側面だけでなく健康分野にも適用すべきだとする積極的立場があった。結局、途上国からの提案により、「予防原則を考慮に入れて、透明性の高い科学的リスク評価や科学的リスク管理を使用」するという表現が採用された。

　環境的側面の自然資源については、生態系アプローチ、国別・地域別目標設定、予防原則を主張する先進国に対して、生態系アプローチの一般的適用や資金的裏づけがないままの目標設定に途上国が反対したため、陸上・水・生物資源の統合的管理を国レベルで設定し、「適当な場合には」地域でも採用することになった。統合水資源管理については2005年までに、漁業資源については最大持続可能漁獲量（MSY）の回復を2015年までに、海洋保全地域の代表的ネットワークの設立を2012年までに実現するなどの目標が掲げられた。

　気候変動については、アメリカとオーストラリアは京都議定書からの離脱を表明したが、今回のサミットでカナダ、中国、ロシアが批准の方向の意思を表明した。アメリカは京都議定書以外のやり方も併記するよう画策したが、クリントン政権時代に採択されたミレニアム宣言に京都議定書発効の努力が決議されていることを根拠にして、その発効を2002年以内に実現することが実施計画

に盛り込まれた。また、地球環境ファシリティー（GEF）については、これまでその適用外とされていた、砂漠化や森林破壊の分野にも適用されることが勧告されたのが進展である。

（2）グローバル化と地域化

「アジェンダ21」にはなかった項目として新たに加わったグローバル化についての議論は、今回のサミットの大きな争点の1つであった。グローバル化については、貿易と金融とともに、準備会合での合意が最も難航した。ヨハネスブルグでは、アメリカのパウエル国務長官が、「貿易こそがグローバリゼーションのエンジン」だと演説して、傍聴席にいたNGOの人々を中心に、会場からブーイングを浴びた。グローバル化による貿易、投資、資金移動、IT技術などの革新の恩恵が存在する反面、途上国や市場経済移行国においては、金融危機、経済および社会的不安定、貧困、排除、不平等などグローバル化の影の部分も存在することを認識したうえで、その恩恵を全体に公平に享受できるような施策がとられるべきであると、実施計画はグローバル化に言及している。具体的にはWTOドーハ閣僚宣言やモントレー合意が強調されている。「ヨハネスブルグ実施計画」全体においても頻繁にドーハが言及されているために、NGOコミュニティでは、ヨハネスブルグ・サミットは「リオ+10」ではなく「ドーハ+10」（ドーハ会議から10カ月）だという指摘もあったほどである。国連加盟国とWTO加盟国は必ずしも一致しないので、国連サミットでこれほどにWTOが参照されることは適当ではないという意見もある。「国連がWTOに乗っ取られた」というNGOからの批判があったが、逆に「WTOが国連化してきた」という見方をしている貿易関係者もいる。これは国連システムとWTOとのガバナンスをめぐる調整過程で生ずる一局面なのであろう。また、WTOと多国間環境協定とをどう調和させるのかという課題もある。

経済のグローバル化については、先進国と途上国との対立軸とともに、企業とNGOとの対立軸がある。とりわけエンロン社やワールドコム社のスキャンダルもあり、会計的な側面では透明性が高いと言われていたアメリカの多国籍企業の責任が大きく揺らいだ。NGOは企業責任を強化するためには法的強制力のある多国間ルールの新設を求めていたのに対して、産業界やアメリカ政府はす

でに企業責任は自主的に強化されているとして、新しい規制には反対の立場をとった。EUは人権や環境側面から企業責任の強化を主張していたが、途上国の多くは直接投資を歓迎しており、厳格な規制作りには必ずしもリーダーシップをとっているわけではなかった。しかし、NGOによるロビー活動とエチオピアのように厳格な企業責任の強化を主張する途上国によって、実施計画の最終版では「自主的」という表現が削除され、リオ原則に基づいて、企業の責任と説明責任を積極的に推進することが合意された。今後、政府間協定やパートナーシップや各国の規制により企業責任が強化されていく可能性を残した。

　グローバル化とともに進行している地域化については、「実施計画」では積極的にこれを捉えて問題解決の一環として地域主義を位置づけている。グローバル化に対するヨハネスブルグ・サミットの準備過程の特徴は、グローバルなレベルでの国連会議の積み重ねと地域準備会合との積み重ねであった。そうした経緯もあり、ラテンアメリカ・カリブ海地域、アジア・太平洋地域、西アジア地域、ヨーロッパ地域の地域主義的イニシアティブについても言及された。また、小島嶼途上国（SIDS）など地域間の取り組みも挿入されている。

　アフリカ地域が重視されているのは、アフリカ問題の深刻性やサミット開催地であるという理由だけでなく、一部の先進的アフリカ諸国の取り組みが1つのモデルとして位置づけられているためであろう。南アフリカをはじめとするいくつかの民主化されたアフリカ諸国の首脳は、「アフリカ開発のための新パートナーシップ（NEPAD）」を提唱し、アフリカ連合（AU）を結成し、アフリカ諸国自ら民主化と持続可能な開発に取り組み始めた。カナナスキス・サミットでもこうした途上国自らの「オーナーシップ」を持ったイニシアティブを歓迎し、そうした途上国を選択的に支援していくことを「パートナーシップ」と位置づけている。これまでの構造調整援助などの供与条件が押し付け的な「コンディショナリティ」として批判されてきたのに対して、「オーナーシップ」と「パートナーシップ」による供与のやり方は「セレクティビティ」と呼ばれている。しかし、現実にはこの新しいアプローチの先行きは楽観的ではない。とりわけ、軍事クーデターで政権を握ったジンバブエのムガベ政権に対して、民主化したアフリカ諸国が寛容的態度をとったことがイギリスを中心とする先進国の不信をかっている。ヨハネスブルグ・サミットの首脳による一般演説でも、

ナミビアのヌジョマ大統領やジンバブエのムガベ大統領は、激しくイギリスのブレア首相の禁輸政策を批判した。NEPADの理念が現実のプロジェクト・レベルでも実現するかどうかは、NEPADがどのようなプロジェクトを形成し、それがどう先進国から評価されるかによるだろう。

（3）ガバナンス（実施手段と制度的枠組み）

　準備会合で「ガバナンス」として扱われていたセクションは、「実施手段」と「持続可能な開発のための制度的枠組み」というセクションにまとめられた。資金、貿易、技術、教育・科学などが実施手段として位置づけられ、国連低開発国会議、小島嶼途上国グローバル会議、モントレー合意、ドーハ閣僚会議などに言及している。ガバナンスの規範として大きな争点となったのは、リオ宣言における3つの原則である。第1は、「共通だが差異ある責任原則」（リオ宣言第7原則）を開発分野にも適用するかどうかであった。米欧日など先進諸国は、「共通だが差異ある責任原則」は環境的側面について適用される原則であり、経済的側面には適用されないという立場である。これに対して、途上国やNGOは、リオ宣言は持続可能な開発のすべての側面に適用されるべきであるとの立場である。この原則を経済的側面や開発に適用することは、WTO新ラウンド交渉における途上国の扱いをめぐる交渉を先取りすることにもなり、閣僚級レベル交渉までもめた。結果として、「第7原則を含むリオ原則を考慮する」という表現が挿入されたが、「開発の第1義的責任は各国にある」ことも明記された。

　第2は、科学に基づいた政策決定と予防に関わる原則（第15原則）の考慮についてである。「予防原則」と呼ばれているが、実際には「予防的アプローチ」という表現が使用されている。深刻な被害や不可逆的な被害の恐れがあるときは、環境を保護するために、各国の能力に応じて予防的アプローチを広く適用すべきである。この原則は環境保護のために適用されることが前提となっているが、これを健康面にも適用しようとする動きがあった。また、貿易分野でこの原則が自由貿易を阻害する方向で使用されることを懸念するアメリカなどがこの表現を弱めようとした。

　第3は、市民参加に関する第10原則である。環境関連情報、とりわけ公共機関が持っている有害物質などに関する情報に市民がアクセスし、意思決定過程

に参加する機会を持つとされる。第10原則を取り入れたオーフス条約[9]などの経験を持つEU諸国やNGOは、グローバル・レベルでの情報アクセスや市民参加を制度化しようとしたが、多国間での制度化を嫌うアメリカや、民主化が遅れている途上国からの反対を受け、市民参加条項は最終的には削除された。国レベルや地域レベルではなくグローバルなレベルでこの問題を早急に実現することについては、市民社会の中でも慎重に対応する声もあった[10]。

　開発資金のうち、政府開発援助（ODA）については、目標達成年なしの対GNP比0.7％という国際目標が実施計画に記載されたが、現実のODA供与額は過去10年間に0.3％台から0.2％台に低下している。ミレニアム開発目標を2015年までに達成するための追加的なODAが約束されていないことに対する懸念が国連、途上国、NGOに強いが、「供与国はタイムフレームを検討する」という表現が加わっただけで途上国は妥協した。モントレー合意を超える資金援助を途上国が強く求めなかった背景には、現実問題としてODA増額が見込めないこと、民間資金による融資も利用したいこと、HIPCイニシアティブなど債務削減を着実に実施すること、資金のインプット面での数値目標よりもミレニアム開発目標で提示されているアウトプット面での数値目標を重視したことなどの要因があるのだろう。

　貿易分野についても、開発問題を中心に据えたドーハ閣僚宣言を超えるコミットメントはなかった。貿易と公衆衛生について抗HIV／エイズ治療薬がTRIP協定から除外されるのと同様の措置を貿易と環境、そして貿易と開発の分野で目指す動きもあったが、WTOと多国間環境協定の関係の位置づけが難航した。一時はWTO協定の方が多国間環境協定よりも優先するような表現も検討されたが、WTOの作業計画などを通じて貿易と環境をめぐる協定を相互に維持していくことが記載された。

（4）WEHAB優先課題

　水と衛生については、安全な飲料水にアクセスできない人々と基本的な衛生設備を利用できない人々の割合を2015年までに半減させる合意が成立した。安全な飲料水についてはミレニアム開発目標（MDGs）ですでに合意済みのものを再確認したにすぎないが、衛生についてはヨハネスブルグで最終合意に達し

た。これはMDGを超えたものであるので、追加的な費用負担を警戒するアメリカが反対していた。準備会合の早い段階では、日本も消極的であった。この対立が数値目標と目標達成年が入ることになった転機は、準備会合の過程で日本が目標設定に好意的な立場をとるようになった政策変更だったという指摘がある（赤阪 2002, 36頁）。なぜ日本は態度を変更したのだろうか。日本は第3回世界水フォーラムの開催国であるので、水と衛生を重視する「世界水ビジョン」を実現するうえでも反対するわけにはいかなかったのだろう。他のテーマでは、アメリカと共同歩調をとるカナダやOPEC諸国もこの問題については賛成側に回り、アメリカが孤立した。また、NGOは人道的見地からこれを歓迎し、水道事業の規制緩和や民営化を期待する企業も数値目標を入れることでビジネス機会を拡大する期待があった。

　水と衛生とは対照的に、再生可能エネルギーについては、サミット最終日までもつれこんだ結果、数値目標と目標年限は合意できなかった。その理由は対立軸が複雑になったからである。水力発電の恩恵を受けてきたEUは水力発電を含む再生可能エネルギーの割合を各国が2010年までに15％とすることを提案したのに対して、ブラジルなどのラテンアメリカ諸国は大規模ダムによる水力発電を除いて2020年までに10％とすることを提案した。これに対して、米、日、OPEC諸国は、数値目標や目標達成年を定めないことを主張した。他分野でEUのリーダーシップを評価するNGOも大規模ダム反対の立場からEU提案を批判し、各国ではなく世界全体での拡大目標を提案した。最終的には、各国別および自発的に地域別に再生可能エネルギー増大目標を設定することの役割が認識されたにすぎない。また、化石燃料技術や水力発電を含む再生可能エネルギーの技術移転の重要性についての表現が入ったため、先進国のNGOは批判を強めた。

　健康をめぐるもう1つの争点は、途上国で入手できる抗HIV／エイズ治療薬が非常に高価であることと知的所有権問題である。エイズが蔓延する南アフリカやブラジルでは、患者がエイズ治療薬を安価に入手できるように強制実施許諾制度や並行輸入で対応した。これがWTOのTRIPS協定違反にあたるとして先進国の医療品業界と裁判で争っていたが、WTOドーハ閣僚会議では、HIV／エイズ、結核、マラリアなどの感染症など公衆の健康を守る方策をTRIPS協定は妨げないことが確認され、「ヨハネスブルグ実施計画」でもこのことが再度確認

された。また、健康管理体制の強化にあたっては、人権配慮とともに、「国内法や文化的、宗教的価値との整合性」が強調された。この部分が、イスラム文化圏に多い女性性器切除（FGM）の伝統を認めることになるのではないかという懸念があったが、原文どおりに採択された。健康面においても、病気の種類や文化や宗教によって途上国内の対立軸が多様化しているのである。

　農業については、様々な側面から実施計画交渉が行われた。2015年までに飢餓人口を半減するというミレニアム開発目標が再確認されたほか、土地管理や水利用などを統合的に扱い、「持続可能な農業システムと食料安全保障」を拡大することが約された。しかし、「持続可能な農業」の各論については必ずしも合意が成立していない。例えば、遺伝子組み換え作物（GMO）については欧米対立を中心に、途上国間でも意見が割れている。パウエル米国務長官は、国際競争力を持つアメリカのアグリビジネスの利益を背負って、食料危機を解決するためにもGMOの拡大をすべきだと演説した。しかし、EUやNGOは安全性や環境への影響のほか、経済面においてもGMO作物が農民の所得向上に本当につながるのかについて疑念を持っている[11]。GMO作物ではないが一部バイオ技術によって、UNDPや日本政府は西アフリカ稲開発協会とネリカ米の研究開発を推進している。ネリカ米は、アジアとアフリカの稲を交配させて乾燥地でも高収量を目指したものである。2005年までにアフリカ食料安全保障戦略を開発することが実施計画に入ったが、食料安全保障にとってのバイオ技術は期待が高い反面、社会的（女性農民への影響など）、経済的（富裕な農民と貧困農民との所得格差）、環境的影響の3本柱をどう調和させるかが試されている典型的な事例の1つである。

　生物多様性の保全については、2010年までに多様性の喪失を大幅に削減することが合意された。アメリカや途上国が消極的だった目標達成年が入ったことは進展だが、どのように喪失を食い止めるのか、その戦略が曖昧である。その理由としては、生物多様性に関する情報が限定されていることや意味のある数値目標を策定してモニターしていくことが困難であることなどが挙げられよう。生物多様性条約に規定されている遺伝子資源の利用の恩恵を公正かつ公平に配分するための国際レジームの形成やカルタヘナ議定書の批准を推進することにも言及された。しかし、遺伝資源保有国と利用国の利害対立軸や生物多様性条

約が重視する予防的原則（リスク回避）とWTOの自由貿易原理とのすり合わせなど、背景にある原理的な問題の具体的な解決には十分に結びついていない。

4　パートナーシップ・イニシアティブ

　準備プロセスでタイプ2文書と呼ばれていたパートナーシップ文書は、政府間交渉を必要としなかった。リオ・サミットの「アジェンダ21」やヨハネスブルグ・サミットのタイプ1文書と呼ばれていた「実施計画」とタイプ2文書とは相互に補完的なものであるという趣旨が第2回準備会合後に国連の準備委員会より発表された[12]。国連側の意図としては、政府間の交渉と実施だけでは「アジェンダ21」や「実施計画」がなかなか進捗しないという経験から、政府、国際機関、主要グループ間のパートナーシップによって相乗効果を得ようという意図であろう。こうしたパートナーシップ案件のリストが成果文書として出されるのは、国連サミット史上初めてのことである。

　第3回準備会合以降、先進国政府を中心としてタイプ2文書に掲載するためのサイド・イベントやパラレル・イベントを同時進行させることが増えた。とりわけバリでの第4回準備会合では、アメリカ政府は周到にパートナー探しのためのイベントを開催した。途上国政府は、本来ならば直接途上国に向けられるはずのODAや民間資金が、新たなパートナーシップという枠組みに向けられてしまうのではないかと危惧した。難航するタイプ1文書交渉とは対照的に、こうした先進国政府主導のパートナーシップ案件提案が増えたことに対して、本来ならば政府間交渉で合意すべき重要案件を、政府間交渉を必要としないタイプ2文書とすることで責任逃れをしようとしているのではないかとNGOコミュニティは批判した。とりわけ、新自由主義的な理念に基づくグローバル化は持続可能な経済開発ではないと見ている開発NGOやディープエコロジスト的な環境保護を追求する環境NGOは、こうしたパートナーシップにはくみすべきではないと撤退論を展開した。これに対して、環境保護（protection）というよりも環境保全（conservation）を理念とする環境NGOは、政府組織やビジネスとも

パートナーシップを推進した。

　タイプ2文書に掲載されるパートナーシップ案件を提出する際の基準については、WSSD事務局は、10のガイドライン（指針）を提示した[13]。第1は、自発的なものであること。第2は、ミレニアム開発目標やヨハネスブルグ・サミットの成果文書などグローバルな合意につながる内容であること。第3は、持続可能な開発の3本柱を含む統合的アプローチをとること。第4は、多様な主体の参加によるマルチステークホルダー・アプローチをとること。第5は、透明性があり、説明責任を持つこと。第6は、目に見える成果が出ると期待されていること。第7は、資金的裏づけがあること。第8は、新規案件、あるいは既存案件に追加的な付加価値をつけたもの。第9は、地域現場の関与と国際的なインパクトを持つこと。第10は、フォローアップがなされ、国連持続可能な開発委員会（CSD）に連絡することである。第3回準備会合の後、さらに基準について説明があった[14]。それによると、①「アジェンダ21」とミレニアム開発目標との連携、②タイプ1文書との補完性、③自発性、④参加型アプローチ、⑤新規性／追加性、⑥統合的アプローチ、⑦国際的適切性、⑧コミットメント・レベル、⑨説明責任が挙げられた。こうした基準を提示することによって、あらゆるパートナーシップがタイプ2文書として掲載されるわけでなく、国連の意図に沿うパートナーシップの創出が期待された。

　準備会合のプロセスでタイプ2文書の概要が明確になったのが遅れたことや、サミットの成果文書との連携が期待されながら、行動計画交渉が難航したために内容が明確にならなかったこと、準備会合でのマルチステークホルダー対話とタイプ2文書提出プロセスとは直接的な関係が見られなかったことなどから、最終的なパートナーシップ・イニシアティブ文書作成が危ぶまれた。しかしなんとか、首脳会議直前までに221案件が受理された[15]。パートナーシップ・イニシアティブは、サミット終了後の提出締め切りを設定せずに、ホームページ上で更新され続けている。パートナーがいない、あるいは資金源が足りない案件についてもホームページ上に掲載され、パートナーを探すためのポータルサイトになりつつある。

　サミット期間中に公表されたパートナーシップ案件数の配分を見ると、持続可能な3本柱の中で、自然環境資源に関するものが主な目的の分類において圧

倒的に多い。とりわけエネルギー、海洋保全等が多い。しかし2002年9月末現在での更新リストを見ると、貧困撲滅関連プロジェクトも多くなっている[16]。自然資源関連では、エネルギー、水、海洋・漁業、農業案件が多い。実施手段から見ると能力構築、教育・科学、技術、情報などが圧倒的に多い。砂漠化や鉱物など重要だがパートナーシップ関心が低い分野や、気候変動など重要がゆえにNGOが政府や企業とパートナーシップを組むことに慎重あるいは懐疑的になっている分野があるように見える。

5　ヨハネスブルグからの展望

　国連史上最大規模となったヨハネスブルグ・サミットは、ヨハネスブルグ郊外のいくつかの地区を拠点に広範囲で開催された。主な会場は3カ所あった。サントン地区では、104人の首脳が集まったサミットのメイン・イベントやサイド・イベントのほか、地方自治体（ICLEI）、ビジネス（BASD）、IUCNのパラレル・イベントが開催された。地方自治体セッションでは、実施計画に自治体の段落を挿入すべきとの決議が提出されたが実現しなかった。BASDのビジネス・フォーラムでは、持続性、社会的責任、説明責任、パートナーシップを柱とする行動誓約が提示された。ウブントゥ村では、国際機関、各国政府、いくつかの企業やNGOが混在した形で展示やイベントが持たれた。ナズレックの博覧会センターでは、NGOのパラレル・イベントの集まりであるグローバル・フォーラムが開催された。この他、水関連の国際機関、政府、NGOのパラレル・イベントが開催されたウォータードームや、ヨハネスブルグ郊外の大学等でも様々なパラレル・イベントが開催された。

　このような形で、ヨハネスブルグ＋10が開催されるかどうかは未定である。屋外スクリーンやインターネットでメイン・イベントの様子は分かるが、リオ・サミットのときと同様にNGOグローバル・フォーラムの開催地は、メイン・イベントの開催地からあまりにも離れすぎていた。しかも、今回はメイン・イベントであるサミット自体のあり方が問われた。サミット閉会日の全体

会合の総括意見表明で、途上国グループG77を代表したベネズエラのチャベス大統領は、「対話は成立しなかった。あったのは聞く耳を持たない者同士の対話だ。今後の国連サミットの形式は、徹底的に変革する必要がある」と意見表明し、大きな拍手を浴びた。欧州連合（EU）議長国デンマークのラスムセン首相は、「こうした巨大サミットはもう緊急課題に対処できる場ではありえないだろう」[17]と述べ、再生可能エネルギーの分野では地域間の同志国（like-minded countries）で対応し、人権と環境の分野については欧州連合として地域で対応すると表明した。ブッシュ大統領が出席しなかったアメリカ政府は、「共通だが差異ある責任原則」は地球環境問題の文脈でのもので開発について適用することは承諾しないことや、ようやくまとめ上げたばかりの「ヨハネスブルグ実施計画」は法的拘束力を持たないことなどを再確認して、サミットの成果に大きな打撃を与えた。

　問題の対立軸が多様化し、参加する主体の種類も数も質も多様化している。その中での、国連サミットの舵取りはますます難しくなっている。人権と民主主義をめぐる国際政治ガバナンスを担当する国連、貿易と投資のガバナンスはWTO、通貨や金融のガバナンスを担うIMFや世界銀行など、国際機関間での調整問題も今後の課題である。しかし、ムベキ大統領は「集団で考え、個別に行動する（"Think collectively, act individually"）」ことこそが多国間主義の未来の姿であると演説した。一方、デサイWSSD事務局長は、「NGOはこれからも政府代表を説得し続け、悩ませ続けよ」と熱弁をふるった。また、中国、カナダ、ロシアの京都議定書への表明をして、実際に首脳が顔を突き合わせる巨大サミットの効果はあったとプロディEC委員長は述べている[18]。巨大サミット自体がどのような形になるにせよ、インターネットなどのコミュニケーション手段が高度化する一方で、現実空間であるリアルスペースでも仮想空間であるサイバースペースにおいても、集団で考える場としてのマルチテラリズムや反対意見をも取り込むグローバル・ガバナンスのプロセスがますます重要になっているのである。

注

1) 政府代表以外のビジネスやNGOに対しては公開されることも、非公開のこともあるが、会議室に物理的に入れない政府代表団のため「オーバーフロー（スピルオーバー）・ルーム」が設置されて映像と音声で公開される場合は、透明性は比較的高い。
2) International Institute for Sustainable Development, *Earth Negotiations Bulletin*, vol. 22, no. 43, 27 August 2002, p. 3.
3) *Proposed Elements for the Political Declaration of WSSD* presented by the Chairman of Preparatory Committee, Dr. Emil Salim. United Nations, 2 July 2002.
4) 当初の政治宣言草案は、*The Star*, September 3, 200. p. 15.を参照。地球憲章の経緯については、Maximo Kalaw, "A People's Earth Charter," Felix Dodds, ed., *Earth Summit 2002* (London, Earthscan, 2002), pp. 87-95.を参照。
5) 2002年2月にカンクンで生物種の約70％が集中する途上国12カ国（ブラジル、中国、コロンビア、コスタリカ、エクアドル、インド、インドネシア、ケニア、メキシコ、ペルー、南アフリカ、ベネズエラ）が「メガダイバース諸国グループ（Group of Like-Minded Megadiverse Countries）」を結成した。
6) *Local Government Resolution to the World Summit on Sustainable Development*, 30 August 2002, Johannesburg.
7) Environmental Liaison Centre International, "Roadmap 2002," undatedを参照・大幅加筆修正した。「アジェンダ21」における項目の前に付けた数字は、章番号を示す。「実施計画」における項目の前に付けた数字は、セクション番号を示す。これらの項目の課題を主に扱う主な国連事務局・機関名を破線でつないだ。国連経済社会局持続可能開発課（DESA/DSD）、国連開発計画（UNDP）、国連環境計画（UNEP）、国連人間居住センター（HABITAT）、国連持続可能開発委員会（CSD）、国連気候変動枠組条約事務局（UNFCCC）、生物多様性条約事務局（UNCBD）、砂漠化対処条約事務局（UNCCD）、国連森林フォーラム事務局（UNFF）、世界食糧農業機関（FAO）、世界貿易機関（WTO）、国際労働機関（ILO）、国連教育科学文化機関（UNESCO）。
8) 1997年に自発的な産業界グループであるCERESと国連環境計画（UNEP）が中心となって主に企業の環境報告書の国際的ガイドライン作成のために活動した。その後、企業だけでなく、政府やNGOのための「持続可能性報告ガイドライン」が作成され、改訂されている。
9) 環境に関する情報公開、意思決定への市民参加および司法手段の行使に関する条約。国連欧州経済委員会（UNECE）諸国間で2001年に発効した。
10) Third World Network, "Issues in the WSSD Governance Debate," *Briefings for WSSD*, 4, p. 2.
11) Japan, UNDP, and West Africa Rice Development Association, *NERICA Rice: Hope for Food Security in Africa*, a leaflet for WSSD Special Event on NERICA Rice, 31 August 2002.

12）*Partnerships/Initiatives to strengthen the implementation of Agenda 21.* Explanatory note by the Chairman of the Preparatory Committee. Undated.

13）*Guiding Principles for Partnerships for Sustainable Development ('type 2 outcomes') to be elaborated by interested parties in the context of the World Summit on Sustainable Development.* Explanatory note by the Vice-Chairs Jan Kara and Diane Quarless, 7 June 2002.

14）*Further Guidance for Partnerships/Initiatives ('type 2 outcomes') to be elaborated by interested parties in preparation for the World Summit on Sustainable Development.* Explanatory note by the Vice-Chairs Jan Kara and Diane Quarless (addendum to the Chairman's explanatory note).

15）United Nations, World Summit on Sustainable Development, *Type 2 Partnership Initiative*, A/COF.199/CRP.5, distributed 28 August 2002, and *Supplement to Type 2 Initiative*, A/CONF.199/CRP.5/Add.1, distributed 30 August, 2002.

16）http://www.johannesburgsummit.org/html/sustainable_dev/type2_part.html（2002年9月30日）

17）大野良祐「世界サミットに『奇跡』望む」朝日新聞、2002年9月20日。

18）*The Star*, 5 September 29, 2002, p. 20.

参考文献

Dodds, Felix. Ed. *Earth Summit 2002*. London: Earthscan, 2002.

Hemmati, Minu. *Multi-stakeholder Process for Governance and Sustainability*. London: Earthscan, 2002.

Chee, Yoke Ling. "The 'Cartagena/Vienna setting': Towards more transparent and democratic global negotiations." *Third World Resurgence* No. 114/115, (February/March 2000).

赤阪清隆「危機に直面するサミットを救おう」『外交フォーラム』2002年9月、32～37頁。

松下和夫「環境ガバナンスの構築」『科学』2002年8月、792～796頁。

参考URL

ヨハネスブルグ・サミット　http://www.johannesburgsummit.org

グローバル・リポーティング・イニシアティブ（GRI）　http://www.globalreporting.org

研究課題

（1）ヨハネスブルグ・サミットは成功だったのか。

（2）「アジェンダ21」と「ヨハネスブルグ実施計画」との相違点はどこにあるのか。また、その相違点はなぜ生まれたのか。

（3）「ヨハネスブルグ＋10」は開催されるべきか。開催すべきだとしたら、どのように開催すべきか。開催すべきでないとしたら、それはなぜか。

■著者紹介

太田　宏（おおた　ひろし）
　青山学院大学国際政治経済学部教授

岸上みち枝（きしがみ　みちえ）
　国際環境自治体協議会日本事務所マネージング・ディレクター

塚元　重光（つかもと　しげみつ）
　第3回世界水フォーラム事務局事務次長（政策・農業担当）

中下　裕子（なかした　ゆうこ）
　ダイオキシン・環境ホルモン対策国民会議事務局長、弁護士

楢崎　建志（ならさき　たけし）
　新日本認証サービス株式会社代表取締役

平石　尹彦（ひらいし　たかひこ）
　地球環境戦略研究機関理事

福岡　史子（ふくおか　ふみこ）
　コンサベーション・インターナショナル前・日本代表
　（現在、国連開発計画シリア事務所次席代表）

藤倉　良（ふじくら　りょう）
　法政大学人間環境学部教授

藤原　敬（ふじわら　たかし）
　森林総合研究所理事

布施　勉（ふせ　つとむ）
　横浜市立大学国際文化学部教授

毛利　勝彦（もうり　かつひこ）
　横浜市立大学国際文化学部助教授

持続可能な地球環境を未来へ
― リオからヨハネスブルグまで ―

2003年4月25日　初版第1刷発行

- ■編著者──太田　宏・毛利勝彦
- ■発行者──佐藤　守
- ■発行所──株式会社 大学教育出版
　　　　　　〒700-0953　岡山市西市855-4
　　　　　　電話(086)244-1268(代)　FAX(086)246-0294
- ■印刷所──互恵印刷㈱
- ■製本所──㈲笠松製本所
- ■装　丁──ティーボーンデザイン事務所

Ⓒ Hiroshi Ohta & Katsuhiko Mori 2003, Printed in Japan
検印省略　落丁・乱丁本はお取り替えいたします。
無断で本書の一部または全部を複写・複製することは禁じられています。

ISBN4-88730-515-X